北京市农村远程教育培训系列丛书

特禽饲养管理与疾病防治技术问答

北京市科学技术协会组编

中国农业出版社

图书在版编目（CIP）数据

特禽饲养管理与疾病防治技术问答／北京市科学技术协会组编．—北京：中国农业出版社，2007.9
（北京市农村远程教育培训系列丛书）
ISBN 978-7-109-11804-1

Ⅰ．特…　Ⅱ．北…　Ⅲ．①家禽-饲养管理-问答②禽病-防治-问答　Ⅳ．S83-44

中国版本图书馆 CIP 数据核字（2007）第 131376 号

中国农业出版社出版
（北京市朝阳区农展馆北路 2 号）
（邮政编码 100026）
责任编辑　李文宾

北京中兴印刷有限公司印刷　　新华书店北京发行所发行
2007 年 9 月第 1 版　2008 年 4 月北京第 2 次印刷

开本：850mm×1168mm　1/32　　印张：8.25
字数：190 千字　　印数：4 001～10 000 册
定价：19.80 元

《北京市农村远程教育培训系列丛书》指导工作委员会

《特禽饲养管理与疾病防治技术问答》

编　写　人　员

主　　编　陈俊杰

编写人员　陈俊杰　王晓娟　张连英

刘素梅　张艳军　刘长清

周宝贵

序

建设社会主义新农村是党中央按照科学发展观作出的重大战略部署，是总揽全局、着眼未来、与时俱进的历史性选择，事关我国改革开放和现代化建设的根本。按照“生产发展、生活宽裕、乡风文明、村容整洁、管理民主”的要求，应积极调整农业结构，建设现代化农业。为此，首都的农业定位于建设都市型现代化农业。

为了满足当前首都农业生产的需求，促进农业产业政策的调整，北京市科学技术协会组织专家编写了《特禽饲养管理与疾病防治技术问答》一书。本书既可作为特禽饲养场及饲养户日常技术咨询用书，也可作为广大技术人员的技术培训教材，还可作为北京农村远程教育培训书籍。希望本书的出版对丰富饲养人员的专业知识，提高北京市特禽饲养整体水平，促进农业技术创新，提升与增强北京农产品的质量和市场竞争力等方面有所帮助。

编　者

2007年7月

前　言

随着我国国民经济的迅速发展和人民生活水平的不断提高，人们的食物结构发生了很大变化，动物源性食品的日常消费量显著增加。在日常畜禽类食品消费量迅速增长的同时，人们对动物源性食品的质量、安全性及保健性也提出了更高的要求。

我国特禽的养殖历史悠久，但以往的特禽养殖只是作为观赏，仅仅满足少数人娱乐的需要，从业人员少，规模小，档次低，效益无从谈起。随着我国经济的快速发展和人民生活水平的逐步提高，人们对生活质量提出了更高的要求，特别是国际市场对肉食品需求多元化的发展趋势，促进了我国特禽养殖业的快速发展。今天，特禽养殖业已经成为一个不可忽视的产业，前景极其乐观。我国特禽鸟类的天然资源十分丰富，野生物种很多，基因库较大，加上近几年来从国外引进的、经培育驯化的生产种群数已有几十个品种品系。

特禽包括的种类繁多，用途广泛，它们或食用，或药用，或观赏，或成为增加经济收入的手段，今天已经成为养殖业重要的组成部分。

我国加入国际贸易组织，为我国特禽养殖业提供了良好的发展空间。国际市场对特禽的需求日益增多，而产品出口需要规范我们的养殖行为。为了满足广大特禽养殖者

的迫切需求，指导他们走科学化、规范化、规模化养殖的道路，我们以问答方式编写了《特禽饲养管理与疾病防治技术问答》。由于特禽种类繁多，我们从中选择了人工驯化历史较长、技术比较系统、饲养数量较多、产业化水平较高、市场需求旺盛和发展潜力较大的12种特禽，内容包括饲养管理和常见疾病防治。

作者希望通过本书的编写和出版，对我国社会主义新农村建设及我国的特禽养殖业的发展起到一些指导和推动作用，对广大的从事特禽养殖业的农民起到知识普及和技术指导作用，对各级领导和管理干部起到拓宽思路和提供政策建议的作用。由于本书编写时间紧迫，作者的水平和能力有限，错误和不足之处敬请读者批评指正。

作　者

2007年6月

目　录

序

前言

引言：我国特禽养殖业现状、存在问题及发展趋势 …… 1

一、我国特禽养殖业现状 …… 1

二、我国特禽疾病防治现状 …… 2

三、我国特禽养殖存在的问题 …… 3

四、我国特禽养殖业的发展趋势 …… 4

第一章　孔雀饲养管理与疾病防治技术 …… 6

第一节　孔雀饲养管理技术 …… 6

1. 蓝孔雀有哪些外貌特征？ …… 6

2. 孔雀有哪些生活特性？ …… 6

3. 孔雀饲养场所及栏舍如何搭建？ …… 6

4. 蓝孔雀育雏期如何饲养？ …… 7

5. 蓝孔雀育成期如何饲养管理？ …… 8

6. 蓝孔雀成年期（2岁以上）如何饲养管理？ …… 8

7. 种雀如何饲养管理？ …… 8

8. 孔雀繁殖期如何饲养管理？ …… 9

9. 蓝孔雀的饲料配方有哪些？ …… 9

10. 蓝孔雀种蛋的结构特点有哪些？ …… 11

11. 种蛋如何保存和放置？ …… 11

12. 怎样对种蛋进行消毒？ …… 11

13. 孵化时如何控制温度和湿度？ …… 11

14. 如何晾蛋和喷水？ …… 12

15. 如何掌握孔雀孵化八要点？ …… 12

第二节　孔雀常见疾病防治技术 …… 13

16. 如何做好孔雀常见病的预防工作? …… 13
17. 如何防治孔雀新城疫? …… 14
18. 如何防治孔雀马立克氏病? …… 15
19. 如何防治禽流感? …… 17
20. 如何防治禽痘? …… 18
21. 如何防治孔雀沙门氏菌病? …… 20
22. 如何防治孔雀巴氏杆菌病? …… 21
23. 如何防治孔雀大肠杆菌病? …… 22
24. 如何防治孔雀葡萄球菌病? …… 24
25. 如何防治雏孔雀禽曲霉菌病? …… 26
26. 如何防治孔雀组织滴虫病? …… 27
27. 如何防治孔雀球虫病? …… 28
28. 如何防治孔雀痛风? …… 29
第二章 大雁饲养管理与疾病防治技术 …… 31
第一节 大雁饲养管理技术 …… 31
29. 大雁的种类及体貌特征有哪些? …… 31
30. 大雁的生活习性有哪些? …… 31
31. 怎样建造大雁场所? …… 32
32. 大雁种蛋如何进行人工孵化? …… 32
33. 怎样对雏雁进行饲养管理? …… 33
34. 怎样对中雁进行饲养管理? …… 35
35. 种雁的来源及选择标准是什么? …… 36
36. 怎样对种雁进行饲养管理? …… 37
37. 大雁有哪些繁殖特点? …… 37
38. 怎样合理搭配大雁饲料? …… 38
第二节 大雁常见疾病防治技术 …… 38
39. 如何防治小鹅瘟? …… 38
40. 如何防治大雁流行性感冒? …… 39
41. 如何防治大雁蛋子瘟? …… 39
42. 如何防治大雁绦虫病? …… 39
第三章 鸵鸟饲养管理与疾病防治技术 …… 41
第一节 鸵鸟饲养管理技术 …… 41

43. 鸵鸟的孵化技术有哪些？ …… 41
44. 鸵鸟育雏室如何设计？ …… 42
45. 设计鸵鸟育雏室时应考虑哪些因素？ …… 42
46. 鸵鸟饲养场地和育雏栏如何设计？ …… 44
47. 怎样对雏鸟进行饲养与卫生管理？ …… 44
48. 鸵鸟对饲料配方有哪些要求？ …… 46
49. 怎样对育成期的鸵鸟进行饲养管理？ …… 47
50. 怎样对种鸟进行饲养管理？ …… 48
51. 种鸵鸟的饲养标准有哪些？ …… 50
52. 怎样对鸵鸟进行选种选配？ …… 50
第二节 鸵鸟常见疾病防治技术 …… 51
53. 如何防治幼鸵鸟皮肤型禽痘？ …… 51
54. 如何防治鸵鸟新城疫？ …… 52
55. 如何防治鸵鸟克里米亚—刚果出血热？ …… 53
56. 如何防治鸵鸟冠状病毒性肠炎？ …… 54
57. 如何防治鸵鸟大肠杆菌病？ …… 54
58. 如何防治鸵鸟霍乱？ …… 55
59. 如何防治鸵鸟沙门氏杆菌病？ …… 55
60. 如何防治鸵鸟绿脓杆菌病？ …… 57
61. 如何防治鸵鸟巨细菌胃炎？ …… 58
62. 如何防治鸵鸟炭疽？ …… 59
63. 如何防治鸵鸟梭菌性肠炎？ …… 60
64. 如何防治鸵鸟波那病？ …… 62
65. 如何防治鸵鸟传染性脑髓炎？ …… 63
66. 如何防治鸵鸟风湿症？ …… 64
67. 如何防治鸵鸟传染性脑髓炎？ …… 64
第四章 鹌鹑饲养管理与疾病防治技术 …… 66
第一节 鹌鹑饲养管理技术 …… 66
68. 家养鹌鹑的生物学特性有哪些？ …… 66
69. 鹌鹑舍的建设需要考虑哪些条件？ …… 66
70. 养鹑的设备有哪些？ …… 67
71. 养鹑常用饲料有哪些？ …… 67
72. 鹌鹑日粮配合的原则是什么？ …… 68

73. 鹌鹑的饲喂方式有哪些？ …… 68
74. 鹌鹑的饲喂方法有哪些？ …… 69
75. 如何选择种鹑？ …… 69
76. 选择和保存鹌鹑种蛋的方法是什么？ …… 69
77. 鹌鹑的配种比例是多少？配种方法是什么？ …… 70
78. 鹌鹑的人工授精操作要点有哪些？ …… 70
79. 鹌鹑的繁殖和育种有哪些内容？ …… 70
80. 纯种繁育中防止近亲繁殖的措施有哪些？ …… 71
81. 鹌鹑孵化需要哪些条件？ …… 71
82. 机器孵化鹌鹑前需要做好哪些准备工作？ …… 72
83. 孵化期间的管理工作有哪些？ …… 73
84. 出雏时应做好哪些工作？ …… 73
85. 幼雏饲养需要做好哪些工作？ …… 74
86. 中雏饲养需要做好哪些工作？ …… 75
87. 成鹑饲养管理要点有哪些？ …… 76
88. 成鹑的日常管理工作有哪些？ …… 76

第二节　鹌鹑常见疾病防治技术 …… 77

89. 如何防治鹌鹑新城疫？ …… 77
90. 如何防治鹌鹑溃疡性肠炎？ …… 79
91. 如何防治鹌鹑双球菌病？ …… 80
92. 如何防治鹌鹑支气管炎？ …… 80
93. 如何防治鹌鹑禽霍乱？ …… 81
94. 如何防治鹌鹑曲霉菌病？ …… 82
95. 如何防治鹌鹑念珠菌病？ …… 83
96. 如何防治鹌鹑白痢病？ …… 83
97. 如何防治鹌鹑伤寒病？ …… 84
98. 如何防治鹌鹑球虫病？ …… 84
99. 如何防治鹌鹑石灰脚病？ …… 85

第五章　鸽子饲养管理与疾病防治技术 …… 86

第一节　鸽子饲养管理技术 …… 86

100. 鸽的外部形态特征有哪些？ …… 86
101. 鸽子的身体包括哪些器官系统？ …… 88
102. 鸽子的被毛皮肤系统由哪些部分组成？ …… 88

103. 鸽子的羽毛脱换有哪些形式? …… 88
104. 鸽子的运动系统包括哪些部分? …… 89
105. 鸽子的肌肉中与羽毛活动和飞翔有关的肌肉有哪些? …… 89
106. 鸽子的循环系统包括哪些器官? …… 90
107. 鸽子的消化系统包括哪些部分? …… 91
108. 鸽的呼吸系统由哪些部分组成? …… 92
109. 鸽子的内分泌系统有哪些腺体? …… 93
110. 鸽子的泌尿、生殖系统包括哪些部分? …… 94
111. 鸽子的神经系统包括哪些部分? …… 95
112. 鸽子有哪些生活习性? …… 96
113. 鸽子有哪些生长发育特点? …… 97
114. 按经济性能可将鸽子分为哪三类? …… 98
115. 对鸽舍的要求有哪些? …… 98
116. 对养鸽场场地的选择有哪些要求? …… 98
117. 种鸽舍的特点是什么? …… 99
118. 商品鸽舍的特点是什么? …… 99
119. 童鸽舍的特点是什么? …… 100
120. 信鸽舍由哪几部分组成? …… 100
121. 养鸽都需要哪些设备? …… 101
122. 鸽子的营养需要有哪些? …… 101
123. 鸽子的常用饲料有哪些? …… 102
124. 鸽子的日粮配合原则是什么? …… 103
125. 鸽子日常饲养管理要点有哪些? …… 103
126. 鸽子每天饲养工作程序是什么? …… 104
127. 鸽子四季的管理有哪些工作? …… 104
128. 鸽子四期管理有哪些工作? …… 105
129. 乳鸽的生长发育特点有哪些? …… 107
130. 亲鸽哺乳特点是什么? …… 107
131. 乳鸽的管理应注意哪几点? …… 107
132. 童鸽的饲养管理有哪些工作? …… 108
133. 青年鸽的饲养管理工作有哪些? …… 109
134. 生产鸽的饲养管理工作有哪些? …… 110
135. 鸽的雌雄鉴别方法有哪些? …… 111

136. 怎样识别鸽子的年龄？ …… 113
137. 鸽保健砂的主要成分及其作用是什么？ …… 114
138. 鸽保健砂中常用的添加剂及其作用是什么？ …… 115
139. 如何使用保健砂？ …… 116
140. 信鸽应具备的优良特性有哪些？ …… 116
141. 信鸽各个时期的管理要点有哪些？ …… 116
142. 影响信鸽飞归速度的因素有哪些？ …… 118
143. 一条好赛线的基本要求是什么？ …… 118
144. 鸽子的繁殖期如何化分？ …… 119
145. 种鸽配对的方法有哪些？ …… 119
146. 鸽子刚配对后，饲养员应检查哪些情况？ …… 120
147. 什么叫选配？选配一般从哪几方面进行？ …… 121
148. 鸽蛋自然孵化时应注意什么问题？ …… 122
第二节　鸽子常见疾病防治技术 …… 122
149. 鸽子的疾病一般分为哪几类？ …… 122
150. 鸽病发生的原因和传播方式有哪几种？ …… 122
151. 鸽病的临床检查有哪些？ …… 123
152. 鸽病的预防措施有哪些？ …… 124
153. 如何防治鸽痘？ …… 125
154. 如何防治鸽霍乱？ …… 126
155. 如何防治鸽子副伤寒？ …… 127
156. 如何防治鸽Ⅰ型副黏病毒病？ …… 128
157. 如何防治鸽子衣原体病？ …… 129
158. 如何防治鸟疫？ …… 130
159. 如何防治鸽子念珠菌病？ …… 130
160. 如何防治鸽子蛔虫病？ …… 131
161. 如何防治鸽子绦虫病？ …… 131
162. 如何防治鸽子球虫病？ …… 132
163. 如何防治鸽子胃肠炎？ …… 132
164. 如何防治鸽子眼炎？ …… 133
165. 如何防治鸽子嗉囊病？ …… 133
166. 如何防治鸽子软骨病？ …… 133
167. 如何防治鸽子食盐中毒？ …… 134

第六章 乌鸡饲养管理与疾病防治技术 …… 135
第一节 乌鸡饲养管理技术 …… 135
168. 乌鸡的用途有哪些? …… 135
169. 乌鸡在动物学中的分类是什么? …… 135
170. 乌鸡的形态特征有哪些? …… 135
171. 乌鸡的生活习性有哪些? …… 136
172. 如何选择母鸡? …… 136
173. 如何选择公鸡? …… 136
174. 公母鸡配种比例是多少? …… 137
175. 乌鸡孵化需要哪些条件? …… 137
176. 孵化前需要做好哪些准备工作? …… 139
177. 孵化期需要做好哪些管理工作? …… 139
178. 雏鸡的生理特点有哪些? …… 140
179. 育雏前需要做好哪些准备工作? …… 141
180. 如何选择雏鸡? …… 142
181. 如何运输雏鸡? …… 142
182. 如何做好雏鸡的饲养管理? …… 143
183. 育成鸡的生理特点是什么? …… 147
184. 育成期乌鸡的营养需要有哪些? …… 147
185. 乌鸡育成期应做好哪些日常管理工作? …… 148
186. 转为产蛋鸡需做好哪些准备工作? …… 149
187. 药用肉仔鸡的饲养管理工作有哪些? …… 150
188. 成年乌鸡的饲养管理工作有哪些? …… 151
第二节 乌鸡常见疾病防治技术 …… 153
189. 乌鸡常见疾病有哪些? …… 153
190. 如何防治乌鸡新城疫? …… 153
191. 如何防治乌鸡马立克氏病? …… 154
192. 如何防治乌鸡法氏囊病? …… 154
193. 如何防治乌鸡霍乱? …… 155
194. 如何防治乌鸡鸡痘? …… 156
195. 如何防治乌鸡伤寒? …… 157
196. 如何防治乌鸡白痢病? …… 157
197. 如何防治乌鸡传染性喉气管炎? …… 158

198. 如何防治乌鸡曲霉菌病？ …… 158
199. 如何防治乌鸡球虫病？ …… 159
200. 如何防治乌鸡恶癖？ …… 160
201. 如何防治乌鸡软脚病？ …… 160
202. 如何防治乌鸡消化不良和嗉囊阻塞病？ …… 160
第七章 山鸡饲养管理与疾病防治技术 …… 162
第一节 山鸡饲养管理技术 …… 162
203. 什么是山鸡？ …… 162
204. 山鸡的生物学特性有哪些？ …… 162
205. 饲养山鸡应如何选址、建舍和布局？ …… 162
206. 饲养山鸡应如何把好引种关？ …… 164
207. 饲养山鸡应如何添加营养饲料？ …… 164
208. 饲养山鸡应如何做好日常管理工作？ …… 164
209. 饲养山鸡应如何做好防疫消毒工作？ …… 165
210. 如何区分优质和劣质山鸡？ …… 165
211. 山鸡育雏应注意哪些事项？ …… 166
212. 山鸡育成期饲养有哪些注意事项？ …… 167
213. 成年山鸡养殖管理注意事项有哪些？ …… 168
214. 山鸡孵化有哪些注意事项？ …… 169
215. 种山鸡饲养管理注意事项有哪些？ …… 170
216. 如何能使山鸡多产蛋？ …… 171
217. 山鸡饲料如何配合？ …… 172
218. 山鸡每天需要饲喂多少饲料？ …… 172
第二节 山鸡常见疾病防治技术 …… 173
219. 如何预防山鸡新城疫？ …… 173
220. 如何防治山鸡感染禽流感？ …… 173
221. 如何防治山鸡传染性法氏囊病？ …… 174
222. 如何防治山鸡传染性支气管炎？ …… 174
223. 如何防治山鸡曲霉菌病？ …… 175
224. 如何防治山鸡葡萄球菌病？ …… 175
225. 如何防治山鸡球虫病？ …… 176
226. 如何防治山鸡啄癖症？ …… 176
第八章 火鸡饲养管理与疾病防治技术 …… 178

第一节 火鸡饲养管理技术 …… 178
227. 火鸡有哪些生物学特性? …… 178
228. 火鸡品种主要有哪些? …… 178
229. 饲养火鸡需要哪些设施? …… 180
230. 火鸡的营养特点有哪些? …… 180
231. 火鸡需要饲喂哪些饲料? …… 182
232. 设计饲料配方必须考虑哪些原则? …… 182
233. 火鸡繁育技术有哪些要求? …… 183
234. 如何做好繁育火鸡群的准备工作? …… 183
235. 如何做好公火鸡的采精工作? …… 183
236. 如何做好母火鸡的输精工作? …… 184
237. 火鸡育雏期的饲养管理有哪些要求? …… 184
238. 火鸡育成期的饲养管理有哪些要求? …… 185
239. 种母火鸡的饲养管理有哪些要求? …… 186
240. 种母火鸡产蛋高峰期饲养管理要点有哪些? …… 186
241. 种母火鸡的日常管理包括哪些工作? …… 186
242. 种公火鸡的特殊管理包括哪些内容? …… 187
第二节 火鸡常见疾病防治技术 …… 187
243. 如何防治火鸡新城疫? …… 187
244. 如何防治火鸡禽霍乱? …… 187
245. 如何防治火鸡的曲霉菌病? …… 188
246. 如何防治火鸡鼻炎? …… 188
247. 如何防治火鸡大肠杆菌病? …… 189
248. 如何防治火鸡的组织滴虫病? …… 189
第九章 鹧鸪饲养管理与疾病防治技术 …… 191
第一节 鹧鸪饲养管理技术 …… 191
249. 鹧鸪有哪些特点? …… 191
250. 鹧鸪品种主要有哪些? …… 191
251. 鹧鸪的饲养前景如何? …… 192
252. 鹧鸪对饲养设备主要有哪些要求? …… 192
253. 鹧鸪的饲养方法与饲料配方如何? …… 193
254. 饲养鹧鸪对场舍建设设计有哪些要求? …… 193

255. 鹧鸪育雏期饲养管理有哪些要求? …… 193
256. 育成期鹧鸪饲养管理应注意哪些? …… 194
257. 肉用鹧鸪的饲养管理注意事项有哪些? …… 195
258. 鹧鸪的繁殖与孵化应注意哪些? …… 196
259. 如何养好鹧鸪? …… 197
第二节 鹧鸪常见疾病防治技术 …… 197
260. 如何防治鹧鸪新城疫? …… 197
261. 如何防治鹧鸪副伤寒? …… 197
262. 如何防治鹧鸪霉形体病(慢性呼吸道病)? …… 197
263. 如何防治鹧鸪球虫病? …… 198
264. 如何防治鹧鸪组织滴虫病? …… 198
265. 如何防治鹧鸪大肠杆菌病? …… 198
266. 如何防治鹧鸪传染性支气管炎? …… 198
第十章 珍珠鸡饲养管理与疾病防治技术 …… 199
第一节 珍珠鸡饲养管理技术 …… 199
267. 珍珠鸡的形态特征有哪些? …… 199
268. 珍珠鸡品种有哪几类? …… 199
269. 珍珠鸡的生活习性有哪些? …… 199
270. 珍珠鸡育雏期饲养管理有哪些要点? …… 200
271. 珍珠鸡育成鸡的饲养管理有哪几方面? …… 203
272. 珍珠鸡产蛋期的饲养管理要点是什么? …… 205
273. 商品肉用珍珠鸡的饲养管理工作有哪些? …… 207
274. 珍珠鸡疾病综合防治要点有哪些? …… 208
第二节 珍珠鸡常见疾病防治技术 …… 209
275. 如何防治珍珠鸡新城疫? …… 209
276. 如何防治珍珠鸡传染性法氏囊病? …… 210
277. 如何防治珍珠鸡伤寒病? …… 210
278. 如何防治珍珠鸡白痢? …… 211
279. 如何防治珍珠鸡马立克氏病? …… 212
280. 如何防治珍珠鸡禽流感? …… 212
281. 如何防治珍珠鸡组织滴虫病? …… 212
282. 如何防治珍珠鸡球虫病? …… 213

283. 如何防治珍珠鸡维生素D、钙和磷缺乏症? …… 213
284. 如何防治珍珠鸡溃疡性肠炎? …… 214
第十一章 贵妃鸡饲养管理与疾病防治技术 …… 215
第一节 贵妃鸡饲养管理技术 …… 215
285. 贵妃鸡的生物学与经济学特性有哪些? …… 215
286. 贵妃鸡的品种特征有哪些? …… 216
287. 贵妃鸡育雏期的饲养管理有哪些? …… 216
288. 贵妃鸡中鸡和成鸡阶段的饲养管理各有哪些要点? …… 218
289. 贵妃鸡产蛋期的饲养管理有哪几方面? …… 219
290. 贵妃种鸡饲养管理的技术要点有哪些? …… 219
291. 商品贵妃鸡的饲养管理要点是什么? …… 220
292. 贵妃鸡免疫注意事项和防疫程序是什么? …… 221
第二节 贵妃鸡常见疾病防治技术 …… 223
293. 如何防治贵妃鸡新城疫? …… 223
294. 如何防治贵妃鸡法氏囊病? …… 224
295. 如何防治贵妃鸡马立克氏病? …… 224
296. 如何防治贵妃鸡球虫病? …… 226
297. 如何防治贵妃鸡传染性鼻炎? …… 227
298. 如何防治贵妃鸡雏鸡白痢病? …… 227
299. 如何防治贵妃鸡啄食癖? …… 229
第十二章 黑凤鸡饲养管理与疾病防治技术 …… 230
第一节 黑凤鸡饲养管理技术 …… 230
300. 黑凤鸡外貌特征是什么? …… 230
301. 黑凤鸡生物学特性是什么? …… 230
302. 黑凤鸡有哪些营养价值? …… 231
303. 黑凤鸡有哪些药用价值? …… 231
304. 黑凤鸡的人工授精技术有哪几方面? …… 231
305. 黑凤鸡人工孵化技术有哪些? …… 232
306. 黑凤鸡育雏期的饲养管理技术有哪些? …… 233
307. 黑凤鸡育成期的饲养管理技术有哪些? …… 236
308. 成年鸡的饲养管理技术有哪些? …… 237
309. 种鸡的饲养管理技术有哪些? …… 238

310. 商品黑凤鸡的饲养管理技术有哪些? …… 239
第二节 黑凤鸡常见疾病防治技术 …… 240
311. 如何防治黑凤鸡传染性法氏囊病? …… 240
312. 如何防治黑凤鸡传染性支气管炎? …… 241
313. 如何防治黑凤鸡鸡痘? …… 241
314. 如何防治黑凤鸡鸡白痢? …… 242
315. 如何防治黑凤鸡鸡新城疫? …… 243

主要参考文献 …… 244

引言：我国特禽养殖业现状、存在问题及发展趋势

一、我国特禽养殖业现状

我国特禽养殖快速发展始于20世纪80年代，发展速度迅猛，现已成为养禽业中的一个重要组成部分，当今我国农业结构调整的热点和出口创汇的优势产品。

1. 特禽养殖品种多

目前我国特禽品种多达几十种，主要有引进品种如鹌鹑、火鸡、王鸽、贵妃鸡、孔雀、鸵鸟、黑天鹅、珍珠鸡、绿头野鸭、山鸡、朗德鹅等，培育品种如黑丝毛乌骨鸡、黄凤鸡、绿壳蛋鸡、大雁、宫廷黄鸡、中华地白肉鸽、茶花鸡、地产山鸡、黑羽山鸡、白羽山鸡、白羽鹌鹑等，保护性品种如红腹绵鸡、白腹绵鸡、淡腹雪鸡、蓝马鸡、褐马鸡、天鹅、丹顶鹤、鸳鸯、鸿雁、灰雁、豆雁、大鸨等。

2. 特禽养殖数量大

我国特禽养殖业历经多次波折，养殖数量仍持续增加，据初步统计，规模较大的特禽养殖场已达3 000多家，而小规模的就难以计数了。其饲养存栏量分别为：肉鸽500万对、山鸡2 000万只、鹧鸪1 200万只、珍珠鸡40万只、鸵鸟10万只、孔雀10万只、鹌鹑3.5亿只、火鸡30万只、绿壳蛋鸡20万只、黄凤鸡1万只、贵妃鸡200万只、丝光鸡10万只、乌鸡2 500万只，年出栏量达6亿只之多。如此之多的特禽既丰富了市场供应，满足了不同消费者的需求，又给广大农民带来了可观的经济收入，同时为出口创汇作出了重大贡献。

3. 特禽养殖水平不断提高

经20多年的饲养实践，不断研究开发，现养殖技术已形成了一套较为完善的技术，特别是解决了地域环境、反季节繁殖等难题。近几年许多大专院校开设了特禽养殖课程，加上特禽养殖培训增多，为特禽养殖技术普及推广起到了积极作用。

4. 特禽养殖向有机生产发展

为降低成本，减少药残，提高生产能力，保持产品原味，起到药膳保健作用，天然植物中草药已被广泛应用，为生产有机肉、蛋打下了基础。

5. 愈来愈注重了特禽产品的开发

目前除有鲜活、冷冻特禽外，还生产出多种高附加值的产品，如各类特禽熟制品、罐头制品、粉制品、医药保健品、酒类和饮料等。

6. 特禽养殖趋向多渠道

饲养形式由分散型初步向专业化、规模化过渡；由单一品种向多品种共存发展；资源来源有中外合资、国有、独资、个体等多渠道并存；经营方向由单一饲养向产业化一条龙式方向发展。

二、我国特禽疾病防治现状

目前，危害驯养特禽鸟最大的是传染病，几乎能引起家禽发病的病原都能感染特禽，约有80余种。此外，尚有一些专性传染病，如鸽瘟、鸽疱疹病毒感染症，雉鸡大理石样脾病、雉鸡冠状病毒性肾炎，珍珠鸡包涵体肝炎，火鸡弧菌性肠炎，野鸭克雷伯氏菌病，番鸭细小病毒病、雏番鸭花肝病，鹌鹑溃疡性肠炎，鹦鹉幼雏病毒感染症，榛鸡小结肠炎耶新氏菌病，鸵鸟巨细菌性胃炎、鸵鸟传染性脑脊髓炎、鸵鸟炭疽等。其次是寄生虫病约有50多种。再次是普通病中的营养代谢性疾病与中毒性疾病，多数呈群发；还有一些专性疾病，如火鸡脉络膜视网膜炎、鸵鸟胃阻塞、幼鸵鸟滑腱病、鸵鸟衰竭综合征等。多年来，由于缺乏有效的管理和立项研究，导致了频频引种、防检疫与生物安全失控，以及缺乏有效的免疫手

段，终于造成疫病蔓延，生态环境恶化。

三、我国特禽养殖存在的问题

从我国特禽养殖业发展状况来看，充满着朝气蓬勃的生机和活力，发展前景更为广阔，但也存在一些问题。

1. 缺乏饲养标准的制订

到目前为止，不少特禽尚未制订出饲养标准，也缺乏专用的全价配合饲料及专用添加剂。致使特禽生产能力降低和品质退化。

2. 缺乏品种鉴定标准

到目前为止，特禽种禽场很少，很少建立种禽群系谱，分辨不出品种与品变种，父母代与商品代，没有种与非种之分，均可作为种来销售。致使特禽种源混乱残缺，严重影响特禽生产能力和养殖效益。

3. 炒种行骗现象严重

有些人利用我国特禽行业机制不健全和人们急于致富心态，以次充好、放种高价回收、出口假定单、发布虚假广告等手段，诱骗养殖户高价购买种禽，一旦钱财到手不是想尽办法拒绝回收就是携款而逃，害得养殖户血本无归，甚至倾家荡产。严重阻碍了我国特禽业健康、有序发展。

4. 科研落后于生产

特禽养殖在我国仍属于正在发展中的行业，如品种提纯、性能提高、标准制订等都有待研究提高。

5. 产品开发落后于生产

目前虽然开发了一些产品，仍没有充分利用，缺乏综合利用和高深尖端产品的开发。

6. 科研与生产脱节

有些科研成果还未能及时应用到生产实践中，只停留在实验室，没有充分发挥其价值。

7. 产业化水平低

特禽养殖业尚未形成生产、经营、加工、销售相互依存、利弊共担的有机体，缺乏竞争能力，抗风险能力差。同时缺乏龙头带动和整体明确开发战略，既不能形成竞争力，又无价格和品种优势，产品不能联合进入市场，抵御起伏不定的市场波动。

8. 深加工技术不够

缺乏高、精、尖、细的加工工艺、技术等。

四、我国特禽养殖业的发展趋势

特禽养殖业是一项极具市场潜力和竞争优势的产业，诸如自然资源（野生物种、育成的品种品系）丰富、资源（人力、物力、地力）成本低和国际市场竞争力与回旋空间大（价格优势、世界华人多及传统文化）等。然而，若要使特禽业持续、稳定地发展，就必须进行体制上、政策上和措施上的改革。

1. 培育更多的新特禽，满足人们的美食之需

随着人民生活水平的提高，以新、奇、特为主题的消费时尚将随之而到。各地特禽养殖企业为满足市场需要，利用杂交、驯化、更新换代繁殖等技术，培育大量特禽新品种。

2. 开发食草特禽，降低粮食消耗

目前已有国家利用基因重组或移植技术，将牛、羊、兔等草食性家畜体内的一种酶基因植入特禽的受精卵，使之培育出的特禽类品种也像牛羊一样以吃草为主，既减少了喂养粮食耗损，降低生产成本，也避免一些传统饲料中含有不利于人们健康的元素产生的副作用，符合天然绿色的要求。

3. 培育功能性保健特禽，促进人类健康

21世纪的主导食品是功能性食品，人们利用遗传学原理和高新技术，培育具有新型营养保健作用的特禽。目前，我国培育成功的极为理想的营养保健特禽已陆续上市，如全身俱黑、符合当今世界黑色食品潮流的黑凤鸡、黄凤鸡、红毛鸡以及生产绿壳蛋的乌肉花鸡等。

4. 广泛应用中草药添加剂，提高特禽经济效益

为降低特禽的饲养成本，将广泛使用中草药添加剂，减少常规

药物使用，以提高特禽的产蛋率、受精率、出雏率和雏鸡成活率，减少药残，并保持肉质的鲜美性，达到降低成本、提高经济效益的目的。

5. 建立特禽信息网络体系，增强左右市场能力

为保证特禽及其产品销路畅通，各地特禽企业将建立市场需求信息网络，按照市场需求进行有计划、有规模的饲养，逐步形成信息灵、市场明、经营活的特禽养殖格局。

6. 实施品牌战略，形成产加销、农工贸一体化的产业化经营体系

为使特禽在激烈的市场竞争中站稳脚跟，不断发展，各地将积极实施品牌战略，通过品牌扩大优势，占领市场。同时创办龙头企业，建设商品基地，辐射带动农户，推动特禽基地化、区域化、专业化生产迅速发展，进而形成产加销、农工贸一体化的产业化经营体系。

第一章 孔雀饲养管理与疾病防治技术

第一节 孔雀饲养管理技术

1. 蓝孔雀有哪些外貌特征?

蓝孔雀体形与绿孔雀相似，但其羽毛颜色更为鲜艳夺目。蓝孔雀的雌雄在外观上有明显的区别。雄孔雀羽毛鲜艳美丽，脸部黄白色，具有1.5米长的覆尾羽，羽上有大而带金属光泽的眼状斑，令人叹为观止。雌孔雀的体羽以灰色为主，没有延长的覆尾羽。

2. 孔雀有哪些生活特性?

(1) 喜静、怕惊：孔雀喜欢安静舒适的生活环境，各种噪声及其他动物如狗、猫等的干扰都会影响孔雀的生长发育，降低其产蛋量及受精率。

(2) 飞翔性：孔雀虽然体形很大，体重平均每只5千克左右，但其飞翔能力很强。

(3) 杂食性：孔雀杂食粗饲，禾本科和豆类的籽实、禽蛋、昆虫等都被广泛采食。所以，多种饲料的搭配能成为其很好的日粮。

(4) 喜栖性：孔雀不论白天或夜晚都喜欢在栖架上栖息。

(5) 喜阴怕雨：孔雀喜欢阴凉天气。天气炎热、气温高，孔雀很少活动。雨天运动场积水，并且卫生条件不好，孔雀发病率较高。

3. 孔雀饲养场所及栏舍如何搭建?

(1) 地理位置：选平坦或稍有坡度，阳光充足、地势高、排水良好、环境优美、安静、没有被传染病和寄生虫污染过的地方，场

地的土壤以沙壤土或黄泥土为好，并保证有卫生的水源。

（2）孵化室：①孵化室与外界隔离，工作人员和一切进入孵化室者都应遵守消毒原则，以切断传染源。②孵化室的建筑应热绝缘良好，以确保室内小气候的稳定。③孵化室应保持良好的通风，以保持空气的清洁。④孵化室应分设种蛋检验间、消毒间、贮蛋间、孵化间、出雏间、洗涤间、幼雏存放间等。

（3）育雏间：育雏箱为1.2米×0.8米×0.7米的木质箱，上盖有可透气的窗纱，底板垫上4厘米厚的锯末。热源为灯泡，控制灯泡的高度可以调节箱内的温度。室内育雏，在孔雀20日龄内，搭架，每个架250厘米×200厘米，底高70厘米，内高2厘米，底及四周50厘米，用1.5厘米×1.5厘米的电焊网，其余用胶网；室外育雏20～60日龄，栏舍面积为5～10米^2，室内外各一半，室内高4米，上盖石棉瓦，室内外均匀搭上竹架，供孔雀栖息。在育雏期间，可用育雏伞或灯泡加热。

（4）成年孔雀栏：由于孔雀体躯较长，夜间有在高树上过夜的习惯，需要较宽敞的笼舍，一般一雄多雌同笼饲养。笼舍内要装结实的树干做栖木，供夜间休息，笼舍底面要比地面高出40厘米。运动场周围及上方围起铁丝网，网高5米，网孔不应超过2厘米。室内约占全部面积的1/3，地面铺上黄土或沙子。每100米^{2}可养孔雀20只。

（5）种栏：每栏饲养雄孔雀1只，雌孔雀2～5只，栏舍大小为5米×10米，室内外各半。

（6）饲养用具：料盆用镀锌铁皮焊接而成，饮水器用鸡用塑料饮水器，捉孔雀网用钢筋做架再连接胶网。

4. 蓝孔雀育雏期如何饲养？

育雏期为0～60日龄。孔雀属早成鸟，出壳后便能啄食。最好笼上育雏，1～10日龄时的舍温度要求达34～38℃，以后每天降低0.3℃，直至20～30日龄时脱温。育雏相对湿度可控制在60%～70%。饲养密度保持每只育雏笼饲养孔雀1～2周龄时10只，3～4周龄时6～8只，5～8周龄时饲养5只。雏雀开食前先用多种维生素水或0.02%高锰酸钾水开饮，然后饲喂雏鸡料（含粗蛋白要求在22.5%以上）和黄粉虫。如果没有黄粉虫，雏鸡料中可拌入熟鸡蛋切碎饲喂，自由采食。注意供应充足的饮水，饮水中适当添加复合维生素B溶液。每天打扫环境卫生，做好定期消毒、定期驱虫以及防兽、防鼠工作。20日龄后可逐步让孔雀到室外活动，使其慢慢适应外界的环境、气候、温度等。幼孔雀的生长发育从7日龄开始进入快速生长阶段，应增加动物性饲料和各种微量元素，促其生长。31日龄后，每天饲喂2～3次。饲料中适当添加玉米渣、高粱、黄粉虫、面包虫等。熟鸡蛋在饲料中的含量逐步减少。

5. 蓝孔雀育成期如何饲养管理？

育成期为61日龄至成年前。孔雀到60日龄从育雏笼转入育成栏舍饲养，密度为每30米^{2}10～12只。饲料可用两个饲料桶分别装上中鸡料和玉米、豌豆等组合成的鸽子料饲喂，中鸡料中加入3%鱼粉，同时用盆装上保健砂放入栏舍。每天饲喂2次，同时供给2次青绿饲料。作为商品孔雀，饲养至8月龄时，体重可达3～4千克，即可上市。

6. 蓝孔雀成年期（2岁以上）如何饲养管理？

产蛋期应注意环境安静，减少各种应激，以免影响孔雀产蛋和交配。种群雄雌比例以1∶3～4为宜。强烈阳光会影响孔雀活动，可在运动场内外种植植物遮阴。产蛋期间应增加动物性饲料及昆虫，微量元素特别是钙、磷，维生素，满足种孔雀生产需要。秋季换羽期间可增喂火麻仁（约占饲粮的10%）等，有利换羽。在舍内角落处搭上窝巢，放上软草，以利于产蛋。注意在下午5～7时及时捡蛋。注意做好冬季防寒保暖工作。

7. 种雀如何饲养管理？

每一栏舍饲养一组产蛋群，每组产蛋群6只，公母比1∶5。同一栏中不能同时放入2只雄雀，否则，雄雀会因争斗而影响产蛋率和受精率。种群饲料用种鸡料加5%鱼粉和鸽子料两种，也需供应保健沙。最好能补喂黄粉虫，每天每只50克，保持有少量新鲜青饲料。种鸡料粗蛋白18%～20%，能量11.70～12.54兆焦/

千克。

8. 孔雀繁殖期如何饲养管理?

孔雀繁殖的季节性很强，每年产蛋季节为3～8月份。孔雀性成熟期是22～24月龄，利用年限5年，年产蛋30枚/只左右。每天产蛋时间是在下午5～9点，隔天产1枚蛋，有时隔几天才产1枚蛋，不会出现连续每天产蛋。

孔雀进入繁殖季节前，做好种群组合。选种应挑选羽色好、脚有力、趾不弯的健康鸟，同时注意避免近亲交配。雄雌比为1∶5，不要1∶1进行配比，否则，雌雀会因交配过度而伤残，对栏舍和雄雀利用率都不合算。但也不能超过1∶5配比，否则，受精率会降低。每一个组合为一个产蛋群，每产蛋群只能一个栏舍饲养。进入产蛋季节，孔雀开始发情，雄雀会发出求偶信号，一般都在早上10点前和下午5点后。雄雀求偶，首先开屏，头向雌雀逼近，并绕着雌雀转。如果雌雀发情时，则蹲下，让雄鸟爬跨。雌雀没有发情，则没有反应，不理不睬或者避开雄雀。如果孔雀受到外界干扰刺激，孔雀也会开屏，并发出叫声，这是因为受到外界干扰刺激而引起戒备。孔雀求偶交配后半个月，雌雀开产。产蛋临近，雌雀总是在周围走动，并发出“咯咯”叫声，表现不安、烦躁，双爪爬地作窝，然后在窝内产蛋。

孔雀蛋重约100克/枚，孵化期为26～28天。孔雀蛋必须及时收集放冷库保存，5天入孵一次。

9. 蓝孔雀的饲料配方有哪些?

（1）饲料种类：孔雀的饲料来源广泛，但食量较少，因而要求饲料全价，一般成年孔雀日粮量为100～150克，即可满足机体需要。

①蛋白质饲料：植物性饲料有豆饼、大豆、花生饼、芝麻饼、菜籽饼、棉籽饼和葵花籽饼等，这些饲料含蛋白质35%～50%，可占饲料总量的30%左右。动物性饲料有鱼粉、鸡蛋、骨肉粉、蚕蛹、羽毛粉、血粉等，含蛋白质40%～80%，可占饲料总量的20%～25%。

②能量饲料：包括玉米、小麦、大麦、高粱和稻谷，其中能量含量约为13.0兆焦/千克，糠麸饲料能量低、容量大，且富含粗纤维，正符合孔雀的营养需要。所以，如麸皮、米糠、玉米糠、高粱糠等可以占饲料总量的5%。

③矿物质饲料：贝壳粉、沸石粉、骨粉和盐等同样是孔雀生长发育不可缺少的必需物质，可占饲料总量的2%。

④青绿饲料：青菜、野菜、牧草等，可占饲料总量的20%～30%。

⑤添加剂：包括氨基酸、矿物质、多种维生素等，应根据孔雀的不同饲养阶段和孔雀群的不同饲养状况酌量增减。

（2）饲料配方：以下是孔雀不同饲养阶段的饲料配方，仅供参考。

①仔孔雀的饲料配方：玉米40%、豆饼20%、麸皮6%、鱼粉14%、谷子7%、小麦6%、矿物质2.7%、盐0.3%、骨粉2%、酵母2%。日粮的粗蛋白含量为22.6%，代谢能为11.9兆焦/千克。此料用于50日龄以前的孔雀。

②中雏孔雀的饲料配方：玉米45%、高粱5%、豆饼18%、大豆6%、鱼粉8%、骨粉4%、麸皮10%、酵母3%、食盐0.5%、贝壳粉0.5%。此料用于6月龄以前的中雏。

③青年孔雀饲料配方：玉米38%、全麦粉10%、麸皮4.6%、高粱3%、豆饼21%、大豆粉8%、鱼粉10%、酵母3%、骨粉1%、贝壳粉1%、食盐0.4%。此料用于22月龄以前的青年孔雀。

④育成孔雀饲料配方：玉米60%、麸皮8.5%、豆饼18%、鱼粉8%、酵母3%、贝壳粉2%、食盐0.5%。此料用于成年孔雀。

⑤产蛋期孔雀饲料配方：玉米45%、豆饼16%、大豆10%、鱼粉10%、麸皮8.5%、骨粉5%、酵母5%、食盐0.5%。此料用于产蛋期孔雀。

⑥种孔雀的饲料配方：玉米48%、全麦粉5%、麸皮5%、高粱2%、豆饼20%、大豆粉5%、鱼粉8%、酵母2%、骨粉2%、贝壳粉2.5%、食盐0.5%。此料用于种孔雀。以上饲料须酌情加

入多维、微量元素等添加剂。

10. 蓝孔雀种蛋的结构特点有哪些?

蛋重100克左右，椭圆形，淡褐色，蛋壳厚、光滑而坚硬，不易破碎，气孔封得严，相对表面积较小，直接影响了气体交换、水分蒸发、热量传导和啄壳出雏。因此，常规的孵化条件使胚雏不易碎壳。

11. 种蛋如何保存和放置?

种蛋保存时间的长短与温度关系密切，在环境温度低于18℃以下保存时间在5天内，孵化率较高；反之，孵化率则低，所以，选择清洁新鲜的孔雀种蛋入孵极为重要，保存期间种蛋水平放置，每天翻蛋一次，有助于胚胎正常发育，从而提高孔雀种蛋的孵化率。

12. 怎样对种蛋进行消毒?

入孵前用37℃ 0.1%高锰酸钾溶液浸泡3分钟，捞出擦去浮水，用红外线灯烤干或晾干即可入孵。

13. 孵化时如何控制温度和湿度?

(1) 温度：由于孔雀种蛋的壳上膜、蛋壳、气孔和内外壳膜等特殊结构，孵化初期种蛋受热慢，因其含脂率相对较高，加上中后期产生大量的生理热，使散热发生困难，所以在孵化过程中施温的原则是：入孵前种蛋预温在36～37℃，预热6～8小时，其中：前期高、中期平、后期略低，出雏期稍高，温度分别是1～7天38～39℃，8～19天38～38.8℃，20～25天37.5～38.5℃，26～28天37～37.8℃。

(2) 湿度：孵化期相对湿度控制在60%～70%，出雏时提高到70%～75%。控制湿度的原则是：两头高，中间平。前期湿度高，可使种蛋受热良好，均匀；中期平，有利于胚胎的新陈代谢；到了后期和出雏阶段，提高湿度的目的是为了消散过多的生理热，使蛋壳结构疏松，以便啄壳出雏。然而，当湿度超过75%而又通风不良时，胚胎因气体变换差会引起酸中毒，导致胚胎窒息死亡，这点最值得注意。在实际操作中，温度和湿度还要结合晾蛋和喷水调整，此时还要考虑种蛋孵化发育中在仿生立式孵化箱和平型出雏箱的配套放置以及季节和其他环境因素的影响。

14. 如何晾蛋和喷水？

晾蛋和喷水是调节温度的有效措施，对孵化率影响很大。用配套的立式和平型出雏器流水作业操作可比常规孵化方式提高出壳率10%～15%。在孵化前期一般不晾蛋，按照上述的施温方案，中后期的蛋温可达38.5℃。晾蛋可以加强胚胎的气体交换，排除蛋内的积热。每天晾蛋2～4次，晾蛋的时间长短不等，根据情况灵活掌握，当蛋温降至35℃时又继续孵化。喷水在目前被认为是提高孔雀种蛋孵化率的关键所在。喷水功能有三点：①破坏壳上膜；②促使蛋壳和壳膜不断收缩和扩张，破坏它们的完整性，加大通透性，加快水分蒸发和蛋的正常失重，使气室容积扩大和供氧充足；③导致蛋壳松脆。孔雀种蛋的壳上膜厚，蛋壳坚硬。前者影响气体和水分蒸发，后者妨碍啄壳。壳上膜的存在对孵化头几天是有利的，随着胚龄的不断增大，尤其是当尿囊合拢后，需要吸入更多的氧气和排出大量代谢产物时，它就开始对胚胎的发育产生不良影响，要把它除掉就要对孵至23～28天的胚蛋喷水（提早喷水对尿囊的合拢不利）。气温高时喷冷开水，气温低时用35～40℃的温水喷洒。每天喷一次，将蛋喷至湿透，待晾干后继续孵化。胚蛋在反复晾蛋、喷水和空气中二氧化碳的作用下，蛋壳的碳酸钙变为碳酸氢钙，蛋壳由坚硬变为松脆，雏雀容易破壳。翻蛋的次数和角度，翻蛋可以促进胚胎活动，防止内容物粘连蛋壳，使其受热均匀，孔雀种蛋在孵化过程中，每8小时翻蛋1次。翻蛋的角度为180°，这样可以保证尿囊按时在小头合拢。用手工或滚动式翻蛋，注意合理调整上下边心蛋使其受温均匀，只要满足了胚胎各阶段的生理发育要求，对蓝孔雀的孵化效果会十分理想。

15. 如何掌握孔雀孵化八要点？

（1）选蛋：孔雀蛋重在120克左右，种蛋存放一般不要超过2周，蛋形正常，大小适中，蛋壳厚薄均匀，颜色协调一致，色泽鲜艳，时间越短，孵化率越高。

（2）消毒：入孵前种蛋消毒一般采用熏蒸法，即每立方米用高锰酸钾15克，福尔马林30毫升，在25～30℃的温度下熏蒸20分

钟，可杀死种蛋表皮上的病毒，消毒一般在消毒柜内进行。

（3）温度：孔雀孵化期为26～28天，温度是孵化的首要条件，孵化温度要根据胚胎发育情况采取前期高、中期平、后期略低、出雏期稍高的方法，温度分别为：入孵前种蛋预热6～8小时蛋温36～38℃，第1～8天38.5～38.8℃，第9～15天38～38.5℃，第16～21天37.8～38.2℃，第22～26天（即出壳）37.5～38℃。

（4）湿度：湿度在整个孵化过程中也起着重要的作用。湿度过低会引起胚胎粘壳，出雏困难；湿度过高易造成雏鸟蛋黄吸收不良，体质差，易死亡。适宜的湿度应掌握在两头高中间低的原则，即前期相对湿度为60%～65%，中期为55%～60%，后期65%～70%。

（5）翻蛋：为使种蛋受热均匀，胚胎发育正常，必须进行人工或自然翻蛋，从入孵的第二天起，一般2～4小时翻蛋一次，翻蛋的角度为90°。第22天停止翻蛋。

（6）晾蛋：在孵化中后期蛋温达38.8℃时，为防止内烧应晾蛋，一般孵化18天时每天晾1次。第22～26天每天晾2次，晾蛋的时间长短不等，根据情况灵活掌握。

（7）喷水：喷水是提高出雏率的关键措施之一，喷水能使蛋壳松脆，孔雀的蛋壳上膜厚，蛋壳坚硬，因此，在孵化22～26天时每天喷水一次，水温35℃左右，待干后继续孵化，在反复晾蛋喷水的作用下，蛋壳由坚硬变松脆，有利雏鸟破壳而出。

（8）照蛋：在孵化6～8天时第一次照蛋，主要检查种蛋受精情况。正常蛋能看到黑色眼点，蛋内颜色发红并带有血丝，无精蛋任何变化也没有，蛋黄完整，蛋清透明，要及时取出无精蛋。照蛋的次数要根据具体情况进行操作，主要检查胚胎发育情况，并及时查出死胎蛋。

第二节　孔雀常见疾病防治技术

16. 如何做好孔雀常见病的预防工作？

（1）鸡马立克氏病：1日龄时，用马立克氏病二价油佐剂灭活苗对雏舍喷雾或每只颈部皮下注射接种 0.2 毫升。

（2）禽白痢病：2～3 日龄，用广谱抗生素防治。

（3）新城疫病：雏雀出壳后 7～10 天用新城疫Ⅱ系疫苗滴鼻，60 日龄后肌肉注射新城疫Ⅰ系疫苗。12 月龄后再肌注一次Ⅰ系疫苗，以后每隔 12 个月注射一次。产蛋的种孔雀每年产前 1 个月注射一次新城疫Ⅰ系疫苗（疫苗使用方法按说明书或瓶签）。

（4）禽痘病：25 日龄，用 200 倍鸡痘鹌鹑化弱毒疫苗于翅膀内侧无血管处皮刺接种 1 针，120 日龄，用 100 倍疫苗刺种 2 针，以后每隔半年接种 1 次。

（5）种孔雀在 24 月龄达到性成熟后，产蛋前 1 个月（每年的 2 月份左右）用新城疫＋减蛋下降综合征二联苗肌肉注射。

（6）肠炎：每周用 0.01％的高锰酸钾水供幼雏饮用 1 天。

17. 如何防治孔雀新城疫？

（1）什么是孔雀新城疫？孔雀新城疫是由新城疫病毒引起的一种急性、烈性、败血性传染病。主要特征为呼吸困难，拉黄绿稀痢，神经紊乱，黏膜和浆膜出血。本病具有很高的发病率和病死率，可达 90％以上

（2）孔雀新城疫的临床症状有哪些？发病初期，病禽表现精神委顿，垂头缩颈，闭目垂翅，食欲下降而渴欲增强，体温升高至 43℃以上，随着病情的发展，病禽食欲废绝，口流黏液，下痢，排黄白色或黄绿色稀粪；多数出现头颈震颤、转圈等神经症状，少数呼吸困难。病的后期，病禽衰弱死亡，病程通常为 2～4 天。耐过康复后，少数有神经症状后遗症，失去饲养价值。

（3）孔雀新城疫的病理变化有哪些？剖检可见急性败血症的各种病变。喉头、气管的黏膜充血、小点状出血；气管内有较多泡沫状液；胸膜腔浆膜有斑点状出血；嗉囊积满臭液体，腺胃黏膜水肿，腺胃乳头及乳头间有点状出血，肌胃角质膜下斑状出血，肠道黏膜充血、出血及纤维素性伪膜，盲肠扁桃体肿胀、出血，泄殖腔黏膜充血、出血；心冠脂肪点状出血，部分肝淤血肿大；脑膜斑点出血，脑实质可见充血、小点状出血。

（4）孔雀新城疫如何防治？

①加强本场卫生防疫制度，防止病毒或传染源与孔雀群接触。场门前设消毒池，经常保持孔雀舍、运动场清洁卫生，定期消毒；保持饲料、饮水清洁，食槽、饮水器须每天洗刷、清洁，并做好消毒；孔雀场最好实行全进全出制饲养；新购进孔雀时，须隔离观察2周以上，确认健康后方可合群；严防人、畜、禽带进病原。

②定期做好疫苗接种，增强孔雀群特异免疫力。孔雀7～10日龄首免，用新城疫克隆30活疫苗或Ⅱ系疫苗加灭菌生理盐水，按1∶10稀释，每只1羽份滴鼻或点眼；28～30日龄二免，用Ⅱ系疫苗或新城疫克隆30活疫苗，按1∶50稀释，每只2羽份肌注；3月龄三免，用新城疫Ⅰ系疫苗按1∶500稀释，每只1羽份肌注。种孔雀每年冬季或春季用新城疫Ⅰ系疫苗加强免疫一次。规模较大孔雀场可用饮水免疫法，即用新城疫Ⅳ系疫苗加清洁井水按1∶1 000稀释，并加1%脱脂奶粉，以保护活毒，首免1羽份饮水，二免3羽份饮水，三免用新城疫Ⅰ系疫苗按1∶500稀释，每只1羽份肌注。

③孔雀群一旦发病，应及时采取紧急措施，严防疫情扩大蔓延。立即封锁孔雀场，紧急带孔雀喷雾消毒，将假定健康孔雀、可疑病孔雀、病孔雀分群隔离，并依次用疫苗进行紧急接种；及时扑杀、深埋或焚烧病死孔雀尸体，做好被污染羽毛、粪便等的无害化处理和消毒；最后一个病例处理后2周，若无新病例发生，经严格消毒后，方可解除封锁。

④对发病孔雀群采用新城疫克隆30活疫苗大剂量（3～5羽份/只）肌注，并用0.1%菌毒净带孔雀消毒，饮用含适量多维、10%葡萄糖水等，可收到较好治疗效果。另外，使用新城疫Ⅳ系疫苗4倍量饮水免疫，再结合新城疫油乳剂灭活疫苗肌注，每只0.5毫升，并辅以对症治疗，也有较好疗效。

18. 如何防治孔雀马立克氏病？

（1）什么是孔雀马立克氏病？马立克氏病是由病毒引起的一种肿瘤病。雏孔雀对病毒的易感性高，尤其是日龄越小易感性越高。但本病多发生于2～5月龄的鸡，3～4月龄的鸡发病率最高，少数鸡可以早在感染后 3 周发病，也有在 6 个月以后发病的。

(2) 孔雀马立克氏病的临床症状有哪些？根据临床症状不同可将本病分为四个类型。

①神经型（古典型）：常侵害外周神经，以坐骨神经和臂神经的受害最多见，当坐骨神经受害时，常引起一肢或两肢发生不全麻痹，步态不稳，一个最典型的症状是一腿伸向前方（健肢），而另一只腿掩在后方（病肢），呈所谓的“劈叉”姿势。臂神经受害时，表现为翅膀下垂，当控制颈肌的神经受害时，病鸡头下垂或头颈歪斜。由于运动障碍，多不能采食、饮水而导致死亡。

②内脏型：病鸡精神沉郁，食欲减退，鸡冠或肉髯苍白或有萎缩，有时见有腹泻，渐进性消瘦。多种内脏器官均可发生肿瘤，以肝、脾、肾、卵巢、睾丸等较为常见，肝脾最明显。法氏囊有时萎缩。

③眼型：由于眼神经受损，表现为视力障碍，虹膜褪色，由橘红色变为灰白色，称“灰眼病”，瞳孔边缘不整齐，严重时只剩针尖大小小孔，视力丧失。

④皮肤型：此型缺乏明显的临床症状，往往在宰后拔毛时发现羽毛囊增大，形成淡白色小结节或瘤状物，此种病变常见于大腿、颈、躯干背部生长粗大羽毛的部位。

此外，有时可见混合型，以上两型或三型症状同时存在。

(3) 孔雀马立克氏病有哪些剖检变化？不同类型剖检变化有所不同。

①神经型：主要剖检变化发生在外周神经和内脏大神经。病变神经显著肿大，呈灰色或黄白色，横纹消失，神经上有大小不等的结节。神经病变一般是单侧性的，这种病变主要是由于大量淋巴细胞浸润所致，引起增生性（肿瘤性病变）和炎性病变。

②内脏型（急性型）：内脏器官最常被侵害的是卵巢，其次为肾、脾、肝、心、肺、胰、肠系膜、腺胃、肠道、肌肉等组织。病变器官明显肿大，肿瘤组织弥漫地浸润在器官实质中，色泽灰白，与健康组织相间存在，与周围组织界限不明，外观似大理石状斑

纹，严重时可形成灰白色肿瘤块，突出于器官表面，大小数量不一，呈扁平或圆球状，质地坚硬而致密，切面平滑，性质均一，呈脂样。卵巢可肿大3～7倍，睾丸2～5倍，呈白色半透明状。肝、肾肿大，上面有灰白色肿瘤，心脏也可见结节状肿瘤，脾可能肿大，有时有弥散性针尖大小灰白色。腺胃表现壁增厚，变坚实。法氏囊一般表现萎缩，但偶尔肥大，这是由于肿瘤细胞分布于滤泡间所致。胸腺一般萎缩。

③眼病变主要是虹膜的单核细胞浸润。

④皮肤病变主要是炎性，但也有增生性的。

（4）孔雀马立克氏病有哪些防治措施？

①加强综合防治措施：加强孔雀场环境卫生与消毒工作，尤其是孵化卫生与育雏鸡舍的消毒，防止雏鸡早期感染。育雏室在进雏前应彻底清扫，用福尔马林熏蒸消毒并空舍1～2周。育雏前期，尤其是前2周内最好采取封闭式饲养，以防感染。

②做好预防免疫接种：1日龄雏鸡用马立克（火鸡疱疹病毒）苗，或二价苗（自然弱毒及火鸡疱疹病毒）进行接种。

③种蛋及孵化器需用福尔马林熏蒸消毒，以防雏鸡刚出壳即被蛋壳上及孵化器中的马立克氏病病毒感染。

④幼鸡对马立克氏病最易感，必须与成年鸡分开饲养。

⑤严格检疫，发现病鸡立即淘汰，饲养场地彻底消毒，定期进行药物驱虫，尤其要加强对雏鸡球虫病的防治。

19. 如何防治禽流感？

（1）什么是禽流感？禽流感是由A型流感病毒所引起的禽类的一种急性高度致死性传染病。禽流感病毒能感染多种家禽和野禽。野鸟或自由飞翔的鸟可大量散播病毒，家禽中火鸡和鸡最易感，鸭鹅及其他水禽类易感性较差，多为隐性感染或带毒，有时也能引起死亡。

（2）孔雀禽流感有哪些临床症状？根据禽的种类以及感染病毒的亚型类别不同，表现各种不同的临床症状。流行初期的急性病例，可不出现任何症状而死亡。一般病程为1～2天，此类病孔雀，可见体温升高，精神沉郁，拒食，羽毛松乱，头颈下垂，鸡冠和肉髯发黑，眼睑、头部浮肿，肉冠、肉髯出血、发绀、坏死，蹠部角质鳞片呈紫红色，排绿色粪便。眼结膜发炎，分泌物增多，呼吸困难，鼻分泌物增多，并有灰色或红色渗出物，病孔雀常摇头，企图甩出分泌物，严重者引起窒息死亡。潜伏期较长的病孔雀可出现神经症状，常有扭颈、抽搐、惊厥和瘫痪等症状。母孔雀还可引起产蛋率下降。

(3) 孔雀禽流感的病理变化有哪些？最急性死亡的孔雀，几乎见不到什么明显的病变。急性死亡的孔雀，可见头部、肉冠、肉垂浮肿，皮下胶样浸润、出血。心包积液，心外膜有出血点，心肌出现淡黄色坏死性条纹。腺胃乳头出血，十二指肠出血。肝、脾、肾、肺常见有灰黄色坏死灶。气囊、腹膜和输卵管表面有灰黄色渗出物，有时可见纤维素性心包炎。卵巢和输卵管充血或出血，管壁肿胀。

(4) 禽流感的防治措施有哪些？目前无有效的治疗方法，据报道，金刚烷胺对鸡和火鸡的A型流感病毒有一定效果。用抗生素治疗可减轻支原体和细菌的并发感染。

本病的病原易发生变异及各血清型毒株之间缺乏交叉免疫性，因此至今仍无有效的疫苗用于本病的免疫，主要靠采取综合防制措施，严格进行检疫。发现本病时，应采取隔离、淘汰等综合防制措施，防止疫情扩大。

20. 如何防治禽痘？

(1) 什么是禽痘？禽痘是家禽和鸟类如鸡、火鸡、鸽、金丝雀、麻雀和鹌鹑等的一种病毒性疾病。皮肤型禽痘以皮肤结节状增生为特征，白喉型禽痘以上消化道和呼吸道黏膜纤维性坏死和增生为特征。

(2) 禽痘的临床症状有哪些？依患病部位不同，临床上可分为皮肤型、白喉型（黏膜型）及混合型。

①皮肤型：肉髯、眼睑、腿部、泄殖腔等身体的无羽毛处皮肤上形成一种结节样（痘样）病变。最初痘疹为细小的灰白色小点，

随后体积迅速增大，形成豌豆大灰白或灰黄色结节。结节坚硬而干燥，表面凸凹不平，有时几个结节相互融合成大的痂块，痘痂的形成至脱落需 3～4 周。一般无明显的全身症状。

②白喉型：在口腔、食道或气管黏膜上出现溃疡或白喉型淡黄色病变；逐渐形成一层黄白色的假膜（由坏死的黏膜组织和炎症渗出物凝固而成），随着假膜的扩大和增厚，口腔和喉部受到阻塞，使病孔雀吞咽和呼吸困难，严重时窒息死亡。

③混合型；即以上两种病型均有。

（3）禽痘剖检变化有哪些？病型不同剖检变化也有差别。皮肤型鸡痘的特征性病变是局灶性表皮和其下层的毛囊上皮增生，形成小结节，有的小结节融合成大块结节，结节起初表现湿润，后变为干燥，外观呈圆形或不规则形，颜色为浅黄色到深褐色不等，结节干燥前切开可见切面出血、湿润。结节结痂后易脱落，出现瘢痕。

白喉型禽痘病变出现在口腔、鼻、咽、喉、食管或气管黏膜上，黏膜表面形成微隆起的白色、不透明结节，以后迅速增大，并常融合而成黄色、奶酪样坏死的白喉样膜，将其剥去，可见出血糜烂，炎症蔓延可引起眶下窦肿和食管发炎。

（4）禽痘的防治措施有哪些？

①本病无特异性治疗方法，加强饲养和环境卫生管理，减少环境不良因素的应激，妥善护理病鸡，对皮肤痘可用 1％高锰酸钾液冲洗，用镊子小心剥离痘痂，创面用碘酊涂抹。

②对大群病孔雀，为防止并发感染，可在饲料中添加抗生素。康复的鸡可获得终身免疫。实践证明，用疫苗接种可控制本病。

③国内用于鸡痘预防的苗主要是鹌鹑化鸡痘弱毒苗。种孔雀一般免疫两次。第一次免疫于 5 周龄进行，第二次免疫在开产前，即 4 个月左右进行（二免也可用传染性脑脊髓炎和鸡痘二联苗）。接种方法一般是采取在翅内无血管区刺种，刺种后 4～6 天，检查鸡在刺种部位的反应，如刺种部位出现红肿、水泡和结痂等反应则证明免疫是成功的。一般在疫苗接种后 10～14 天产生免疫力，免疫期为 4～5 个月。

21. 如何防治孔雀沙门氏菌病?

(1) 什么是沙门氏菌病?沙门氏菌病是由多种不同血清型的沙门氏杆菌引起的一种发病快、感染率高,对养殖孔雀危害极大的常见、多发性传染病。本病主要侵害2~3周龄的雏孔雀。

(2) 临床症状:雏孔雀所表现的临床症状是一致的,但与成孔雀不同。发病率与死亡率差异很大,死亡率可从0~100%,这与年龄、易感性、营养、管理及感染程度等因素有关。本病多发生于2~3周龄,死亡高峰是在第2周,即7~14日龄,第3周死亡迅速减少。

雏孔雀:经蛋感染的雏孔雀,常在孵化过程中死亡,有的孵出弱雏,出壳后不久即死亡。出壳后感染的雏鸡,一般经4~5天的潜伏期后开始出现症状。病雏聚堆,不食,羽毛松乱,两翅下垂,低头缩颈,闭目昏睡,排白色糨糊样粪便,肛门周围被粪便污染,有的病雏出现盲眼或肢关节肿胀,肺部有病变时则出现呼吸困难,伸颈张口呼吸。病程短者1天,一般为4~7天,病死率一般为40%~70%,3周龄以上发病者,病死率较低。耐过鸡生长发育不良,长成后有较高的带菌率。

成孔雀:感染本病后,一般无明显症状,成为隐性带菌孔雀,雌孔雀的产蛋率和孵化率降低,死亡胚数增加。

(3) 禽白痢的剖检变化有哪些?急性死亡的雏孔雀,通常病变不明显,有的可见内脏器官充血、出血。病较长的,在肝、心肌、脾、肺、肾、肌胃、盲肠等脏器内有粟粒大黄白色坏死灶或大小不等的灰白色结节。肝、脾肿大,胆囊膨大。卵黄吸收不良,内容物变性,变质。盲肠内常有干酪样物。

成年孔雀多呈慢性经过,病变主要见生殖系统。雌孔雀以卵巢和输卵管的慢性炎症为特征。卵巢皱缩不整,卵泡变形、变色,内容物呈油脂或干酪样。有些卵泡破裂,引起广泛的腹膜炎。雄孔雀睾丸肿大或萎缩,睾丸组织内有坏死灶。病孔雀常有心包炎,心包液增多,心包膜发生粘连。

(4) 禽白痢防治措施有哪些?

①治疗：许多药物对鸡白痢病有预防和治疗效果，但只能减少发病率和死亡率，单纯靠药物不能消灭本病。由于长期应用某种药物进行本病的预防和治疗，常常产生耐药性，致使治疗无效，所以最好在治疗前进行药敏试验，选择最有效的药物用于治疗。较常用的药物有如下几种：

抗生素类：如庆大霉素、土霉素等，土霉素按0.05%～0.1%拌料。庆大霉素每只鸡按1 000～2 000单位量饮水。

磺胺类：磺胺甲基嘧啶与磺胺二甲基嘧啶，两者等量，混合在饲料中，用量为0.2%～0.4%，连用3天。

生物制剂：如促菌生、调痢生等防治鸡白痢病也有一定效果，在使用生物制剂时，不能同时使用抗生药和消毒药等。

②防疫措施：对禽白痢病目前尚无有效的疫苗，只能靠检疫清除带菌鸡的方法消灭本病。同时采取综合防疫措施。种孔雀场必须适时地进行全群检疫。孵化的全部过程兽医卫生防疫措施要规范化、制度化。要加强饲养管理。适时地投服敏感药物，进行药物预防。

22. 如何防治孔雀巴氏杆菌病?

(1) 什么是孔雀巴氏杆菌病？孔雀巴氏杆菌病是由禽多杀性巴氏杆菌引起的一种接触性烈性传染病。主要侵害后备孔雀和种孔雀，引起较大的损失。

(2) 孔雀巴氏杆菌病的临床症状有哪些？由于机体的抵抗力、病原菌毒力的差异，一般可分为最急性型、急性型和慢性型三种。

①最急性型：常见于流行初期，以产蛋禽最常见，病孔雀突然发病死亡，没有任何症状。

②急性型：最为常见。体温升高，精神委顿，呆立不动，羽毛松乱，呼吸困难，肉髯蓝紫，鼻口流出有泡沫的黏液。病禽排出灰黄色或绿色稀便，有时混有血液。无食欲，但有渴感，最后衰竭昏迷死亡。病程1～3天，病死率很高。

③慢性型：一般发生于急性流行的后期，或由毒力较弱的毒株所致，多表现为局部感染。肉髯、翅或关节肿胀。如感染呼吸道，

则鼻孔流黏液性分泌物，鼻窦肿大，喉头积有分泌物，病禽呼吸困难或有气管啰音。有的有腹泻现象。病程较长，死亡率不高。

（3）孔雀巴氏杆菌病的剖检变化有哪些？

①最急性型：无明显变化，有时可见心冠状脂肪有针尖大出血点。

②急性型：冠、肉髯黑紫色，各浆膜有点状出血，心包液增多，心冠和心外膜有出血点或块状出血。肝肿大，质地变硬，表面有许多灰白色坏死点。胃肠道变化以十二指肠最明显，呈急性卡他性或出血性肠炎、肺充血、出血，有时有肺炎变化。

③慢性型：缺乏典型病变。

（4）孔雀巴氏杆菌病的防治措施有哪些？

①治疗：多种药物都可用于本病的治疗，并且都有一定的疗效，但最好做药敏试验选择最敏感的药物。较常用的药有：

抗生素：许多抗生素都可用于本病的治疗。链霉素2万～3万微克/千克体重，每天1～2次，肌肉注射。也可用土霉素或金霉素拌料，按0.1%～0.2%拌料，连用3天。也可用庆大霉素饮水，每只鸡5 000～10 000单位，每天2次，连用3天。

磺胺类药物：磺胺二甲基嘧啶（钠）、磺胺嘧啶等按0.2%～0.5%拌料或0.1%～0.2%饮水，连用3天；磺胺药长期应用有毒副作用，影响食欲，使产蛋量下降等，要特别注意。

②免疫预防：孔雀场若无禽霍乱发生，一般不需用疫苗，若发生过禽霍乱，应进行疫苗接种，常用的疫苗有弱毒活苗和灭活苗两种，此外，也可用高免血清进行预防。

23. 如何防治孔雀大肠杆菌病？

（1）什么是孔雀大肠杆菌病？孔雀大肠杆菌病是由大肠埃希氏菌的某些血清型所引起的一种传染病。本病一年四季均可发生，但以冬春季寒冷和气温多变季节多发。在自然条件下各种年龄的禽都可发病。但多发生于雏孔雀，特别是3～6周龄雏孔雀最易感，发病率一般在30%～70%，死亡率不等，随饲养条件不同差异很大。

（2）孔雀大肠杆菌病的临床症状及剖检变化有哪些？

①大肠杆菌败血症：是本病的代表性病型，多见于6～10周龄的孔雀，死亡率一般为5%～20%，多发生于寒冷季节，在同群孔雀患病率相当高，患病孔雀采食量下降，出现精神沉郁，食欲丧失，羽毛逆立，颜面褪色，消瘦，下痢。呼吸道有病变者有打喷嚏和呼吸障碍等症状，与支原体病很相似，但一般没有颜面浮肿和流鼻汁等症状，但有时与支原体病混合感染。

幼雏在夏季发病也较多见，无特征症状，表现精神不振，食欲减退，2～4天后衰竭死亡。有的出现白色及黄色下痢症状，腹部膨胀，与雏鸡白痢病相似。

本病的特征性病变为纤维素性心包炎。心包膜肥厚混浊，表面附着有纤维素和干酪样渗出物，有时与心肌粘连。经常出现肝包膜炎，肝肿大，包膜肥厚、混浊，有纤维素沉着，有时伴有气囊炎。小雏还有肺炎的变化。

②死胎、初生雏败血症及脐带炎：由内源性和外源性感染的卵在孵化过程中细菌大量增殖，多数胎儿在孵化后期或将出壳前死亡，有时发生爆蛋、一端破壳卵，如进行细菌培养，在包括卵黄的体内各个部位都能检出大肠杆菌。有的即使孵出，出壳后活力也较低，卵黄吸收不良，多发生脐带炎，排出白色下痢便，腹部膨胀，多在出壳后2～3天死亡，超过1周死亡减少。

死胎及出壳后死亡的雏剖检可见卵黄膜变薄，卵黄吸收不良，其内容物呈黄褐色泥水状，混有干酪样颗粒物，4日龄以上感染雏经常可见到心包炎。

③全眼球炎：多发生在大肠杆菌引起的败血症的后期，表现为一侧眼失明，开始眼睑肿胀、流泪、怕光，逐渐瞳孔混浊，继而眼液、角膜混浊，视网膜脱落而失明，眼球萎缩，眼窝凹陷。

④关节炎及滑膜炎：多发生于幼雏和中雏，散发，多见于慢性病例。多在跗关节周围呈竹节状肿胀，有跛行症状，关节液增多、混浊，腔内有时出现脓性或干酪物。有的发生腱鞘炎，走路困难。

⑤坠卵性腹膜炎及输卵管炎：在腹部气囊内有大肠杆菌侵入的

产蛋禽，病变可从气囊炎发展到腹膜炎以及慢性输卵管炎，输卵管变薄，管腔内充满干酪物。严重时输卵管堵塞，排出的卵泡坠落到腹腔内。

⑥出血性肠炎：主要病变在消化道，尤其是小肠黏膜出血和溃疡，严重时在浆膜即可见到密集的小出血点。

⑦脑炎型大肠杆菌病：主要症状是发病后头颈后倾，震颤，产蛋率下降。剖检可见脑膜充血，肝稍肿大、易碎，表面有黄白色坏死点，肠黏膜充血等。

（3）禽大肠杆菌病防治措施有哪些？对本病的防治要采取综合防治措施，首先从孵化卫生及环境卫生着手，对种蛋及孵化设备进行彻底消毒。防止种蛋及初生雏的感染是防治本病的重要环节。

从发病孔雀场分离出致病性的大肠杆菌，然后制成多价油乳剂灭活苗，再在发病的孔雀场应用，具有较好的预防效果，因此，有条件的孔雀场最好自制大肠杆菌苗，可有效地控制本病的发生。另外，发生本病时，可用抗生素进行治疗，但该菌对常用的抗生素易产生耐药性，因此在用药前最好做药敏试验，选择敏感药物。一般对庆大霉素较敏感。

24. 如何防治孔雀葡萄球菌病？

（1）什么是孔雀葡萄球菌病？葡萄球菌是一种广泛存在的病原菌，它可引起人和其他动物发生化脓性炎症。孔雀对葡萄球菌的易感性，与表皮或黏膜的创伤有无、机体抵抗力强弱、葡萄球菌污染程度以及鸡所处的环境等有着密切的关系。创伤是本病的主要传染途径。雏鸡脐带感染也是常见的感染途径。另外，发生禽痘的孔雀群往往易发生本病。鸡群密度过大、通风不良、氨气过浓、饲料中缺乏维生素和矿物质，以及某些传染病的发生等，均可促进本病的发生和增加其死亡率。

（2）孔雀葡萄球菌病临床症状及剖检变化有哪些？根据本病的临床症状和剖检变化，可分为如下几个类型：

①浮肿性皮炎型（急性败血型）：多发生于 40～60 日龄中雏。病孔雀精神沉郁，羽毛松弛，两翅下垂，缩颈，眼半闭，常呆立一

处不愿走动，食欲减退或消失，少数病孔雀排出白色或黄绿色稀便，用手轻摸胸腹部时，可发现胸腹部及大腿内侧皮下浮肿，按之有波动感，局部羽毛脱落，皮下有积液，外观呈深茶色或紫黑色，有时可见破溃流出，污染周围羽毛。剖检可见病孔雀的胸部和前腹部羽毛稀少或脱毛，皮肤呈紫红色或紫黑色，自然破溃时则局部被污染。剪开皮肤可见整个胸腹部皮下充血、溶血，呈弥漫性紫红色或紫黑色，积有大量胶胨样粉红色或黄红色水肿液。

②脐炎型：新出壳的雏鸡因脐部闭合不全而感染葡萄球菌，病鸡除了精神沉郁等一般症状外，可见脐部肿大，局部质硬呈黄红或黑紫色，俗称“大肚脐”。发生脐炎的病雏常于2～5日后死亡。剖检可见脐部肿大，紫红或紫黑色，皮下有暗红色或黄红色液体，时间久则形成脓样干涸坏死物。卵黄吸收不良，呈黄红或暗灰色，液状内混有絮状物。

③关节炎型：多发生于雏鸡，肉鸡比蛋鸡多发，多个关节肿胀，特别是趾、跖关节较为多见。剖检变化可见关节和滑膜炎，关节肿大，滑膜增厚，关节囊内有浆液性或脓性或纤维性渗出物。病程较长的慢性病例则变为干酪样坏死。关节周围结缔组织增生而变成畸形。

④趾瘤和趾尖干涸型：趾瘤多见于成孔雀，趾底部肿胀呈瘤状，有时化脓。病孔雀因此行动不便，导致发育不良，但很少死亡。趾尖干涸则多发生于雏孔雀，病孔雀发育不良，趾尖与爪部变成紫黑色，随病程的发展而坏疽加剧，最后趾尖与爪部干涸脱落或全部坏死，病雏多死亡，病程较长。

⑤眼型：在败血症后期出现，也可单独出现，其临床表现为上下眼睑肿胀、闭眼、有脓性分泌物，结膜红肿，眼角有多量分泌物，并见有肉芽肿。病久者，眼球下陷、失明，饥饿或被踩踏死亡。

⑥肺炎型：多发生于中雏，主要表现全身症状及呼吸障碍，死亡率10%左右。

（3）孔雀葡萄球菌病防治措施有哪些？

①预防：葡萄球菌广泛存在于鸡舍、用具以及鸡的体表，在饲养管理好的条件下它不引起发病，饲养条件差，鸡就会发生本病。预防措施：减少和防止外伤的发生；加强孔雀的饲养管理；做好孔雀舍的环境卫生和消毒工作；要注意种蛋、孵化器及管理人员的消毒工作，防止雏孔雀感染葡萄球菌。

②治疗：孔雀群发生葡萄球菌病时，要立即对孔雀舍、用具进行严格消毒，以减少环境中的病原体。同时及时采取药物治疗，最好进行药敏试验，选用敏感的抗生素或磺胺药物。一般葡萄球菌对庆大霉素、卡那霉素比较敏感。

25. 如何防治雏孔雀禽曲霉菌病?

（1）什么是雏孔雀禽曲霉菌病？雏孔雀禽曲霉菌病是由多种霉菌引起的一种真菌性疾病。常见的是由烟霉菌所引起，幼禽发病较多，本病的发生与饲喂霉变的日粮、垫料潮湿等有直接关系。本病的特征症状是肺和气囊的广泛性炎症和小结节，故又称曲霉菌性肺炎。

（2）雏孔雀禽曲霉菌病的临床症状有哪些？人工感染的潜伏期为 24 小时，自然感染的潜伏期为 2～7 天，1～20 日龄雏鸡多呈急性经过，成孔雀和中孔雀多为慢性经过。

①急性型：主要见于幼雏，一般呈大群发生，病初精神沉郁，食欲减少或拒食，渴欲增加，羽毛蓬松，两翅下垂，嗜睡，当侵害呼吸系统时，可见到病雏呼吸困难，打喷嚏，呈腹式呼吸。病鸡很快消瘦，有时后期发生腹泻。病鸡常常因呼吸困难、窒息而死亡。少数病例有神经症状，摇头，头向后倾，运动失调。当病孔雀的眼受侵害时，可见眼睑肿胀、流泪，有的在眼睑下有干酪样凝块。眼睛病变一般多为单侧性的。病程较短，最急性的 1～2 天死亡，死亡率较高，可达 50%。一般的病雏在出现症状后 2～7 天内死亡。

②慢性型：多为中雏或成孔雀，或者是发病较轻而耐过的急性病例。主要表现为生长缓慢，发育不良，羽毛松乱无光泽，病鸡喜卧，逐渐消瘦而死亡，产蛋孔雀一般很少死亡，但可出现一过性产蛋下降。

（3）雏孔雀曲霉菌病的剖检变化有哪些？曲霉菌病主要病变在呼吸系统，严重时也可侵害其他系统。当孢子在气囊膜萌发时，气囊膜形成点状或局部混浊，呈云雾状，逐渐变成圆形隆起的灰白色结节，大小不一，切面呈同心轮层状。严重病例整个气囊壁增厚，气囊内含有灰白色或黄白色炎性渗出物，以后形成干酪样物。肺有散在的或密集的粟粒大灰白色或黄白色结节，结节的硬度呈橡皮样，切开见有层次结构，中心为干酪样坏死组织，内含大量菌丝体。鼻腔有淡黄色脓性分泌物和干酪物充塞，气管和支气管也有类似病变，有时也能见到结节状物或肉眼可见的菌丝体，成绒球状。少数病例，心包及心肌、肝、肾、脾表现有灰白色或黄白色结节和坏死灶。有时在腺胃和肠黏膜上也可见到灰白色结节和坏死区。

（4）怎样防治雏孔雀曲霉菌病？

预防：防治本病最有效的方法是防止环境污染，搞好环境卫生，主要应采取如下措施：保持环境卫生和干燥；禁用发霉饲料喂孔雀；对育雏室和孵化器应进行霉菌污染程度的检测。

治疗：本病目前尚无特效的治疗方法，发现疫情后最好采取对发病鸡隔离、淘汰等方法，防止疫情继续蔓延。下列抗生素和化学药物对本病有一定的治疗和预防作用。

制霉菌素：0.5 万单位/只鸡，喷雾，每日 2 次，连用 1 周。或 150 万单位/千克料拌料。

两性霉素 B：7.5～25 毫克/千克水，饮水，连用 5 天。

克霉唑：0.01 克/只雏，拌料，连用 5 天。

利高霉素：30 毫克/千克体重，饮水，连用 3 天。

1∶2 000 硫酸铜或 0.5％碘化钾溶液饮水，连用 3～5 天。

26. 如何防治孔雀组织滴虫病？

（1）什么是孔雀组织滴虫病？组织滴虫病又叫黑头病或传染性盲肠肝炎，是由火鸡组织滴虫引起的，主要寄生于火鸡和鸡的盲肠和肝脏内，引起特征性的盲肠发炎、溃疡和肝脏坏死。多发生于鸡雏和火鸡雏。其他禽类少见。

(2) 孔雀组织滴虫病和临床症状有哪些？孔雀出现精神沉郁，采食量下降，双翅下垂，怕冷嗜睡，拉黄色、淡绿色的恶臭糊样粪便，到后期粪便带血，严重时死亡。

(3) 孔雀组织滴虫病病理变化有哪些？病死孔雀消瘦，皮下干燥脱水；在肝脏可见有圆形或不规则形边缘隆起、中央凹陷的坏死灶，呈黄色或淡绿色，大小不一；腺胃肿大；盲肠严重出血肿大似香肠样，内充满干燥、坚硬、干酪样的凝固栓子，栓子横切面呈同心圆形。

(4) 孔雀组织滴虫病如何进行实验室诊断？用手术刀片刮取病变盲肠芯、盲肠黏膜少量新鲜内容物，加0.9%生理盐水1～2滴，加盖玻片，镜检可见圆形、卵圆形、大小在4～21微米、无鞭毛、单个或成堆存在的虫体，确诊为组织滴虫病。

(5) 孔雀组织滴虫病的发病原因是什么？本病的发病原因主要是孔雀采食了被污染的带有组织滴虫的异刺线虫的虫体或蚯蚓等昆虫的饲料等。组织滴虫本身对外界环境抵抗力弱，不能长期存活，异刺线虫是本病的中间宿主，组织滴虫进入虫体后，随虫卵排出体外，污染饲料和饲水，被孔雀采食后经消化道感染而发病。

(6) 怎样防治孔雀组织滴虫病？

①药物治疗：发现本病后圈舍内用3%氢氧化钠溶液消毒。病孔雀隔离治疗，用甲硝唑按500毫克/吨，止血敏按200毫克/吨混饲，连用7天；病死孔雀深埋或焚烧处理。3天症状减轻，7天后痊愈，采食饮水恢复正常。

②定期预防：加强饲养管理，搞好禽舍卫生，及时清除并销毁粪便。定期给孔雀驱虫，用左旋咪唑片25毫克/千克体重，每月投喂一次。

27. 如何防治孔雀球虫病？

(1) 什么是孔雀球虫病？孔雀球虫病是由艾美尔球虫引起的一种常见寄生原虫病，主要侵害幼孔雀，但后备孔雀和种孔雀也可发病，地面平养较离地网养者多见。

(2) 孔雀球虫病的临床症状和病理变化有哪些？病孔雀精神沉

郁，减食喜饮，羽松垂翅，怕冷聚堆，闭眼呆立，有些出现呼吸困难；下痢，排褐色糊状恶臭粪便，间见血便，眼观病变主要见于小肠。各段小肠有不同程度的炎症，黏膜充血、出血，内容物可为血性；盲肠肿胀，肠壁变薄，黏膜充血出血，内容物呈褐色糊状，带恶臭。

(3) 怎样防治孔雀球虫病？①搞好环境卫生，杜绝病虫来源：孔雀的饲养期比一般家禽长，因而搞好环境卫生最为重要。育雏室等特别之处，应采用地面网架结构，即在网架上饲养孔雀，以避免粪便的污染。孔雀生长到 90 日龄后，可迁至饲养场。饲养场应选择在场地宽敞、地势干爽、环境安静、光线充足、通风向阳处。笼舍面积约 15 米^2，高约 2.5 米。其中室内 6 米^2，内置休息树枝；室外 9 米^2，地面采用水泥地坪，并在场内设沙地，供孔雀沙浴，在离地面 1 米高处设模架梁，供孔雀栖息。每隔 2 个月进行环境消毒，方法是用 2%烧碱溶液全面洒湿。

②平时药物预防，病后及时治疗：夏天多雨季节，可用克球粉拌料饲喂预防，1 周为 1 个预防疗程。如发现孔雀得了球虫病，首先要对笼舍进行全面消毒，并隔离发病孔雀。发病初期的孔雀每千克体重肌肉注射磺胺嘧啶 0.2 毫升，每天 2 次，连续 1 周。如果孔雀已出现停食、翅膀下垂、体热等严重症状时，对于雏孔雀仍可用前述的预防用药，但用量加倍；对于成年孔雀（约 1.5 千克）则应于每天上午在翅下静脉处滴注下列药液：氨苄青霉素 0.2 克＋庆大霉素 2 毫升＋100 毫克维生素 B_1＋100 毫克维生素 C＋50%葡萄糖 20 毫升＋500 毫升生理盐水，下午用庆大霉素 2 毫升、维生素 B_1 100 毫克肌肉注射，连续用药 3 天。

28. 如何防治孔雀痛风？

(1) 什么是孔雀痛风？孔雀痛风又称尿酸盐沉着症或肾功能衰竭症，是一种蛋白质代谢障碍性疾病，可因饲喂高蛋白质、高钙日粮、缺水，以及疾病等多种原因而引起。

(2) 孔雀痛风的临床症状有哪些？孔雀出现精神差，食欲不振，闭目垂翅，渐进消瘦，随着贫血，冠苍白，脱毛，腹泻，有时

拉白色稀粪。常有糊肛现象，粪便干后，表面有一层灰白色物，接着腿脚发软，运动迟缓，常卧地不动。慢性者，肢关节肿胀僵硬，触之有痛感，病孔雀运动迟缓、跛行。

（3）孔雀痛风病的病理变化有哪些？尸体消瘦呈严重脱水，嗉囊充满带酸臭味的液体和气体。心包、肝、脾、肠浆膜表面覆盖着白色的石灰样尿酸盐结晶，触摸有粗糙感。肾肿大，呈花斑状，肾小管变粗，输尿管扩张并有白色尿酸盐积聚。

（4）怎样防治孔雀痛风？停喂原孔雀饲料，改喂家鸡不含豆饼和鱼粉的饲料。并在家鸡饲料中添加维生素 A、维生素 D 粉。按说明量饮用肾肿解毒水，每日加葡萄糖饮水 3～4 次，定期在饲料中添加环丙沙星、益生－100。

第二章　大雁饲养管理与疾病防治技术

第一节　大雁饲养管理技术

29. 大雁的种类及体貌特征有哪些？

大雁，又名野鹅，是鸭科雁属草食水禽动物。我国已发现有黑雁、鸿雁、灰雁、豆雁及斑头雁等。大雁属国家二级保护动物。大雁的头、颈、羽毛棕褐色，背部羽毛灰褐色，喙黄白色，腰部羽毛有黑褐色横斑，腹部羽毛多呈暗白色。体躯肥大，成雁体重5～6千克，大的可达12千克；大雁抗病能力和适应性较强，江河、旱地等可圈围之处，均可作为养殖场地。全国各地都能饲养，食性杂，主食青草，饲料来源广，豆饼、米糠、麸皮、高粱、玉米、豆渣、蚕蛹、菜叶、小鱼虾、蚯蚓、水生植物等均为大雁喜食饲料，可直接投喂，也可配合饲喂。

30. 大雁的生活习性有哪些？

大雁在野生条件下，多在气候适宜、水草丰盛的地方生活，其生活特点：

（1）雁是候鸟。随气候变化而迁移到适宜的地方居住、繁殖，飞翔时形成人字形或一字形排开，春天从南飞向北，秋天从北飞向南。

（2）喜群居。几十只以上成群结队一起生活。

（3）“终恋”生活。雌雄交配后，形成“终恋”一起生活、繁殖。

（4）性情温顺，尤其是鸿雁、灰雁。

（5）草食水禽，喜食苦荬菜、紫云英、稗草等。

（6）抗病力较强。

31. 怎样建造大雁场所？

选择饲养场所，应尽量符合其野生习性。选地势平坦、高燥、背风向阳、排水良好的地方建舍。每只雁占地1米^2，用木柱、砖、石筑墙，瓦盖顶，以网扣棚。除栖息室外，还须有广阔的活动场地。活动场内应设有人工水池，栽种花草树木，水池里培植藻类。

雁舍搭建简单，在水塘边钉上木桩，然后用尼龙网围成围网和天网即可。天网高度2米左右，再拿竹竿和石棉网搭起简易遮阳挡雨棚，实行全圈围露地养殖，保持其野性本性。

大雁圈舍要求采光充足，通风良好，并保持有足够的运动空间。夏天须注意防暑降温工作，保证水源充足、良好、清洁；冬季则要加强保温，注意做好防寒保温工作。

32. 大雁种蛋如何进行人工孵化？

（1）种蛋消毒：种蛋产出后往往被垫草和粪便污染，表面有少量细菌，30分钟后细菌便可通过壳孔进入种蛋内部。因此，应及时对种蛋进行消毒。先将种蛋放入消毒柜内，按每立方米28毫升福尔马林溶液和14克高锰酸钾备好药品，将福尔马林倒入玻璃或搪瓷容器内（由于反应时会产生大量气泡，所用容器的容积要比所用福尔马林的体积大5～7倍），然后倒入高锰酸钾，关闭门窗，数分钟后，甲醛蒸气溢出，12～24小时后打开门窗，放出残余气体，将种蛋移入贮藏室。

（2）预热：孵化前对种蛋进行预热，可使胚胎对外界环境有一个适应的过程，防止种蛋出汗。先用高锰酸钾或菌毒杀、百毒杀等药物按说明配成所需浓度，将种蛋在药液中浸泡3～5分钟，捞出晾干，放置在孵化室内预热6～8小时。

（3）孵化管理：

①温、湿度的控制：整批入孵的种蛋，以变温孵化为主，温度变化范围控制在30～37℃，前高后低逐步降温；分批入孵的种蛋则采用38～38.5℃的恒温孵化。湿度的控制原则为两头高、中间

低。第1～3天保持65%～70%，第4～28天控制在60%～65%，第29～31天提高到70%～75%。此外，在保证正常温、湿度情况下，尽量通风顺畅。

②翻蛋、照蛋与晾蛋：自动翻蛋的孵化机每2小时翻蛋一次，手动或采用土法孵化时每3～4小时翻蛋一次，翻蛋角度为45°～90°。大雁种蛋在整个孵化期内需进行3次照蛋。第一次在孵化后第5天进行，拣出无精蛋和死蛋。第二次在第10天进行，拣出死胚蛋，并及时查明原因，调整孵化条件。第三次在第26天进行，主要观察胚胎发育情况，决定落盘时间。机器孵化每天定时打开机门两次，孵后16天还要将种蛋从蛋盘架上抽出2/3左右进行晾蛋，晾蛋时间控制在30分钟之内。土法孵化可通过减少覆盖物，增加通风量等方法晾蛋。

（4）助产：大雁种蛋蛋壳较厚，雏雁的破壳齿欠锋利，有些幼雏不能正常出壳，因此在出雏期间应适时助产。将尿囊血管已经枯萎、内壳膜发黄的胚蛋用剪刀等在蛋钝部轻轻打开，拨开蛋壳1/3左右，并用手将雏雁的头轻轻拉出，放入出雏器内令其自行出壳。

33. 怎样对雏雁进行饲养管理？

温度的保障：出壳第一天的雏雁，需要36～37℃的高温，2天以后每天降0.5℃，直至25℃左右。温度过低，容易导致雏雁患感冒等病；温度过高，使雏雁代谢过快，抵抗力弱，羽毛发育不全等。1个月以后，可将雏雁从育雏室中移出，22～24℃即可正常生长发育。如果在夏季，2周以后，即可白天放到外面育雏，晚上收回室内。

判断雏雁育雏的温度是否适合的方法：观察雁群，如果雏雁活泼好动，自然分散，则表明温度正常；如果雁群聚集成堆，浑身发抖，则表明温度偏低；如果雏雁都张着嘴喘气，则表明温度偏高。

潮口与开食：雏雁第一次饮水称为潮口。主要是刺激食欲，促进胎粪排出。最适当的时期是：雏雁出壳几小时，已能行走自如，有啄食手和垫草现象的时候。给雏雁20℃左右的温开水，让雏雁自由饮水3～5分钟。饮水后就给雏雁开食。开食的食物是用清水淘洗并经浸泡过的碎米和切碎的菜叶，或全价颗粒料。碎米要浸泡2小时。菜叶可用莴苣叶、苦荬菜、白菜、生菜、菠菜等，碎米或颗粒料与菜叶比为1∶2～1∶3。开食时间大约为30分钟，以其吃饱为度。

饲喂：1～15日内，每天喂9～10次，每次间隔约2小时，饮水不应少于2～3次，此时应防止雏雁打堆。喂食时间不应超过30分钟，以防止雏雁受冷。

分群饲养：为了提高成活率，应将雏雁分群饲养。两周内，每平方米饲养雏雁20只，每群30～50只，群体和密度不宜过大。否则，雏雁会因挤压而造成死伤。15天后，每群可增加到80～100只。

放牧与下水：如果气温较暖和，室外气温达25℃以上，雏雁自两周以后可开始放牧，一般先放草坪、荒田，由其自由采食嫩草。开始放牧时，时间要短，路程要近。白天放收5～6次，晚上回棚饲喂2～3次。3周以后，可选清洁水塘进行第一次下水（如天冷可在21日龄后下水），水温以20～30℃为宜，一般应在下午3～4时为宜。低温时，要先驱赶雏雁活动后再下水。15日龄后在牧地搭临时雏雁棚，棚内可分隔若干小栏，上罩渔网防止兽害。4周以后可整日放牧，夜间补料1次，并逐步拆除隔栏，合成统棚管理。

放牧时一定注意，不要让雏雁暴晒，长时间在阳光下直射，雏雁会因温度过高、体内缺水而受到伤害。同时，还要防止被暴雨拍打，雏雁会因雨打而受凉，严重时会发生疾病甚至死亡。

饲养过程中的卫生及防疫：饲喂雏雁的精、青饲料要求新鲜，无霉叶、黄叶、泥土和垃圾。育雏室内要随时通风换气，保持舍内空气新鲜，防止雏雁因室内氨气浓度过大而中毒。料槽和水槽不要被粪便污染，所有的器具要经常清洗、消毒。无关人员，特别是其他禽类饲养场的人员不要随便入内。从其他雁场来的雏雁，不要和本场的雏雁放在一起混养，避免传染病的发生。

雏雁出壳1周内，如身体健康，无其他异常，应注射小鹅瘟疫

苗。勤观察雁群的粪便，如果发现雏雁的粪便不正常，要及时在饮水中给土霉素、环丙沙星等消炎药。

防止天敌，雏雁的天敌主要是老鼠、猫、蛇、黄鼠狼及野生食肉鸟类，如鹰、隼等。不同的地区，还会有其他天敌，因天敌的不同，应采取不同的防护措施。特别是在夜间，一定要加强管理，堵住所有漏洞，减少不必要的损失。

饲养人员要认真负责，多观察雁群，发现问题，立即解决。防止雁群突然受到惊吓而产生应激反应。大型饲养场，饲养人员要轮流值班，发现病雁，立即隔离治疗。弱雏和正常雏雁要分开饲养，对弱雏更要精心管理，调整好食料及环境条件，保证弱雏的正常生长。夜间要加强观察，防止雏雁因相互挤压受伤或遭受敌害的侵袭。

34. 怎样对中雁进行饲养管理?

1月龄至性成熟的大雁称为中雁或育成雁。中雁采食量大，消化能力强，此时正是其骨骼、肌肉、大羽的迅速生长时期。

(1) 放牧：中雁放牧前应进行断翅，割去一侧掌骨和指骨部分或切断指伸肌和腕桡侧长伸肌，1周后伤口愈合者便可放水放牧。放牧地要有足够数量的青绿饲料和谷物饲料，放牧时间选在早晚，中午赶至池旁树荫下休息，每次吃饱后都应放水。放水条件差的，可割草饲喂，另行放水。

(2) 补料：留作种用的中雁，应以放牧为主，适当增加精料，减少粗料，促使大雁提前达到性成熟。补料以糠麸为主，掺以甘薯、瘪谷和少量花生饼，并加1%～1.5%骨粉，2%贝壳粉和0.3%～0.4%食盐。

(3) 育肥：留种剩下的中雁及商品雁统称为育肥仔雁，其消化能力已趋于完善，需经短期育肥达到膘度及最佳体重。采用上棚育肥和圈养育肥均可，主要通过充分饲喂、控制光照、保持环境安静及限制大雁活动等方法，达到快速生长和沉积脂肪的目的。育肥饲料中，玉米70%，豆饼15%，叶粉10%，麦麸4%～5%，食盐0.3%～0.5%。白天喂3次，晚上喂1次，密度为3～5只/米^2。

放牧条件好的地区，可采用放牧与补料结合育肥。仔雁经过15～20天的育肥，体重达到上市标准即可出栏。45日龄至产蛋前为育成雁。

80日龄的大雁能作短距离的飞翔，为防止逃逸，运动场四周及上空应张网围养；也可在大雁幼雏实施断翅手术，割除一侧翅膀的掌骨及指骨；或切断指伸肌与腕桡侧长伸肌及肌腱。

大雁警惕性极高，在受到突然惊吓时常会发生惊群现象，为保证雁群的正常生长，饲养环境必须相对安静，防止其他动物或兽害入侵。

35. 种雁的来源及选择标准是什么？

（1）在野生大雁的繁殖地区，经过当地野生动物管理部门的许可，在不影响大雁繁殖的前提下，从野外捡蛋。一般在雁产蛋未达窝卵数之前捡蛋。例如：鸿雁的窝卵数是5～8枚，灰雁的窝卵是4～6枚，斑头雁的窝卵数为4～5枚。分别应在产到第3～4枚左右时捡出1或2枚。

（2）从饲养大雁的专业养殖场购买种雁、雏雁或种蛋：在购买种雁时，首先要了解种雁场的种雁品质、规模及有无退化等情况，并依照种雁的标准进行选择。同时还要考虑到种雁的雌雄比例，一般为1∶1～2。购买种蛋时，最好购买1周内的蛋。购买时应选择蛋形标准、大小适中、无裂痕、外表相对洁净的蛋。

（3）从各动物园购买或交流种雁、雏雁或种蛋：很多动物园都饲养着鸿雁、灰雁、加拿大雁、斑头雁等较易饲养的大雁，一般多为纯种雁。可通过交换、购买等方式从各地动物园获得种雁。此外，在操作过程中，应该提供驯养繁殖许可证，并到地方主管部门办理运输证明。且不可图方便不办理运输证明，将本来合法的事情非法化，给自己带来不必要的麻烦。

（4）种雁的选择标准：良好雁种的标志：精神状态好，身体健壮，双目有神，无疾病；体形呈流线型，发育匀称，体态肥胖程度中等；羽毛整齐而有光泽，体色无杂色羽毛，双翅挟紧；行动敏捷，飞翔能力强；生殖器官发育良好，无畸形；种的特征明显；种

用年龄在2～5龄。

一般选种要经过三到四次筛选。雏雁阶段要将弱雏、畸形、白化等个体筛选出去。2月龄时，雏雁已长到2.5千克左右，这时，不同种类的雁已经可以明显区分开来，可以进行第二次筛选。鸿雁应选择嘴形标准（纯黑色）；灰雁应选择嘴橘红色、嘴甲粉白的个体；斑头雁，应选择机灵活泼好动、和人亲近的个体。发育良好、食欲旺盛、不怕人、无怪癖是这个时期选种的统一标准。3月龄以后，雌雄个体已发生明显分化，这时，选种应注重性别特征和性比例问题，此时，不宜留作种雁的个体，可以育肥，作为商品雁待售。

36. 怎样对种雁进行饲养管理？

（1）繁殖准备期：大雁开产前1个月为繁殖准备期，仍以放牧为主，并根据雁的体质、脱换新羽的状况，适时补料，为产蛋做准备。补料以精料为主，为55%～60%。公母分开饲养，公雁每天补料3次，母雁每天2次。

（2）繁殖期：繁殖期采取以舍饲为主、放牧为辅的原则，日粮中粗蛋白质为17%～18%，每天喂2～3次，晚上加喂1次，适当补充矿物质饲料。充分放水，尤其在雄雁性欲较强的上午，让种雁尽情在水面上游玩交配。驯化种雁定巢产蛋，每天早晨将未产蛋大雁留在舍内，产蛋后，再进行放水、放牧。

（3）停产期：雌雁产蛋至7月份后，产蛋减少，羽毛干枯，雄雁性欲下降。进入停产期，将精料改为粗料，转入以放牧为主的粗饲期，可全天放牧，不予补料。但若放牧条件差或连雨天，应适当补饲。冬季，将白菜、玉米秸粉及青草粉等拌入20%～30%的玉米面维持饲养，保持体重不下降即可。严冬季节应喂热食，饮温水，严禁饲喂霉变饲料。

37. 大雁有哪些繁殖特点？

野生大雁性成熟需要3年，为一雄配一雌的单配偶制，而且终生配对，双亲都参与幼雁的养育。人工饲养时，8～9个月达到性成熟，雄雌比例为1∶2～3。大雁在春季发情，水中交配。求偶时雄雁在水中围绕雌雁游泳，并上下不断摆头，边伸颈汲水假饮边游向雌雁。待雌雁也作出同样的动作回应，雄雁就转至雌雁后面，雌雁将身躯稍微下沉，雄雁就登至雌雁背上用嘴啄住雌雁颈部羽毛，振动双翅，进行交配。交配后共同戏游于水中或至岸上梳理羽毛。雌雁交配后10天开始产蛋，蛋重每枚150克左右。

大雁在野生环境中，春季做窝繁殖，一般产蛋7～25枚，自行孵化31天出壳。在人工驯养条件下，雌雄比例1∶1为宜。一般春节后交配，10天后开始产蛋，每隔2～3天产蛋1枚，第1年产蛋一般为15枚左右，以后2～6年可增到25枚左右。

人工养殖大雁每隔2～3日产蛋1枚，年产蛋90～120枚。管理方式和孵化条件与家鸭、家鹅相似，只是孵卵的次数与时间略有增加。养殖规模较大、种蛋数量较多的饲养单位，最好采用孵化器械进行人工孵化。

38. 怎样合理搭配大雁饲料？

（1）大雁的营养需要：以粗蛋白质为例，0～6周龄为20%，6周龄以后为15%，种雁阶段为15%。青饲料主要有莴苣叶、苦荬菜、青菜、绿萍、稗草、大麦草、聚合草、紫云英、车前草、麦粮草、行仪芝（爬根草）、狗尾草、稗草、金鱼藻、竹节草等。精料有玉米、大麦、碎米、糠麸、油饼等。

（2）参考日粮配方：

1～21日龄：玉米55%，小麦麸10%，大豆饼15%，棉仁饼5%，芝麻饼5%，花生饼5%，血粉2%，贝壳粉1%，骨粉1.5%，食盐0.4%，添加剂0.1%。

产蛋期母雁日粮配方：优质青干草粉19%，玉米52%，豆饼10%，花生饼5%，棉仁饼3%，芝麻饼5%，骨粉1.5%，贝粉4%，食盐0.5%。

第二节　大雁常见疾病防治技术

39. 如何防治小鹅瘟？

（1）病原及流行特点：小鹅瘟是由小鹅瘟病毒引起的雏雁急性

传染病，主要通过消化道感染，出壳后3～4天及20天左右的雏雁易发病，20日龄以上的较少发病，主要在冬末春初季节流行。

（2）临床症状：精神沉郁，缩颈，步行艰难，常离群独处，接着出现消化功能紊乱现象：拉稀、少食或绝食。急性不出现任何症状即死亡。慢性症状后期严重下痢，排灰白色或黄色而深浊带有气泡或假膜的稀粪。临死前出现神经症状，颈部扭转，全身抽搐或发生瘫痪。日龄较大的病雁在病程持续1周后，也可自然康复。

防治措施：采用成年鹅制备的抗小鹅瘟血清，皮下注射0.5毫升可以预防。若雏雁在3～5天发病，说明孵化器已被污染，应立即停止孵化并进行彻底消毒，然后才能继续孵化。

40. 如何防治大雁流行性感冒？

（1）病原及流行特点：雁流行性感冒又叫雁渗出性败血病，是由志贺氏杆菌引起的雏雁急性传染病。可由病原菌污染饲料和饮水而引起，也可经呼吸道感染。主要在春秋两季流行。

（2）临床症状：潜伏期很短，感染后几小时就可出现症状，鼻腔有浆液性鼻涕，呼吸困难，发出鼾声，不时强力摇头。严重时脚麻痹，不能站立，病程2～4天，死前出现下痢。

（3）防治措施：用抗生素和磺胺类药物治疗。口服敌菌灵30毫克/千克体重，每天2次。

41. 如何防治大雁蛋子瘟？

雁蛋子瘟是产蛋母雁发生的一种细菌性传染病，主要由卵巢、输卵管发炎而引起。

（1）临床症状：肛门有发臭的排泄物，混有蛋白和卵黄小块，2～6天后，不食不饮，失水，衰弱而死。

（2）防治措施：肌肉注射链霉素、卡那霉素等。

42. 如何防治大雁绦虫病？

（1）病原及流行特点：雁绦虫病的原虫为剑带绦虫和膜壳绦虫，中间宿主为剑水蚤或淡水螺。雁若误食了被感染的剑水蚤或淡水螺，绦虫在肠内发育成熟，可严重侵害2周至4月龄的雏雁。多在春末和夏季发病。

(2) 临床症状：排出灰白色的稀薄粪便，混有白色的绦虫节片。食欲减退，到后期完全不吃，生长停顿，消瘦，精神萎靡，不喜动，离群，腿无力，向后面坐倒或突然向一侧跌倒，不能站立，一般发病后 1～5 天死亡。

(3) 防治措施：①避免在死水塘里放养。②经常检查，对感染有绦虫的雁群，应有计划地驱虫，以防止病原传播。③雏雁与成雁应分开饲养、放牧。④治疗：吡喹酮 10 毫克/千克体重，灭绦灵 60 毫克/千克体重，硫双二氯酚 200 毫克/千克体重，丙硫苯咪唑 40 毫克/千克体重，分别用少量面粉加水拌和，然后按计量称取药面，做成丸剂，塞入雁的咽部。或用槟榔煎剂按每千克体重 0.5～0.75 克灌服。

第三章　鸵鸟饲养管理与疾病防治技术

第一节　鸵鸟饲养管理技术

43. 鸵鸟的孵化技术有哪些?

（1）种蛋的收集与贮存：一般雌鸟比雄鸟先进入发情期，因此早期产的蛋一般不育。雌鸟一般在交配1周后开始产蛋。种蛋必须来自优良、健康的鸟群。挑选种蛋时，先将薄壳蛋、砂壳蛋、钢皮蛋及过大、过小、过扁、过圆、污染面积过大的种蛋挑出。对刚产出的种蛋不宜马上入孵，要贮存24小时以上，但最好不要超过6天，保存的温度以15℃为宜。若保存期超过6天，需要降低温度，保存种蛋的适宜湿度为70%～80%，并注意贮存室的通风。种蛋保存时，应大头朝下，每天翻动1次。

（2）建立完善的卫生消毒措施：每2天用消毒液拖擦鸵鸟蛋贮藏室地板一次，隔2周全面清洗、消毒，并用福尔马林溶液进行熏蒸。鸵鸟产蛋时，饲养员要用消毒纱布接住，然后送孵化室消毒，消毒剂每立方米用福尔马林42毫升，高锰酸钾21克，熏蒸30分钟。如果没有接住，用经消毒液浸泡的纱布擦去表面脏物，马上送孵化室消毒。入孵之前，用消毒药（温度不要超过40℃）浸泡20～30分钟，然后用消毒过的干纱布擦干种蛋即可入孵。孵化室地板每隔2天用消毒药拖擦一次，墙壁、天花板每半个月用消毒药喷洒一次，1个月全面清扫一次。每次孵化之前，孵化机内外及表面要用消毒药擦拭一遍，并用福尔马林熏蒸消毒。

（3）孵化条件：

①适宜的温度：经验表明，室温在18～25℃时，如果采用恒温孵化法，孵化温度控制在37℃效果最好，随着室温的升高，孵化温度可适当降低。也可采用变温孵化法，将孵化期分为前期、中期或后期，温度可分别控制为36.5℃、36℃和35.5℃，其相对湿度分别为22%、23%和25%。并且种蛋可按大、中、小或重、中、轻三个档次实行分机孵化，能提高孵化率和健雏率。

②合适的湿度：对于恒温孵化法，前期孵化湿度可控制在20%～25%，转入出雏机湿度应相对提高，通常为30%～40%，后期湿度相对较高会造成鸟啄壳，死胚蛋明显增多。

③合理通风与晾蛋：胚胎发育需要新鲜的空气和充足的氧气，二氧化碳和各种有害气体不要超标。因此，应定期通风换气。鸵鸟蛋的体积较大，蛋壳较厚，尤其后期产热较多，应注意晾蛋。

④正确的孵化操作：入孵时，一定要使鸵鸟蛋的大头朝上，依贮存期、产蛋期分清批次，认真记录，尽量不用混孵，以免造成出雏的混乱；孵化过程中要翻蛋，每隔2～3小时翻蛋一次，翻蛋角度以90°～110°为宜；孵化程序为：蛋的挑选→消毒→贮存室→孵化室→入孵→消毒→出雏→发雏作业，避免交叉感染。

44. 鸵鸟育雏室如何设计?

育雏室和育雏栏应建在孵化室附近，可方便孵出的雏鸟转群，减少应激因素。育雏室的大小为3米×3米，在地面上铺上较致密的网，使粪便落到下面，以减少粪便对鸟舍环境的污染。也可以直接在地面上铺上篷布，以有利于鸵鸟保暖。育雏室之间可用活动的隔板隔开，当鸵鸟长大后可以撤掉隔板，增加育雏室的空间。育雏室的地面应稍有坡度，坡面不应朝向鸵鸟舍出口。出口处应稍高些，有利于清扫和排水。水泥地面不应太滑，以防出现交叉腿。地面1.5米以上的墙面用白色涂料粉刷。育雏室的墙角应建成圆形，防止天气寒冷时鸵鸟拥挤而窒息。

45. 设计鸵鸟育雏室时应考虑哪些因素?

（1）空间：雏鸟起初要求0.06米^2/只，以后每周扩大10%的

面积，应设计活动挡板，随鸵鸟的生长而增大面积，以减少鸵鸟因拥挤而造成的应激。另外，育雏室外应设有活动场地（30 米长，5～6 米宽），以便为鸵鸟提供足够的活动空间。同时，禁止鸵鸟在沙地上自由活动，以免幼鸟的肠道受到伤害，栏圈内应用布支起帐篷，避免阳光直晒，遮阴篷布的高度根据鸵鸟的大小来确定。幼鸵鸟栏圈应有充足饮水，装水容器应布局合理、冲洗干净，每天至少供应两次水，料槽每天在加饲料前都应冲洗干净。

（2）温度：刚出壳的鸵鸟要求环境温度为 35 ℃，以后每周可以降低 3 ℃，到第 4 周时，温度变化对鸵鸟的影响就不太大了，白天可以让鸵鸟出来活动，但晚上要注意保温。育雏室内一般用红外线灯加热，因此，在一般情况下，室内的温度容易控制。取暖灯一般 100 瓦左右，悬挂的绳索应可以上下调节，以满足幼雏的保温要求，另外，不要用白色灯加热，因为这种光线会导致幼雏互相啄咬，不利于幼雏的休息与睡眠。育雏支架周围也可以钉上篷布用于保暖。取暖灯的数量应根据温度情况而定，可以测试几次后再确定灯的数量。

（3）湿度：湿度不宜超过 60%。超过 60%时，有利于细菌和真菌繁殖。

（4）通风：育雏室的通风很重要。因为它对室内温度、湿度、空气中的氨和氧含量有很大影响。由于室外的空气湿度一般要比室内低，因此，通过定时通风换气来控制室内的空气湿度。另外，雏鸟排出的尿液能产生大量的氨气，如果浓度过高会对鸵鸟产生伤害，有时甚至是致死性的，也应通过定时的通风换气来排出氨气。

（5）采食：鸵鸟对光线的要求在诸多因素中不太重要，一般成年鸵鸟每天应光照 20 小时左右，集约化饲养光线应暗些，以防止鸵鸟互相啄咬。

（6）卫生：对前 3 周以内的幼鸵鸟搞好卫生是相当重要的。育雏袋应每天更换并保持干净，撤换的育雏袋应每天清洗一次，育雏舍应每天将粪便清除，并消毒。

46. 鸵鸟饲养场地和育雏栏如何设计?

（1）饲养场地：应用普通铁丝（8#或10#）作围栏，每条铁丝间隔的距离为22.5厘米左右。最下面的铁丝应离地面0.45米，防止有时鸵鸟腿插入低部铁丝。饲养场地应排水良好，铺上沙子更好。饲养场地应稍有一些坡度，保证潮湿时排水方便。饲养场地应栽树，以便于在炎热时供鸵鸟乘凉。饲养场地应远离主要交通要道，避免交通对鸵鸟的骚扰。饲养场地应根据情况设立一个小的围圈，以方便捡蛋、饲喂、抓鸟或进行其他必要的管理。同时，最好将饲喂和饮水设施放在小围圈内，鸵鸟每天可以进入围圈内采食和饮水。周围应用比较结实的材料，如木头围圈。在任何情况下围栏距地面不少于0.45米，其一是避免鸵鸟腿卡在围栏上，其二是防止当捡蛋时或饲喂时受到鸵鸟的攻击。

（2）育雏围栏：鸵鸟不会跳越也不会爬越，所以，鸵鸟的围栏高度到胸部即可。6月龄以下的鸵鸟，可以用1.2米高的鸡用或猪用铁丝网，上面再用两股铁丝网，每股距离为22.5厘米，防止鸵鸟跑出。另外，对于育雏小鸵鸟，铁丝网应到地面，最好埋在地下部分不少于15厘米，以防止鸵鸟敌害在下面打洞。幼鸵鸟（4周龄以前）在天气发生变化时自我保护能力较差。

47. 怎样对雏鸟进行饲养与卫生管理?

（1）育雏期：6周龄以前的鸵鸟死亡率最高，所以这期间的饲养和卫生管理至关重要。育雏期是指0～90日龄的雏鸟期。

①雏鸟期要求饲料中粗蛋白为22%～18%，代谢能为12.13兆焦/千克，粗纤维4%以内。

②饲料形状逐渐由粉料改颗粒料。

③雏驼出壳后24小时内尽早饮水后再吃料，开食料宜用水将料调成干湿适宜状。

④喂料次数：半月龄内，每天6次，以后减少到每天4次，或3次。

⑤采食量：1～30日龄每只每天70克（均指精料），粗蛋白22%～20%；31～60日龄为121～400克，粗蛋白为18%；61～

90日龄为500～600克，粗蛋白为18%。除吃精料外，还应补喂青绿饲料，喂量不超过精料量的5倍。

（2）管理技术：

①保温：保温期一般为60天，舍内应提前1～2天预温至35～36℃，并预先熏蒸消毒雏舍。保温标准是：0～3日龄35℃，3日龄至1周为34℃，以后每周降低2℃，至9周龄时脱温。

②相对湿度：相对湿度为55%～60%，天气晴朗时应让雏鸟到户外运动。

③加强通风多晒太阳，保证足够光照。

④群体大小：以每群雏鸟30只左右为宜。

⑤饲养密度：饲养密度按下列要求进行：1周龄；0.2米^2/只；2周龄0.3米^2/只；4周龄0.4米^2/只（舍内），室外运动场0.8米^2/只；5周龄室内0.5米^2/只，室外1.0米^2/只；6周龄室内0.6米^2/只，室外1.2米^2/只；7周龄室内0.7米^2/只，室外1.5米^2/只8周龄室内0.8米^2/只，室外2米^2/只；以后至90日龄，室内2.5米^2/只，室外12米^2/只。

（3）雏鸟的饲养：给雏鸟以高质量的饲料浆非常重要。料浆与切碎的苜蓿叶或其他营养丰富的粗饲料混合，能基本保证雏鸟的营养需要。应特别注意的是：雏鸟饲料中不应含有任何苜蓿茎和其他粗纤维饲料，因为这些物质将导致雏鸟的肠梗阻。苜蓿应将茎秆全部摘除，然后手工或用小切割机将其切碎。雏鸟浆料只能湿喂，不能制成干料饲喂。新生雏鸟不必立即饲喂，出壳12小时后再供给饮水和食物，尤其是集约化饲喂的鸟群更应如此。每天应清理一次水槽并至少加水一次。对生长速度达到5克/天以上的鸟群，应补充维生素，水溶性维生素可通过饮水添加。除了浆饲料和清水之外，饲粮中还应以稀湿的方式补充贝壳粉或石灰石粉。饲料中添加含钙物质，对于促进幼鸟骨质生长，尤其是6月龄以下的幼鸟更加重要。这一阶段是鸵鸟的生长期，骨骼生长发育快，钙质需要量大。雏鸟和青年鸟腿畸形，可能是饲粮营养不平衡所致。

（4）饲喂方式：饲槽离地面的高度可依年龄而定。成年鸟一般离地 1～2 米。饲槽的底部应钻孔以利于水的排出。四周用铁丝穿透绑吊在树上或栅栏上。不能使用破旧的水槽及饲槽，因它们中有一些脱落的金属碎片及其他异物，易被鸵鸟吞食后造成伤害，使其失去种用及经济价值。在多雨地区，特别是夏季，有些地区常常阴雨连绵，鸵鸟在下雨时不饮食，只呆呆地站立在雨地里，因此必须在槽周围建造简易雨棚，一方面可以遮风挡雨，有利于鸵鸟采食，另一方面也可以改善鸟场环境，提高其生产性能。全价饲料必须含有维生素及矿物质。

（5）雏鸟的卫生管理：①育雏场地，应选择在地势干燥和尘埃较少的地方，以减少呼吸道疾病的发生。②加强卫生管理，每天应清理垫料，保持空气干燥。每周用中等毒力的消毒剂将育雏室冲刷一次，栏舍的内部应清扫干净，栏圈应至少每天喷雾消毒一次。③不应用稻草或者其他干草做铺垫材料，以免鸵鸟吞食后损伤消化道。④每天至少应供应 3 次清洁的饮水。⑤所有的垃圾应搬运出去，而不应堆放在鸟舍内。⑥每天都应保持鸟舍内通风和适宜温度。⑦患病和体质弱的鸵鸟应当隔离饲养，不应同健康的鸵鸟混在一起饲养。⑧由于鸵鸟的生长速度不一，因此，生长速度快的应与生长速度慢的分开饲养，但是，小鸵鸟中应混养几只较大的鸵鸟，以引导其采食和饮水。⑨鸵鸟容易受到惊吓，应尽量减少对其惊扰。

48. 鸵鸟对饲料配方有哪些要求？

（1）必须含有动物机体维持和生产需要的各种营养成分。

（2）一部分物质必须易于消化吸收，大量不能消化物质的作用是填充，并不具有营养价值。

（3）饲料中的各种营养成分必须保持平衡，蛋白质与碳水化合物必须保持一定的比例，营养全面的饲料其蛋白能量比应为 1∶4；即 1 份可消化的蛋白质，4 份可消化碳水化合物，其中脂肪含有的能量是碳水化合物的 2.25 倍。

（4）饲料必须有很好的适口性。即使营养全面而且配比平衡的饲料，如果适口性差，在鸵鸟的饲喂过程中也会造成极大的浪费。

（5）饲料中必须含有足量的粗纤维。因为纤维素可促进肠胃蠕动，维持正常的消化功能。集约化饲养添加粗纤维更为重要，放牧饲养的鸵鸟能够采食到含有足够能量的粗纤维。

（6）日粮组分的多样化是饲料所必须具备的特征，多刺梨和含盐分较多的灌木都是多汁饲料，它们含有多种营养物质，苜蓿草和青干草都是饲料配方的优质组成成分。

（7）日常饲养中，人们常常忽视多汁饲料的适口性。如绿色的谷类植物、南瓜、葡萄、胡萝卜及切碎的青草等都是很好的补充饲料。对于雏鸵鸟必须悉心护理，并饲喂给全价饲料。饲料的种类及搭配直接影响其适口性及消化率。糠麸及细粉料不能直接用来饲喂鸵鸟，如需使用，必须制成颗粒饲料。

（8）生长和成年鸵鸟在食入大量多汁饲料后每天必须补充1.5～3千克精饲料。种鸟则应喂给足够的全价混合饲料，同时也要严格控制碳水化合物进食量，以防止种鸟过肥。

49. 怎样对育成期的鸵鸟进行饲养管理？

育成期是指91日龄至开产前阶段，其中91日龄至14月龄为育成鸵鸟阶段，14月龄以上至26月龄为种用后备鸵鸟阶段。

（1）饲养技术：①育成阶段是调整性成熟期，也是生长发育重要阶段，对提高产蛋量、降低淘汰率有重要意义。应以室外放牧为主，尽量多采食粗饲料。②精料含粗蛋白为15%～16.5%。代谢能为11.506兆焦/千克，粗纤维前期6%，后备期8%～10%（或加大到12%～14%）③饲料最好采用颗粒料，颗粒直径7～10毫米，日粮中颗粒占30%，优质青料占70%。④育成期开始后第一周至第四周作为饲料更换的过渡期，第一周，育雏料占4/5，育成料占1/5，以后育雏料每隔1周降低1/5，而育成料则相应增加1/5，至第五周全部喂育成料。⑤采食量：商品鸵鸟每只每天1 500～2 000克精料，到12月龄出售，种用育成鸵鸟则每只每天1 000～1 500克精料。

（2）管理技术：①牧地以山坡地最好，自由放牧运动，牧地、运动场或栏舍内应尽量除去铁钉、碎玻璃或塑料袋等，以免误食造成前胃疾病。②栏舍应有良好的采光性，场地四周应设1～2米宽的绿化带，经常保持栏舍内外清洗、干燥，并经常清除积水。地面沙土厚5～20厘米。③舍内的门最好高3.4米，舍顶高不少于3.7米。④饲养密度：场地充足时，舍内可20米^2/只，运动场100米^2/只，场地小时，舍内可每只8米^2/只，运动场50米^2/只。

50. 怎样对种鸟进行饲养管理？

（1）种鸟栏的基本要求：种鸟栏选择在地势高燥、便于排水、光照充足、通风良好的沙荒地、缓坡地或非耕贫瘠土地上。每个栏舍饲养1雄2雌成年种鸟。鸵鸟天性喜欢奔跑、运动，特别是杂种鸟交配季节，常有种鸟互相追逐，所以围栏的要求是长方形或长梯形，长50米，宽25米。场地面积小的地区，围栏的长度不可小于40米，宽20米。栏与栏之间要有2.0米或1.5米的通道，便于饲养人员工作和防止种鸟之间打斗。围栏的材料要坚固，无尖刺、棱角，可选用镀锌铁丝网或其他金属丝网、竹竿、木棍、水泥柱等材料建筑。栏高为1.5～2米。场地最好是沙壤土或沿围栏边铺2米宽的沙道，便于种鸟运动。在场地背风向阳面建设简易有顶、三面墙的鸟舍（北方）或凉棚（南方），为种鸟防寒、防暑、挡风遮雨。舍内铺一层厚沙可作为母鸟作窝产蛋之用。围栏内要经常打扫卫生、清除铁钉、铁丝头、小木棒、塑料袋等杂物，以防种鸟误食造成胃堵塞。

（2）种鸟饲料要精粗青搭配：种鸟有很强的消化粗纤维能力。全价配合饲料的用量，黑颈为1.5千克，蓝颈为1.6千克，另加2～4倍的青饲料。饲喂方法可以灵活掌握。目前，一般喂法是将配合饲料与青、粗饲料均匀混合后分2～3次投喂，有条件的地区还可以另加一次青饲料。

（3）饲养管理方法：种鸵鸟饲养管理应以提高产蛋量，繁殖更多的优质雏鸵鸟为目的。饲养非洲鸵鸟可按一雄多雌一起混饲。种鸵鸟舍面积以每只10～12米^{2}为宜。鸟栏面积一般以每只种鸵鸟250～300米^{2}为宜，鸟栏的长宽比一般以7:3为宜。种鸵鸟使用的饲喂和饮水工具要用水泥制成坚固的水泥槽，防止被种鸵鸟采食或饮水时踩翻砸坏鸟脚或弄湿种鸵鸟的腹部而生病。通常种鸵鸟日喂4次，第1次饲喂于6：30～7：30，每次饲喂间隔做到基本相等，饲喂顺序是先青粗后精料，或精、青粗料混饲，饲喂量1.5千克左右，并要保持经常有清洁的饮水（冬季饮25℃的温水）。为了使种鸵鸟有规律的运动，每天上、下午最少要驱赶运动各1～2小时。此外，种鸟舍栏要经常打扫，保持清洁卫生，随时清除舍栏内的粪便。饲喂工具和鸟栏最好每周能消毒1次。

（4）饮水：水是动物的第一营养素，水在体内对各种营养素的消化、吸收、体液循环、体温调节、排除体内废物等都起到非常重要的作用。鸵鸟饮水减少，往往都是患病的前兆，要引起注意。鸵鸟饮水设施应放在栏中的一侧。可以采用自动水阀控制水量，也可在水槽上安装自来水笼头，每天定时供给清洁的自来水。

（5）种鸟运动：繁殖期种鸟运动，能增强种鸟体质，提高免疫能力，提高对环境变化的适应能力、抗病能力，增加采食量；同时，增加运动，可以刺激雄鸟雄激素的分泌，有利于精液品质的提高和保持旺盛的配种能力；雌鸟雌激素也因增强运动后分泌增加，提前进入繁殖期，卵巢中的卵子发育加快，同时出现强烈的配种欲望。饲养人员还可以通过种鸟运动状况，了解种鸟的健康情况，如在种鸟有病时运动量明显减少。

（6）观察种鸟发情、配种、产蛋行为：种鸟到了发情年龄和季节，会出现一些特有的、平时很少见的特征，根据表现的强弱，就可以确认种鸟是否发情了。比如，雌鸟变得比平时温顺，喜欢接近公鸟和饲养人员，头颈抵到地面，两翅微微张开并不停地抖动，喙不停地一张一合，发出“咖啪”的声音，阴户潮红，经常主动趴在地上要求配种。雄鸟在发情期，喙、眼睛周围的裸露皮肤、前额和小腿前面变成鲜红色，泄殖腔周围也变成红色，常表现两翅向两侧伸展，并不停地振动；有时两跗关节着地，头颈不停地左右摇摆，将弯曲的颈向后撞击背部；有时脖子膨胀发出吼叫声；加有发情雌鸟在附近，雄鸟就会猛地站起，追赶雌鸟，要求配种。这里要提到的是，个别雄鸟没有配种经验，就需要给予助配。做法是：饲养员平时有意接近这只雄鸟，建立感情，使它在饲养员面前不感到害怕，参与助配的饲养员戴上消毒薄橡胶手套，待该雄鸟配种时，小心谨慎接近它，蹲下或半蹲，一手按着雌鸟背部，另一手轻轻地托起（或半握着）雄鸟的阴茎，快速导入雌鸟的阴道中。助配结束后，快速离开现场。这样助配 2～3 次后，该雄鸟配种准确率就会大大提高。也有的青年雌鸟发情时泄殖腔不外翻，即使雌鸟有强烈的配种欲望，雄鸟的阴茎也很难插入阴道。如果发现有这种青年雌鸟，饲养人员要耐心地进行局部按摩，即从雌鸟的尾根部到泄殖腔周围，轻轻地反复按摩，每天坚持数次，雌鸟这种异常现象会很快消失。搞助配工作和对雌鸟进行局部按摩时，重要的是安全第一，在操作过程中不能急躁，同时要随时观察种鸟行为，发现异常现象，立即快速离开，以防它们对人攻击。

51. 种鸵鸟的饲养标准有哪些？

我国饲养鸵鸟的历史较短，鸵鸟的饲养标准多参考南非等国现行标准。

种鸟营养水平推荐表一：代谢能 10 兆焦/千克，蛋白质 18%，赖氨酸 0.9%，蛋氨酸 0.4%，蛋氨酸+胱氨酸 0.7%，钙 2.5%，有效磷 0.4%。

表二：维生素与微量元素推荐表（每千克饲料含量）：

维生素 A 12 000 国际单位，维生素 D_3 3 000 国际单位，维生素 E 30 毫克，维生素 K_3 3 毫克，维生素 B_1 3 毫克，维生素 B_2 9 毫克，维生素 B_6 6 毫克；维生素 B_{12} 0.1 毫克，烟酸 60 毫克，泛酸 18 毫克，生物素 0.2 毫克，叶酸 1.5 毫克，胆碱 750 毫克。

矿物质钠 0.25%，锰 120 毫克，锌 90 毫克，铜 20 毫克，碘 1.0 毫克，钴 0.5 毫克，铁 160 毫克，硒 0.3 毫克，镁 0.12 毫克。

52. 怎样对鸵鸟进行选种选配？

（1）选种：种鸵鸟选种项目：①体形外貌：体格健壮，发育匀称，头部清秀，眼大有神，姿势端正，步伐灵敏。产蛋量高的雌鸵鸟，背部羽片污浊，毛尖干缩，背后半部羽毛稀短或无毛，尾巴下垂，后躯丰满、肥厚。②生殖器：雄鸵鸟的阴茎粗、长，向左弯

曲，阴茎长 25 厘米以上。③生产性能：包括产肉性能和繁殖性能。产肉性能包括生长速度、料肉比、屠宰率。繁殖性能指开产日龄、年产蛋量、蛋重、受精率、孵化率、出雏率、育雏成活率等。

（2）选种方法：

①个体选择：根据鸵鸟个体品质直接进行选种。它不仅是反映种鸟生产力的指标，并在一定程度上反映种鸟的育种价值。

②家系选择：以整个家系（包括全同胞和半同胞家系）作为一个选择单位，根据家系生产性能的平均值进行选择。

③系谱选择：根据系谱记录的祖先、同胞和后裔的品种和性能进行选择。在实际工作中，要综合以上方法进行选种并有所侧重。幼鸟育成阶段以系谱选择为主，辅以外形和生长发育鉴定。当种鸟已表现出生产性能时，则以个体选择为主，系谱鉴定为辅。

（3）选配：

①选配方法：A. 亲缘选配：种鸟群的选配常采用非近亲交配，即选配种鸟没有 3 代以内的血缘关系。但为了巩固培育某些优良性状时，可采用全同胞或半同胞近亲交配。同质选配：选用性能相同的雌雄种鸟进行交配。B. 年龄选配：用年龄较大的雄鸵鸟与青年雌鸵鸟交配，可以提高受精率。

②雌雄比例：优秀的雄鸵鸟每天可交配 5 次，性欲强的每天可达 8 次以上。因此，1 只雄鸵鸟可以配 4～5 只雌鸵鸟。但为了达到最佳繁殖效果，雄雌比例以 1∶3 为宜。在人工饲养条件下，雄鸵鸟对配偶没有明显的选择性，故可根据生产需要随时调配种鸟。繁殖季节按 1 雄 3 雌组成 1 个繁殖单位进行配种，有利于系谱记录和辨认后代血缘。

第二节　鸵鸟常见疾病防治技术

53. 如何防治幼鸵鸟皮肤型禽痘？

禽痘是禽类常见的一种高度接触传染的病毒性疾病，对鸡和鸽的危害性较大，常见幼鸵鸟患本病。

（1）流行特点：禽痘病毒通常存在于禽落下的皮屑、粪便、喷嚏或咳嗽等排泄物中，传染主要通过皮肤或黏膜的伤口、某些吸血昆虫，特别是蚊子能够携带病毒，这可能是夏秋造成幼鸵鸟发生禽痘的一个原因。

（2）临床症状：首先在头部无羽毛部如眼睑、口角和耳孔周围等处发生一种灰白色的小结节，很快增大为灰黄色、芝麻至绿豆大小的痘疣，有的结节数目较多并互相融合，形成大的痘痂，痂呈棕黑色、干燥，表面粗糙不平，剥去痘痂，露出一种出血的陷凹。痂皮脱落后形成平滑的灰白色瘢痕而痊愈，眼睑发生痘疹的，由于皮肤增厚，可使眼缝完全闭合，如有细菌感染，初期呈卡他性结膜炎，进而出现大量的脓性或纤维蛋白性渗出物。在腿、翅内侧和肛门等无羽毛部位也会出现痘痂，但病变不太明显。单纯皮肤型禽痘，全身症状很轻，如病变范围大，表现精神沉郁，食欲不佳，体温升高，病程 15～40 天。

（3）防治措施：加强饲养管理，保持良好的环境卫生，定期做好育雏舍和用具的清洁消毒，及时扑灭、驱赶蚊、蠓等吸血昆虫，可取得较好的预防效果，对病鸟的治疗，无特效药物，只能采取对症疗法。

用消毒的镊子剥离痂皮后用 0.1%高锰酸钾溶液清洗 1～2 次，然后用 2%碘酊消毒创面，如有眼睑肿胀，用 0.9%生理盐水冲洗，然后再涂红霉素眼膏，2 次/日，连用 3～5 天，同时饲料中拌入 0.1%金霉素。

接种疫苗预防禽痘，实践证明有效，采用翼翅刺种法进行免疫，对幼鸵鸟（4～6 周龄）进行免疫接种，现无鸵鸟专用痘苗，采用鸡痘疫苗，用量是鸡的 2～5 倍，效果较好，接种 7～10 天观察有无“出痘”现象，以确定免疫效果，一般接种后 10～14 天产生免疫力。

54. 如何防治鸵鸟新城疫？

鸵鸟新城疫是一种禽类共患病，是由禽Ⅰ型副黏病毒属中的新

城疫病毒所引起的一种烈性传染病。

（1）临床症状及病理变化：病鸟精神委顿，食欲减退或废绝，独处一隅而不愿运动，有的体温升高至 40 ℃以上，呼吸困难，口中有大量淡黄色黏液流出。粪便稀烂呈灰黑色，病程较长者可出现头颈弯曲、翅及腿麻痹、转圈等神经症状。病的后期，病鸟难以站立而卧地不起，头颈伏地，体温下降，偶见头颈部水肿。病程 1～3 天。剖检可见腺胃乳头及乳头间点状或斑状出血，肌胃角质膜易剥离，其下有斑点状出血，十二指肠黏膜弥漫性出血，盲肠扁桃体及泄殖腔出血；肝脏肿大，表面有点状出血；心外膜、心内膜和心冠脂肪点、斑状出血；气管内黏液增多，气管黏膜出血；脑膜充血、小点状出血。

（2）防治措施：

①正常场免疫程序：15 日龄以 3 倍鸡用剂量的新城疫Ⅳ系疫苗滴鼻或滴入口中；1 月龄以 3 倍鸡用剂量的新城疫Ⅳ系疫苗滴鼻或滴入口中；2 月龄用新城疫油乳剂灭活苗皮下注射 1 毫升/只；6 月龄用新城疫油乳剂灭活苗皮下注射 1～2 毫升/只；6 月龄以上和成年鸵鸟每年春秋两季用新城疫油乳剂灭活苗皮下注射 1～2 毫升/只。

②污染场的免疫程序：10 日龄鸵鸟用 5 倍鸡用剂量的新城疫Ⅳ系疫苗滴鼻；28 日龄用 5 倍鸡用Ⅰ系疫苗肌肉注射；4 月龄鸵鸟用新城疫油乳剂灭活苗皮下注射 1～2 毫升/只。接种疫苗后应注意免疫效果监测，血凝试验滴度达 1∶64 以上时具有保护力。

对本病迄今尚无有效的治疗药物，注射高免抗新城疫抗体有很好的效果，但注射后的 7～10 天应做紧急新城疫疫苗接种。

55. 如何防治鸵鸟克里米亚—刚果出血热？

鸵鸟克里米亚—刚果出血热是由布尼亚病毒科内罗病毒属的克里米亚—刚果出血热病毒引起的人的一种烈性出血性传染病，致死率很高。在自然界，克里米亚—刚果出血热病毒经成蜱—卵—幼蜱—成蜱而循环传递。在这个循环中，许多动物起着一种供血者和寄生宿主的作用，已经证实，鸵鸟亦可感染本病毒，南非鸵鸟屠宰场的工作人员发生本病曾怀疑与被鸵鸟身上的蜱叮咬有关，由此引起人们的高度重视。

鉴于鸵鸟可以带毒及其在公共卫生上的重要性，切实加强检疫和引种控制，严防该病毒的传入，凡与鸵鸟养殖、加工等相关的人员均应加强自我保护意识，切实做好安全保护工作；定期驱杀鸵鸟体外寄生虫，以切断本病病原的传播途径，防止鸵鸟感染后进而向人类传播。

56. 如何防治鸵鸟冠状病毒性肠炎？

（1）临床症状与病理变化：病鸟主要表现为腹泻下痢，排泡沫性或水样粪便，体温下降，脱水消瘦，干脚，精神沉郁，最后衰竭死亡。最急性者无任何明显症状而突然死亡。眼观病变主要见于肠道，肠黏膜充血、小点状出血，内容物多为泡沫样液体，间有胶冻样黏液和管型，镜下观察，小肠末端的绒毛萎缩，肠隐窝塌陷，上皮细胞变性坏死和脱落，在许多肠上皮细胞的胞浆内出现嗜酸性包涵体。

（2）防治措施：本病无有效治疗方法，主要是进行对症疗法，如补液、预防继发感染等，同时加强饲养管理，做好清洁卫生和消毒，有利于减少死亡和损失，促进病鸟康复。

57. 如何防治鸵鸟大肠杆菌病？

（1）流行特点：大肠杆菌病是禽类的高发性疾病，传播力强、死亡率高，主要通过种蛋、空气中的尘埃、污染的饲料和饮水而传播。本病一年四季均可发生，多雨、闷热、潮湿季节多发。各种龄期的鸵鸟均可感染发病，幼龄鸵鸟发病率和死亡率高于成年鸵鸟。

（2）临床症状与病理变化：发病鸵鸟羽毛蓬乱，精神沉郁，缩头闭眼，呆立不动，离群独处，拉灰黄色稀便，有的亦见便秘；呼吸困难；腹部膨胀，有波动感。病鸟日渐消瘦，继而食欲废绝，出现神经症状，步态不稳，共济失调，最终死于全身衰竭。

病理剖检：慢性病例见有明显的纤维性心包炎变化，心脏肿大，心包内充满黄色纤维素炎性物质；肝脏部分呈铜绿色，表面附有一层黄色的薄膜样渗出物。急性病例心包扩张，心包膜增厚，附有少量黄白色纤维蛋白渗出物；肝脏肿大，表面有易剥离的黄白色纤维蛋白膜，肝脏质地脆弱；脾脏有针尖大小出血点，局部坏死；肺脏呈红褐色，切开后流少量泡沫样液，呼吸毛细管壁充血，肺脏及呼吸毛细管内有粉红色纤维素性渗出物；腹腔纤维素性渗出物增多，附着于脏器浆膜表面，浆膜增厚，有的与周围器官发生粘连；血管严重充血。

（3）防治措施：结合临床症状、病理剖检、微生物学检查，诊断为大肠杆菌感染。全群按每千克体重给予庆大霉素 10～15 毫克、新霉素 15 毫克；另外，在饲料中添加适量多维、微量元素、矿物质和内服补盐液（配方为：氯化钠 35 克、氯化钾 15 克、碳酸氢钠 25 克、葡萄糖 200 克、凉开水 10 升）。用 2%过氧乙酸对饲养场地全面彻底消毒，每立方米空间用 14 毫升福尔马林，加 28 克高锰酸钾对禽舍熏蒸。某场用药 7 天后除死亡 1 只外，其余全部治愈，治愈率达 92%。为防止疫病复发，建议采用分离培养的菌种参照有关方法制成铝胶灭活疫苗，定期对全场鸵鸟进行免疫。

58. 如何防治鸵鸟霍乱？

（1）临床症状及剖检病变：临床症状主要表现精神沉郁，羽毛松乱，缩颈闭眼，呆立，少食或不食，口渴喜饮，剧烈腹泻，粪便为黄绿色或灰白色，鼻腔内有黏性分泌物，呼吸困难，体温高达 43 ℃以上。

剖检可见心脏冠状沟有针尖大出血点，肝脏肿大，有针尖大、灰黄色坏死灶，十二指肠黏膜严重出血，肺脏充血、出血。

（2）防治措施：①饲养场地、圈舍、环境等彻底清扫消毒。②全群注射治疗。采用氨苄青霉素 100 万国际单位，庆大霉素 20 万国际单位，混合后肌注，每天上、下午各 1 次，连续用药 5～7 天。③电解质多维饮水，减少应激。④加强饲养管理，根据食欲变化注意喂食，清洁饮水，少喂勤添，注意观察。

59. 如何防治鸵鸟沙门氏杆菌病？

（1）临床症状：

①急性败血型：发生于 4 周以内的雏鸟。死前无临床症状，突

然死亡。病程略长的可见到精神萎靡，不吃不喝，病后两三天死亡。

②亚急性型：发生于4周以后育成鸟和成年产蛋鸟。以开产前后死亡最多。这时可见死亡率突增，可持续数周。有的拉稀，也有的无特殊症状而突然死亡。

③慢性型：见于成年鸟。多数体重特别大，腹部膨大，停止产卵，突然死亡；少数表现瘦弱，拉稀，精神沉郁。

以上三种类型均很少见到拉白痢症状。

（2）剖检变化：

①胚胎：在第5日照蛋可见到死亡的血胚增加很多，打开后见到血丝粘连在蛋壳上，同时发育迟缓的鸟胚比例增多。在第18天照蛋，可见死胚增加，并出现有臭蛋，发育比同期正常鸟胚慢1～2天。打开后鸟胚表面多呈粉红色充血，尿囊液混浊黏稠，有的头部肿胀。未吸收完的卵黄囊大，且呈现绿色，鸟胚腹腔内的肠道中有少量深绿色粪便。病鸟胚比正常胚晚24～48小时破壳，弱雏无力啄破蛋壳，或啄破部分蛋壳后死于壳内。已出壳的弱雏身上沾满蛋壳，不易剥落。部分弱雏脐部发育不好且与蛋壳粘连，也有的腹部膨大。血蛋与毛蛋所占比例增加，毛蛋多于血蛋。

②雏鸟：

急性败血型：内脏多无明显变化，卵黄吸收不良，残留卵黄囊大、呈现绿色，有些雏鸟患有脐炎。

亚急性型：卵黄吸收不全，肝脏肿大，有的紫红色，有的土黄色，肝表面有点状或条状出血；脾脏比正常肿大2～3倍，表面有点状出血；肾脏肿大，有点状出血；胸肌有出血点；心包内有黄色浆液性渗出物，血凝不良；十二指肠壁增厚。

③成鸟：

急性型（溶血型）：死亡突然，且许多是肥胖鸟，腹腔内各脏器可见因破裂而出血。其中以肝破裂最多。也有的出血发生在皮下或肌内，血液不凝固，稀薄如水状、存留于腹腔内，肝脏肿大，卵巢多无变化，输卵管中有待产出的卵。

亚急性型（肝破裂型）：肝脏肿大，黑红色，无白点，有3～5厘米长的不规则破裂口，有的在肝包膜下形成血块。卵泡少，有的变性、萎缩，或在输卵管中有已成形的卵。

慢性型（腹膜炎型）：腹大，肠胃与输卵管粘连在一起，可见到落入腹腔中已干化的卵黄，外面被干酪样物质粘连，有的形成团块，卵巢变性、萎缩，肠黏膜坏死、脱落。常见输卵管中停留多个已变性的卵，腹膜增厚、混浊，有的包住卵黄和小肠。

（3）诊断方法：用心、肝、血液进行细菌培养，在营养琼脂平板上24～28小时后可见细小并呈露滴样菌落，革兰氏阴性杆菌。在S-S平板上生长，呈圆形中间凹陷的菌落。血清学反应：沙门氏菌多价O抗原阳性，多价H抗原阳性，其他实验阴性，培养无大肠杆菌生长。

（4）治疗措施：

①雏鸟1～5日龄时在饲料中拌入庆大霉素、卡那霉素连喂5日；成鸟采用庆大霉素粉拌料，每只鸡5万单位，治疗效果明显。

②对种鸡群用白痢平板凝集抗原作血检后，淘汰全部阳性鸟。

60. 如何防治鸵鸟绿脓杆菌病？

（1）病原：绿脓杆菌广泛存在于空气、粪便、土壤、污水塘中，菌对外界抵抗力极强。为革兰氏染色阴性杆菌，一端有鞭毛，具有运动性。该菌在普通培养基上生长良好，能产生蓝绿色色素和芳香气味，在血液琼脂上形成溶血圈。该菌能产生外毒素，且极易形成抗药性菌株。

（2）流行特点：本病在各种年龄的鸵鸟都能发生，1～90日龄的雏幼鸟更易感染，多数以败血症过程死亡，病死率极高。污染的场地、水源、土壤、饲草料和空气等是重要的疫源，传播途径也多种多样。

（3）临床症状：精神沉郁甚至萎靡，食欲减退乃至废绝，不愿活动，体温升高到42℃以上。排出绿色或黄白色稀便，肛门污染、水肿。流泪，眼睑浮肿，眼边有脓性分泌物，有的眼角膜有溃疡灶，严重的眼失明，多数转归死亡。

（4）剖检变化：实质器官均有出血变化，心、脾、肝、脑、肾、胃、肠都有出血点、出血斑。肝呈土黄色、肿大，有黄白色小坏死灶散在。

（5）防治措施：

①治疗：可给病鸟肌肉注射庆大霉素 3 000～5 000 单位/千克体重，同时用红霉素眼药膏治疗眼病，每天涂抹 2 次。

②预防：重点在于搞好环境卫生，进行定期彻底消毒，特别是对孵化室、孵化器和育雏房、垫料等消毒尤为重要。

至于免疫预防，目前普遍认为使用本地区（场、群）分离的含有多个血清型的菌株制备的甲醛灭活疫苗进行预防接种，注苗后5～6天即可产生免疫力，免疫期约半年。

61. 如何防治鸵鸟巨细菌胃炎？

（1）病原：本病病原暂称为巨细菌，为革兰氏染色阳性大杆菌，动物体内菌的形态要比体外培养菌大得多，姬姆萨和DiHOiuk染色良好。本菌能在 MRS 琼脂上生长，但菌体较小。迄今为止，由于对巨细菌的研究很少，对其一些基本特性还不十分清楚，故在细菌分类学上的地位尚未确定。

（2）流行特点：本病在南非主要发生于1～8 月份，且多在 10 日龄至 6 周龄的雏鸵鸟中发生、流行。目前仅知鸵鸟容易感染发病，尚未见有其他禽鸟类感染。

（3）临床症状：无特征性症状，仅出现有正常的啄食动作而不能吞咽食物，逐渐消瘦，体重下降，羽毛蓬乱无光泽，精神委顿，不活泼，生长停滞，最后卧地不起，衰竭死亡。

（4）剖检变化：心冠脂肪明显萎缩，腺胃扩张并充满疏松的食团，肌胃空虚。腺胃与肌胃壁色淡，角质层软化并呈皱襞状且易剥离，皱襞上有弥烂灶和溃疡灶。病理组织学变化具有特征性；胃黏膜下固有层有炎性反应和出血点，并有异嗜细胞浸润，取胃黏膜下层深部病组织涂（触）片，作革兰氏染色或 PAS 染色后镜检，可见到大量阳性杆菌。也可将病料组织作切片，染色后镜检，可见到大量阳性大杆菌。

（5）防治措施：

①治疗：巨细菌在体外虽然对多种抗生素敏感，但于体内治疗时效果却很不理想，这与胃内环境因素不能使药效进入深部组织有关。因此，有人建议，在饮用水中加入盐酸 6 毫升/升，同时加入新霉素和制霉菌素，连用数月有一定效果。据报道，两性霉素 B 用于饮水或拌料口服，也有效。

②预防：除认真做好日常的综合性卫生防疫工作外，更应严格做到：不从疫区（场、群）引进种鸟，甚至种蛋也不得引进；坚持定期检疫，及时发现疫情，以防病的传入蔓延；一旦暴发、污染，最好的办法是更换场地，重新建场饲养，原污染场经彻底消毒后，通过自然净化后再启用。

62. 如何防治鸵鸟炭疽?

炭疽是由炭疽杆菌引起的一种人畜禽共患的急性、热性传染病。鸵鸟炭疽于 20 世纪 90 年代初就被证实，常呈散发或地方性流行，本病在我国也存在。

（1）病原：炭疽杆菌是一种大杆菌，在动物体内呈短链状。在培养基上为长链状，两端呈刀切状，成链时连接部像竹节样，革兰氏染色阳性，有荚膜，能形成芽孢。该菌在普通培养基上发育良好，在琼脂培养基上形成缩毛状菌落，对青霉素敏感。芽孢抵抗力极强，在污染的土壤中、羽毛上、干燥的环境中可存活数年，对鸵鸟有极强的致病力。

炭疽杆菌的荚膜抗原既是重要的致病因子，又是主要的诊断成分，如 Ascoli 沉淀反应。

（2）流行特点：本病多发生于温暖季节、大雨之后、多雨潮湿和洪水泛滥之后的污染地区（场），通常呈散发或地方性流行。易感动物十分广泛，禽鸟中以鸵鸟易感性强，这与鸵鸟饲养的生态环境有关。主要通过被芽孢污染的饲料，特别是饲草、水等经消化道传染；也可通过被芽孢污染的空气（尘埃）经呼吸道传染；此外，如果皮肤损伤被污染芽孢的尘土侵入或被感染的昆虫刺咬，也可发生感染。

（3）临床症状：急性型往往见不到明显的症状而突然死亡。亚急性型病例，体温升高到42℃以上，精神萎靡，食欲减退乃至废绝，头、颈、翅下垂，而颈呈软曲形似睡眠，病程3～5天，多数转归死亡，偶有缓和而康复。

（4）剖检变化：主要出现出血性败血症变化，诸如实质器官出血、变性，全身浆膜、黏膜出血。脾肿大、变黑，充满煤焦油样脾髓和血液。血液凝固不良，呈暗红色或煤焦油样。尸体极易腐烂。

（5）防治措施：一经确诊，立即封锁发病场（群），并对全部鸵鸟进行临床检查，将发病鸟和可疑病鸟隔离治疗，对假定健康鸟立即作紧急接种。全部病死尸体密封后运出焚毁，不得利用。圈舍、场地、围栏、用具等进行彻底消毒，一切污物、粪便、垫料、残料等全部烧毁。疫点在最后一只病鸟死亡或痊愈后15天，至疫苗接种反应结束时方可解除封锁，在解除封锁前应作一次全面彻底的终末消毒。病鸵鸟应在严密的隔离条件下进行治疗，常采取的治疗方法有：①对发病初期的病例可皮下或静脉注射抗炭疽血清（最好用同源血清）20～50毫升/次，12小时后重复注射一次。②也可按常规用磺胺类药物治疗，其中磺胺嘧啶的效果最理想。③炭疽杆菌对青霉素、链霉素等十分敏感，但在鸵鸟要慎用，以免产生副作用。

在预防上，对污染地区（场）应坚持每年进行一次炭疽疫苗预防注射。常用的疫苗有无荚膜炭疽芽孢疫苗和Ⅱ号炭疽芽孢疫苗，都是活疫苗，均适用于鸵鸟。通常无荚膜炭疽芽孢疫苗，鸵鸟皮下注射0.5毫升，Ⅱ号炭疽芽孢疫苗皮下注射1毫升，免疫期均为1年。

63. 如何防治鸵鸟梭菌性肠炎？

（1）病原：鹌鹑梭菌是多种禽类肠炎的病原菌，革兰氏染色阳性，端在芽孢，厌氧，对外界的抵抗力极强，广泛存在于土壤中。韦氏梭菌又称产气荚膜梭菌，属厌氧芽孢杆菌，在我国东北、西北地区的土壤等环境中广泛存在，为革兰氏阳性菌，有荚膜，形成芽

孢，能产生多种外毒素，其中A型韦氏梭菌可引起鸵鸟坏死性肠炎，D型韦氏梭菌可导致鸵鸟肠毒血症。该菌在血液琼脂上长成大而圆、隆起的菌落，有双溶血圈。

（2）流行特点：在非洲鸵鸟群中主要发生、流行的是坏死性肠炎和肠毒血症，同时也会在羊、兔、猪中发生；在以色列等国家的鸵鸟群中主要发生溃疡性肠炎，同时也会在火鸡、鹌鹑、鸽、鸡中流行。患病动物、带菌动物及其所污染的场地、草地、饲料、水源和空气，特别是土壤是重要的传染源。本病主要由消化道和呼吸道传染，皮肤创伤、黏膜损伤和被污染芽孢的尘土沾污也能引起感染。各种品种和年龄的鸵鸟均易感，幼鸟的易感性更高，而饲养管理不善、卫生状况低劣和多雨潮湿和洪水泛滥，是引起病发生、流行的重要因素。

（3）临床症状：幼鸟病例多呈急性经过。精神萎靡，体温升高。体况衰竭，拒食，站立不稳甚至倒地不起，头颈下垂、弯曲，两翅下垂，持续性下痢甚至剧烈腹泻，严重便血，病程3～8天，转归多死亡。成鸟病例症状较轻，表现精神沉郁，不愿活动，食欲减退，羽毛蓬乱、无光泽，有时出现下痢，病程10～15天，部分转归死亡，多数转为慢性而逐渐痊愈。

（4）剖检变化：外观体躯消瘦，腹部膨胀污秽，肠管臌气，肠壁菲薄，肠黏膜出血并间有溃疡灶，甚至见有弥漫性坏死灶或覆有伪膜，并混有水样或血样黏液，尤以十二指肠和小肠为重，有的波及盲肠。肝脏呈土黄色，有坏死灶。脾脏充血肿大，有的有出血点、坏死灶。

（5）防治措施：

①治疗：首先要立即改善病鸟的饲养管理条件，停给精料，增加新鲜清洁的富含粗纤维的青草、干草、人工牧草等，以恢复肠道正常菌群，阻止病原菌的繁殖、产毒、致害。不可滥用抗生素药物，在平时经常补给药物添加剂的情况下，使用抗生素等药物更不易见效。首选药物应是单价或多价（联）梭菌高免（抗病）血清，其参考剂量为：育成鸵鸟20毫升，成年鸵鸟20～50毫升，皮下注

射，24 小时后重复注射一次。

②预防：本病有效的防制措施是注射疫苗或用抗病（高免）血清作紧急接种；做好日常的卫生防疫工作。目前，我国批准生产的羊用梭菌单苗和联苗均可供鸵鸟试用，但必须在做小群试用证明安全后才能大批应用。羊快疫、猝疽（或羔羊痢疾）、肠毒血症三联灭活疫苗，由韦氏梭菌 C、D 型和腐败梭菌制造，疫苗在 2～8 ℃下保存期 2 年，免疫期半年；兔 A 型韦氏梭菌灭活疫苗，在 2～8 ℃下保存期 1 年，免疫期 6 个月；羊梭菌病多联干粉灭活疫苗，由腐败梭菌、韦氏梭菌、诺维氏梭菌、肉毒梭菌和破伤风梭菌制造，使用时既可单个苗注射，也可多个苗按比例混合后注射，用时用 20%氢氧化铝胶盐水溶解混合后肌肉注射，免疫期 1 年。据非洲国家对鸵鸟梭菌性肠炎制订的免疫程序，结合我国具体情况，其参考免疫程序（羊梭菌病疫苗）如下：出壳雏皮下注射 0.4～0.5 毫升，4 周后可倍量免疫 1 次；或者在 1 周龄时皮下注射疫苗 1 毫升，5 周龄时再皮下注射 1 毫升。成年鸵鸟每年注苗 2 次，上半年和下半年各注射 1 次，每次皮下注射 1 毫升。产蛋鸵鸟在开产前应加强免疫 1 次。

64. 如何防治鸵鸟波那病？

本病是由波那病毒引起的一种脑脊髓炎疾病，是德国波那地区的一种地方性传染病，由此而得名。鸵鸟波那病是 1993 年在以色列鸵鸟群中发现的，并从病鸵鸟脑组织中分离到波那病毒。

（1）病原：波那病毒，有囊膜，能在多种动物组织的原代细胞和传代细胞上增殖，但生长十分缓慢，有的可形成核内包涵体，也可在鸡胚绒毛尿囊膜上、在 35 ℃下培养增殖。

（2）流行特点：除鸵鸟易感外，病毒对马、绵羊、山羊、牛、鹿和兔等哺乳动物也能自然感染发病。在鸵鸟主要侵害 2～6 周龄雏鸟，而节肢动物中的蜱则是病的主要传播媒介。

（3）临床症状：病初出现低热，精神沉郁，食欲减退。继而步态不稳，头翅下垂，颈弯曲，吞咽困难，震颤，抽搐。最后麻痹、

瘫痪倒地，病程 1～3 周，转归死亡。雏鸟病死率高而成鸟低。

（4）剖检变化：可见到泄殖腔肿胀，脑出血、水肿，脊柱两侧有出血点等脑炎、脊髓炎病变。

（5）防治措施：本病无有效的治疗办法，也无有效的疫苗供免疫预防。只能采取不从疫区（场）引种、禁止混养、定期灭虫和驱赶野鸟等综合性防制措施。

65. 如何防治鸵鸟传染性脑髓炎？

本病是由东方马脑脊髓炎病毒与西方马脑脊髓炎病毒引起的一种以虫媒（蚊）传播的、出血性肠炎和坏死性脉管炎症状与病变为特征的传染病。死亡率极高。

（1）病原：本病病原是东方马脑脊髓炎病毒与西方马脑脊髓炎病毒。病毒在 pH 6.2～6.4 条件下能凝集鸡、鹅红细胞，可在鸡胚绒毛尿囊膜上增殖，并能在感染后 15～24 小时致死鸡胚，以及在膜上形成病灶。也可在胚、鸭胚等原代细胞或传代细胞上生长并形成病变，还能在节肢昆虫细胞内生存，蚊是病毒的贮存宿主和传播媒介。

（2）流行特点：自然界的鸟类是病毒的宿主，蚊等节肢动物是病毒的贮存宿主和传播媒介。不同品种、不同年龄的鸵鸟均易感，主要通过吸血昆虫特别是蚊叮咬传染。本病多发生于潮湿、多雨、闷热、蚊虫大量滋生的夏、秋季节。

（3）临床症状：精神沉郁，拉稀。粪便带血，拒食，体温升高到 42 ℃以上。病程长的出现明显的神经症状。

（4）剖检变化：胃肠有出血性病变，脾脏出血。最明显的病理组织学变化是脾脏和肠管固有层的坏死性动脉炎变化。

（5）防治措施：目前尚无有效的治疗药物和方法。在预防上，除要做好日常的卫生防疫工作外，应重点抓好如下工作：经常进行杀灭蚊子等吸血昆虫工作，在春、夏、秋季节更要加强，从根本上消灭传染源；防止鸟类进入饲养场和牧场，候鸟更是本病的远距离传播者，应加以清除；严禁从疫区（场）引进种鸟，对鸵鸟要进行定期检疫并淘汰阳性鸟；国外曾有马源毒二联或三联甲醛灭活疫苗供应，其免疫程序为：冬末春初进行第一次接种，间隔3～4周后作第二次免疫，可获得持续1年的免疫力，以后每年免疫1次，育成鸟在1岁时再接种1次，以后每年免疫1次。

66. 如何防治鸵鸟风湿症？

（1）病因：鸵鸟的风湿症多因久卧湿地，气候突变，风湿寒邪乘虚而入，流患经络，侵害肌肉、关节、筋骨，引起经络阻塞，气血凝滞，遂引起肌肉关节肿痛，屈伸无力。若日久不治，则肝肾亏虚，气血不足，筋骨失养，最后卧地不起，亦难治愈。

（2）临床症状：患鸟一般精神稍沉郁，食欲正常，刚站立运动时，步态强拘，稍后好转，但不愿长久站立，喜卧不起。重症时，则卧地不起，有时挣扎欲立，但始终站不起来，开始时食欲无太大变化，随着时间增长，食欲逐渐下降，至此时患鸟常常无法治愈。

（3）治疗：

方药：

①麝香风湿片：由哈尔滨世一堂生产。成鸟2次/天，每次8片，青年鸟每次6片。

②风湿灵注射液：由红花、山龙等十多种中药提纯精制而成，黑龙江省巴彦兽药有限公司生产。成鸟每次注射15毫升，青年鸟每次注射12毫升，每天2次。

预防：本病主要是鸟舍要适当封闭，防贼风，垫沙厚度不能低于20厘米，垫沙要勤换，防潮，在天气变化时，要在饮水中添加电解多维、宝矿维等，以提高机体的抵抗力。

67. 如何防治鸵鸟传染性脑髓炎？

本病是由东方马脑脊髓炎病毒与西方马脑脊髓炎病毒引起的一种以虫媒（蚊）传播的、出血性肠炎和坏死性脉管炎症状与病变为特征的传染病。病死率极高。

（1）病原：本病病原是东方马脑脊髓炎病毒与西方马脑脊髓炎病毒。病毒在pH 6.2～6.4条件下能凝集鸡、鹅红细胞，可在鸡胚绒毛尿囊膜上增殖，并能在感染后15～24小时致死鸡胚，以及在膜上形成病灶。也可在胚、鸭胚等原代细胞或传代细胞上生长并

形成病变，还能在节肢昆虫细胞内生存，蚊是病毒的贮存宿主和传播媒介。

（2）流行特点：自然界的鸟类是病毒的宿主，蚊等节肢动物是病毒的贮存宿主和传播媒介。不同品种、不同年龄的鸵鸟均易感，主要通过吸血昆虫特别是蚊叮咬传染。本病多发生于潮湿、多雨、闷热、蚊虫大量滋生的夏、秋季节。

（3）临床症状：精神沉郁，拉稀。粪便带血，拒食，体温升高到 42 ℃以上。病程长的出现明显的神经症状。

（4）剖检变化：胃肠有出血性病变，脾脏出血。最明显的病理组织学变化是脾脏和肠管固有层的坏死性动脉炎变化。

（5）防治措施：目前尚无有效的治疗药物和方法。在预防上，除要做好日常的卫生防疫工作外，应重点抓好如下工作：应经常进行杀灭蚊子等吸血昆虫工作，在春、夏、秋季节更要加强，从根本上消灭传染源；防止鸟类进入饲养场和牧场，候鸟更是本病的远距离传播者，应加以清除；严禁从疫区（场）引进种鸟，对鸵鸟要进行定期检疫并淘汰阳性鸟；国外曾有马源毒二联或三联甲醛灭活疫苗供应，其免疫程序为：于冬末春初进行第一次接种，间隔 3～4 周后作第二次免疫，可获得持续 1 年的免疫力，以后每年免疫 1 次，育成鸟在 1 岁时再接种 1 次，以后每年免疫 1 次。

第四章　鹌鹑饲养管理与疾病防治技术

第一节　鹌鹑饲养管理技术

68. 家养鹌鹑的生物学特性有哪些？

家养鹌鹑可基本上分为肉用种和蛋用种两类。我国引进的鹌鹑多为日本蛋用种。日本成鹑体长约 18 厘米，体重 100～140 克，母鹑比公鹑稍重。全身羽毛颜色与体形特点与野鹑相似，头小、嘴尖、尾秃、无冠髯。家鹑既不换羽也不孵卵。

家鹑性情温顺，但雄鹑仍残留好斗习性。雄鹑叫声洪亮高亢，雌鹑叫声尖细低微。

雏鹑的正常体温为 40 ℃左右，成鹑的正常体温为 41～42 ℃。每分钟的呼吸频率为雄鹑 35 次，雌鹑 50 次。

家鹑食性较杂，喜食粒料，习惯经常采食，到黄昏时刻尤为活跃。鹌鹑对外界因素反应灵敏，富于神经质，受惊扰时常群起骚动，并喜欢在笼子内来回走动。同时因为家鹑对饲料的全价性比鸡要求严格，所以啄癖发生比鸡多，格斗和外伤也比鸡严重。鹌鹑生机旺盛，新陈代谢快是其重要的特点之一。

69. 鹌鹑舍的建设需要考虑哪些条件？

（1）有利保温、防暑和通风换气。最好是坐北朝南的正房，室内明亮干燥，温暖舒适，能使室温保持在 20 ℃以上。鹑舍应有较大的窗户，有后窗或加设天窗，窗户面积为舍内地面面积的 1/6～1/5。

（2）要有电源，保证人工光照。笼养蛋鹑需要保持 14～16 小时光照，雏鹑夜间也要给光，仅靠自然光照不能满足光照的要求。

所以，鹑舍建筑时要有良好的采光条件，还要有供电条件。

(3) 有利于防疫消毒。鹑舍的地面和顶棚最好是混凝土结构，地面要稍有一定倾斜度，这样便于洗刷消毒、排水，进行喷雾和熏蒸消毒。

(4) 鹑舍和鹑笼的空间搭配。鹑舍一般进深4.5米，宽6米，若用宽50厘米，长1米的笼，使用通长水槽，两排笼并列，室内可放4排笼子，3条走道。鹑舍高2.4～2.7米，可设4～6层笼，每笼放蛋鹑40只，每间鹑舍可养鹑6×4×5×40＝4 800只。如果是单个饲槽、水槽，室内单放3排笼，可饲养3 600只。

70. 养鹑的设备有哪些?

(1) 鹑笼：鹑笼的大小和形式多种多样，可根据具体情况和饲养目的自行设计制作。可选用笼底面积为0.5米（集蛋槽0.1米），可饲养蛋鹑40只。笼前沿高28厘米，后沿高25厘米，笼架也呈后低前高的倾斜，使蛋能从笼内滚出到集蛋槽中。现在大多数采用4～6层笼养，每两层设一挡粪板。

(2) 食槽和饮水器：雏鹑的饲槽安放在育雏器边，高3厘米，为防止鹌鹑将饲料刨出槽外，可在饲料上面铺一块1厘米网眼的铁丝网。蛋鹑每只占槽长3厘米，雏鹑占1～1.5厘米。雏鹑的饮水器可用一个底盘扣上一个水碗或罐头瓶制成。成鹑笼养，在笼外放水槽或罐头瓶均可。水槽也可用铁皮、竹节制作。

71. 养鹑常用饲料有哪些?

(1) 蛋白质饲料：蛋白质饲料含蛋白20%以上，包括动物性及植物性蛋白饲料。

①动物性蛋白饲料有鱼粉、肉粉、蛋黄粉、蟹粉、血粉、蚕蛹粉、羽毛粉、小鱼、小虾等。这类饲料粗蛋白质含量较高，品质好，可根据各地具体情况充分利用。

②植物性蛋白质饲料有豆类及饼类，如黄豆、豌豆、豆饼、花生饼、棉籽饼、菜籽饼等。这类饲料里粗蛋白质含量高，品质也较好，在鹌鹑饲料中应与动物性蛋白质饲料搭配使用。所有植物性蛋白质饲料都应熟喂。

（2）能量饲料：这类饲料原主要成分是碳水化合物，1千克含消化能在10兆焦以上。粗纤维含量不足18%，含蛋白质20%以下。包括谷物（玉米、高粱、大麦、小麦、燕麦、小米等）、糠麸类（小麦麸、米糠等）和薯类等。

（3）维生素饲料：包括青绿多汁饲料、干草粉及人工合成的维生素制剂。

（4）矿物质饲料：常用的有骨粉、贝壳粉、蛋壳粉、碳酸钙、食盐等。

（5）饲料添加剂：根据鹌鹑的需要将各种维生素、矿物质、促生长药物、抗氧化剂和防治白痢、球虫病等药物，按一定比例混合，添加于混合饲料中，叫添加剂。它能保证鹌鹑的正常生长、发育并获得最大的生产力。

72. 鹌鹑日粮配合的原则是什么？

（1）在进行鹌鹑的日粮配合时，饲料的品种应多一些，使不同饲料的营养成分能互相补充，以达到全价。

（2）饲料的来源应可靠，以保证饲料方相对稳定，饲料价格合理。

（3）饲料的品质优良，不能使用发霉变质的饲料，有条件时应对饲料成分、清洁度、卫生指标进行分析测定。

（4）鹌鹑的消化道容积小，所以饲料的体积也应小，青粗饲料用量不宜过多。

（5）各种饲料配合好后进行粉碎，一定要混合均匀，特别是一些微量成分，要采取逐级混合法，如多种维生素应在饲喂前不久混入饲料。

（6）配好的饲料营养含量应与饲养标准相符，既要满足鹌鹑的营养需要，又不因营养过多而使蛋鹑体内沉积脂肪影响产蛋，造成浪费。

73. 鹌鹑的饲喂方式有哪些？

根据鹌鹑的不同类型、不同年龄，不仅采用不同的饲养标准，还应采用不同的饲喂方式。

（1）自由采食：主要用于肉用鹑，进行不定量、不定时地饲喂，使仔雏多吃快长，有时喂产蛋鹑也采用此法。

（2）限制饲喂：对鹌鹑进行定时、定量饲喂。

74. 鹌鹑的饲喂方法有哪些?

（1）干喂：喂干粉料省事，饲料不易变质，适合于大群饲喂和机械化管理，但浪费较大。

（2）湿喂：加水将干粉料拌湿喂，适口性好，浪费少，但夏季容易酸败，冬季易结冰。在夏季可以早、午喂养湿料，晚上喂干料，冬季早、晚喂干料中午喂湿料。这样，夏季防酸败，冬季可防冻。

75. 如何选择种鹑?

雌、雄种鹑必须选择在3代以内发育良好、身强体健、羽毛光亮的个体。

（1）雌鹑：①体质健壮，活泼好动，食量较大，无疾病。②产蛋能力强。年产蛋率75％～80％。月产蛋量在24～27枚及以上者。③体格大。成熟雌鹑体重130～150克为宜，体重超过170克的产蛋能力不高。④腹部容积大。检查腹部容积时，可用左手抓住雌鹑，右手指放在肛门两侧的耻骨间，若间距有二指，并且耻骨和胸骨顶端间宽有三指者为高产型。此法不适用于老鹑，老鹑产蛋能力虽差，但腹部容积也不会小。

（2）雄鹑：雄鹑在孵化后50天左右体格长成，即可选择。①叫声洪亮，稍长而连续者。②体壮胸宽，体重在115～130克。肛门呈深红色而且隆起，手按则出现白色泡沫，说明已经发情，有交配能力。③雄鹑的爪可完全伸开，以保证交配时可顺利爬跨。

76. 选择和保存鹌鹑种蛋的方法是什么?

种蛋的蛋重要在9～12克，花色好，不白皮，不酥皮，不软皮，不沙眼。蛋的长径与横径比为1.4∶1，蛋形一头稍尖，一头椭圆为好。

种蛋保存时不要震动，防止冷风直吹或阳光直射，贮存室要求通风良好，温度以 18 ℃左右为宜。夏季种蛋存放时间不要超过7～8 天，冬季不要超过 10 天。

77. 鹌鹑的配种比例是多少？配种方法是什么？

鹌鹑的种用期限，雄鹑在出壳后 6 个月到两年，雌鹑 5 个月到 1 年为佳，生产中应定期淘汰更新。鹑群中雄雌配备要有适宜的比例，一般以 1∶1～3 为宜，最大比例不超过 1∶5。

鹌鹑在早晨和晚上性欲最旺盛，交配后受精率也最高，因此，交配多在这两个时间进行。也可以在产蛋后 20～30 分钟内进行。单笼饲养的，可每天早、晚将雄鹑放入雌鹑笼内交配。在生产中，鹌鹑的配种方式多采用大群配种，在大群中按比例放进雌雄鹌鹑，使其自由选择配种，这种方法受精率也较高。

78. 鹌鹑的人工授精操作要点有哪些？

发情的雄鹑，其泄殖腔呈红色隆起，用手指轻轻一按，有白色泡沫状液体流出，称为“泡状放出物”，但这不是精液。

采精时，将雄鹑抓在左手掌内，使头朝下，肛门部向上固定，用左手的拇指和右手的拇指按摩腹部。这样，雄鹑便出现性兴奋，位于肛门处的舌状性器官勃起，这时用手指压迫泄殖腔，性器官就会射出乳白色或乳黄色的精液，可用小型吸管收集起来。射精量约 0.008 5 毫升。

鹌鹑精子的活力极低，生存时间极短，在 10～15 分钟内将完全停止活动。因此，采精后必须立即授精。

授精时用左手将雌鹑固定，再用右手轻压其腹部，使阴道口外露，然后将装好精液的授精器插入阴道内 1.5 厘米处。一般每次输精 0.005 毫升即可。人工授精最好选择在傍晚或夜间进行，因为夜间雌鹑已经产完蛋，泄殖腔空虚，受精率较高。

79. 鹌鹑的繁殖和育种有哪些内容？

鹌鹑的育种方法主要分为纯种繁育和杂交育种。目前，一般应用比较多的是杂交育种。

（1）纯种繁育：同一品种内的繁殖选育，称为纯种繁育。其目的在于巩固和加强原有的优良特性和生产性能，迅速增加该品种的

数量。但要严防近亲交配，避免生活力衰退，生产性能下降，以便不断改进、提高该品种的优良特征，达到较快的选择效果。

（2）杂交育种：为了创造新的品种，可运用不同品种间的有性杂交方法来培育新的品种。杂交育种所生的后代往往比父母优良，表现为成活率高，受精率高，孵化率高，生活力强，雏体强健，生长发育好和雌鹑产蛋力强。

①近交品系培育：选择纯种的优良个体进行交配，鉴定后裔的品质和性能，培育和固定制种体系。经过大量的测算和严格的淘汰，就可以培育出高产优良的近交系。然后再采取近交系间交配。近交基本限于四代。然后再用第四代雄鹑与其母交配，雌鹑与其父交配，即进行“回交”。这样，即使不引进其他品系，也能保持优良的近交品系。

②导入杂交：如果饲养的鹌鹑品种的基本性能不错，但在某方面有缺陷，而采用纯种繁育又不易见效，这时可针对性地选择不具这一缺点的优良品种同它杂交。一般只杂交一次。以后在第一代杂交群中挑选比较优良的子代和需要改良的鹌鹑交配，如所生后代较理想，就可使杂种鹑群进行自群繁育。

③级进杂交：即低产品种雌鹑与优良品种雄鹑杂交，所得的杂种后代雌鹑再与优良雄鹑杂交。一般连续级进3～4代就迅速而有效地改进低产品种。

80. 纯种繁育中防止近亲繁殖的措施有哪些？

（1）定期由外地引入无血缘关系、健康而优良的种鹑，进行血液更新。

（2）建立系谱资料、高产鹑的个体记录，根据血缘关系进行选种选配，不断去劣去杂，取纯取优，提高质量。

为了不断提高整个品种的水平，应根据新的更高要求，逐步在品种内重新建立新的品系或品族。

81. 鹌鹑孵化需要哪些条件？

（1）温度：温度是胚胎发育的首要条件。鹌鹑和其他禽类一样，可用恒温孵化或变温孵化。变温孵化是根据胚胎发育的不同时期对温度的需要来控制温度，以取得更理想的孵化效果。但若孵化器是分批入孵的，只能采用恒温（37.8℃）孵化，孵化室的温度一般为20～25℃。

变温孵化应掌握前高、中平、后低的特点，温度控制因孵化器种类不同而不同。立体孵化器温度控制在37.2～38.5℃。

（2）湿度：孵化过程中相对湿度应控制在54%～70%。孵化前期和中期1～12天，相对湿度56%～57%，在13～14天，需要排除羊水和尿囊液，相对湿度需在54%～55%。在15～17天，提高到65%～70%，可用温水喷在蛋壳上，以利于雏鹑破壳，防止黏蛋壳。湿度是否合适，可根据孵化期间气室的变化和蛋的失重情况来衡量，还可以从雏鹑出壳后的体状、卵黄囊及腹部吸收情况来看。湿度过小，雏鹑干瘦；湿度大，腹部大，卵黄囊吸收不好。

（3）翻蛋：平面孵化器在机外翻蛋每昼夜4～6次，立体孵化器每2～3小时翻1次，翻蛋的角度一般是45°～90°。

（4）通风：胚胎中发育过程中，必须不断与外界进行气体交换，孵化器使用动力通风，孵化初期通风量可小一些，后期加大通风量，把通风孔全打开。要求孵化室内CO_2含量不超过0.3%。

（5）晾蛋：机器孵化鹌鹑不用晾蛋。

82. 机器孵化鹌鹑前需要做好哪些准备工作?

孵鹌鹑可用孵鸡的孵化器，孵化条件和设备与鸡基本相同，只是蛋盘的规格不同。孵鹌鹑使用的蛋盘条间距2.5厘米（比鹌鹑蛋的横径略小），孵化器孵鹌鹑的数量是孵鸡蛋数量的2.3～2.5倍。

孵化室应通风、保温。孵化前用10%的石灰乳粉刷墙壁，地面用3%的碱水刷洗，再用清水冲洗，晾干，并将全部孵化用具洗刷干净，放在孵化室中。洗净准备就绪的孵化器，还可以连同第一批蛋一起熏蒸消毒。孵化器除要洗刷消毒外，还要检查各部件性能是否完好。

种蛋消毒可用0.1%的新洁尔灭溶液洗蛋（水温34～36℃）。再将种蛋放在消毒柜中，每立方米容积用高锰酸钾15克、甲醛30毫升熏蒸，温度25℃，湿度75%，消毒30分钟即可。种蛋消毒

后，放在孵化室中预温 8～10 小时，方可入孵。

83. 孵化期间的管理工作有哪些?

在孵化期间，孵化室昼夜不能离人，值班人员应注意观察记录孵化器及孵化室的温度、湿度、通风情况、机器的运转，负责翻蛋、验蛋和出雏管理。

孵化期间的照蛋时间和目的：在整个孵化期间可照蛋 1～2 次。头照可在孵化 7～8 天进行，这时如果蛋内呈透明的红色，血管隐约可见，胚胎在靠气室部位肉眼可见，为正常的胚胎，如果呈透明时青灰色为无精蛋；蛋内有不规则的血斑、血环、血线的为死胎。头照的目的就是要挑出无精蛋和死胎，观察胚胎发育情况，调整孵化条件。

二照在孵化第 15 天进行，目的是拣出死胚蛋。照蛋时，正常的胚胎已经堵满了整个蛋的空间，在气室边缘可看到闪动的羽毛，发育慢的胚胎，可在气室边缘看到粗大的血管，整个蛋是黑暗的。如果蛋内见混浊的液体，呈半透明状，有部分暗块，这说明是死胎，应剔除。

84. 出雏时应做好哪些工作?

孵化到 15 天就有雏鹑破壳，当有部分雏鹑破壳时，就要落盘，准备出雏。雏鹑破壳很快，当啄开破痕后就用上喙的破壳齿撞击破洞，很快沿气室边缘破开一圈以后，用尽全力破壳而出。从开始破壳到出壳约 40～120 分钟，出壳后休息一会儿就能站起来。若孵化成功，24 小时出雏完毕。

雏鹑出壳后，要等毛干才能从孵化器中拿出，将它放在箱中，这时孵化室的温度要求在 27 ℃以上。

注意放雏鹑的箱子内，要铺上柔软的干草或麻袋布、粗棉布之类铺盖物，不能用光滑的纸或塑料布。箱子的容积不能过大，过大时要隔开，以免雏鹑上垛。1 米^2 可放 800 只。每箱只能装 200 只，要避免压死、捂死。雏鹑最好不要在孵化室过夜，要尽快运走。如果出壳后超过 24 小时，要饲喂和饮水。

当每批出雏完毕后，要将孵化室和孵化器清扫干净，准备下批孵化。

85. 幼雏饲养需要做好哪些工作?

(1) 温度: 刚刚破壳而出的幼雏，由于体温调节机能还不健全，对于温度特别敏感，特别是出壳后最初换毛的5天内，必须做好保温工作，如果忽视管理，在出壳后3～5天，死亡率可高达50%。

幼鹑出壳后不要急忙移入育雏器，最好过10小时以后，再从孵化室移到预先调节好温度的育雏室。

育雏温度要根据情况灵活掌握，总的原则是: 小雏宜高，大雏宜低；小群宜高，大群宜低；早春宜高，晚春宜低；阴天宜高，晴天宜低；夜间宜高，白天宜低。刚出壳的幼鹑需置于37℃的环境中，随着日龄的增长和体温调节机能的增强，每2天可逐渐下降约1℃。

(2) 饮水: 幼鹑的饲喂原则是先饮水后开食。幼鹑出壳后，在孵化器内待毛干燥后取出放入育雏器，待安静下来，在饮水器内注入温水，幼鹑饮水后可以恢复精神，并补充孵化过程中体内所损失的水分。如较长时间不给水，一旦幼鹑遇水时，容易发生抢水暴饮，导致拉稀。喂水时要防止幼鹑把羽毛弄湿。喂水的同时，也增加了育雏器内的湿度。

(3) 饲喂: 雏鹑生长迅速，体内代谢旺盛，相应对饲料要求也高。1～21日龄幼鹑的饲料中粗蛋白质含量应保持在26%～27%。随着日龄的增长，以后逐渐降低至21%～22%或19%～20%。1～7日龄的幼鹑日喂6～8次，也可以终日给料，以后逐步降低饲喂次数，并适当加以控制。每周要投喂1次用开水烫后晾干的细沙。

幼鹑开食的时间，一般在出雏后的24～30小时比较适宜。幼鹑在育雏器内适应了环境并得到饮水，恢复了元气以后，渐渐地活动起来了，就可以喂食了。

第一次喂料时，应将饲料均匀地撒在旧报纸或油布上，让所有的幼鹑都能吃上。开始喂食时多数幼鹑不会啄食，需耐心引导。开

食时间要安排在白天。

育雏期间，可加喂熟鸡蛋黄，一般1～3日龄的幼鹑每20只每天喂1个蛋黄，4～7日龄的每50只每天喂1个蛋黄。或采用多种维生素代替蛋黄，方法是1～7日龄的幼鹑，每100千克饲料中添加10克多种维生素。

（4）其他日常管理工作：

①密度：育雏器内雏鹑的密度，要视具体情况合理安排。一般日龄小可密一些，日龄大宜稀一些；冬季可密一些，夏天宜稀一些。

②通风换气：育雏室内要保持通风良好，及时清除粪便，保持室内空气新鲜。育雏室要有良好的通风设备，尤其是在大规模饲养情况下，通风换气尤为重要。

③光照：幼鹑破壳后的1～5天内可以连续光照24小时，其亮度为每平方米4瓦。以后每天可光照14～15小时，采用1～0.5瓦/米^{2}的亮度。

④抓好日常检查工作：育雏工作需要细致、耐心，平时注意观察，发现异常现象及时采取措施。要按时投料、换水，要保证不断水，不缺料。要及时清除粪便，更换垫料，清扫地面，经常或定期地做好饲槽、饮水器的冲洗和消毒工作。清除粪便时要注意观察，如果发现粪便形态异常，如软痢便、混血便，要注意查明原因，如果属于病态，要根据症状及时诊断和治疗。发现弱雏要果断地剔出来单独饲养，喂食时，应注意观察，凡低头垂翅、呆立不动、卧地不起、精神不振者，多为病雏。发现后要立即剔出隔离饲养，对症治疗。并对全群采取相应措施。

86. 中雏饲养需要做好哪些工作？

幼雏在育雏器内饲养3～4周后，开始转到笼内饲养，这是由雏鹑到成鹑的一个转折点。由于生活条件和环境的改变，要特别注意护理。因为幼鹑从出生一直生活在有保温设备的育雏器里。移入笼子里以后，就要完全靠室温了。所以中雏阶段的管理，最重要的一点是要保证室内温度不低于30℃，如果温度低了，雏鹑就容易发生因集堆而被压死的现象。

中雏阶段的另一项重要工作就是雌、雄要分笼饲养。从雏鹑的胸部羽毛和鸣声等方面可以鉴定出雌、雄。雄性雏鹑长到4周龄时，逐渐显示出活跃、好斗的习性。雌、雄及时隔离饲养，可以减少因咬斗而致残。到6周龄时，雌鹑进入开产日龄，可以转入成鹑饲养，而雄鹑除留种外，其余的可以做肉鹑处理。

87. 成鹑饲养管理要点有哪些?

(1) 环境：鹌鹑胆小，怕惊吓，喜欢在安静的环境里生活，特别是产蛋的成鹑，周围环境要经常保持安静。在产蛋时，如果受到意外的惊动和惊吓，会影响第二天的产蛋。

(2) 温度：成鹑要求的适宜温度是20～22℃。为了保证适宜的温度，夏天要注意通风，做好防暑降温；冬天室内要加温，至少要保持10℃以上，才能维持较好的产蛋率。

(3) 饲料：产蛋鹌鹑与产蛋鸡的饲养方法大致相同，饲料不仅要求营养全面，而且适口性也要好，特别是要保持一定的蛋白质水平（26%～27%）。如果蛋白质含量达不到标准，就会明显影响产蛋率，甚至产出软皮蛋和白皮蛋。另外，由于营养不良，产蛋鹑还会出现体弱、瘫痪和死亡现象。

产蛋期间要保持饲料成分的相对稳定，如果需要更换饲料品种时，要逐渐过渡，使鹑有一个适应过程，切忌突然更换饲料。

饲料投喂可以是干粉料，也可以是半湿料，可根据具体情况来决定。饲料质量一定要无霉烂和虫蛀、无酸败等不良气味。每日喂4次，上午最好在6时、11时，下午宜在3时和6时。要做到定时、定量、定质供应。一天之内要均匀饲喂。

(4) 光照：产蛋期间的光照十分重要，光照是提高成鹑产蛋量的十分重要的条件。人工补充光照时，通常20～25米^{2}面积，在2米高处悬挂60瓦电灯一盏，每天在天黑后补充光照4小时左右，以保持每昼夜有16小时的光照时间。以后改换40瓦电灯泡照明，保持稍暗的光照度，以防黑暗惊扰鹌鹑，影响栖息。

88. 成鹑的日常管理工作有哪些?

(1) 检查鹌鹑的健康状况：清早起来首先要察看一遍鹌鹑的活

动情况，观察采食、饮水情况，检查当天的排粪，看有无异常现象，如发现问题，要从多方面分析原因，及时采取必要措施。

（2）及时投料，按时给水：投料前察看剩料情况，适当补料。注意分析剩料原因，饮水要勤换。

（3）搞好清洁卫生：食具、水具、笼舍等要经常清洗，定期消毒。

（4）产品收集：一般在早、晚收集鹑蛋，收捡时要记录每天的产蛋数和产蛋情况，从而发现饲养管理中存在的问题，并及时得到解决。

（5）防范天敌：蛇、鼠是鹌鹑的天敌，既能咬死和蚕食鹌鹑，也吃鹑蛋；苍蝇则通过饲料把病菌传染给鹌鹑。

（6）定期淘汰老鹑：雌鹑一般养1年，一年后产蛋率下降40%，这时应及时淘汰。种公鹑一般养1年到1年半。

（7）做好统计工作：每天做好记录，搞好统计工作，其中包括存栏情况和生产情况等。

第二节 鹌鹑常见疾病防治技术

89. 如何防治鹌鹑新城疫?

（1）流行特点：鹌鹑新城疫是由新城疫病毒引起的一种急性、热性、败血性传染病。鹌鹑新城疫多在鸡新城疫流行后期发生，该病毒侵入机体后引起败血症，死亡率较高。本病一年四季均可发生，但以春秋两季多发。病禽的唾液、粪便等均含有大量病毒，通过饲料、饮水和用具传染健康禽。病禽在咳嗽或打喷嚏时，也可通过空气传播病毒。以40～70日龄青年鹑发病较多，7月龄以上发病率较低。死亡率在产蛋前发病时为50%，在产蛋后发病时降低为10%，但病程较长，产蛋量明显减少。

（2）临床症状：最急性型，发病迅速，一般不显示临床症状，突然死亡。急性型，病初体温升高，精神不振，食欲减少或废绝，但喜饮，倒提时口腔内流出大量黏液；行走迟缓，离群呆立，闭目缩颈，翅尾下垂，冠和肉髯呈紫色；呼吸困难，常发出喘鸣声；腹泻严重，拉黄白或黄绿色粪便且有时含有血液；产蛋鹑产蛋量下降，软壳、白壳蛋增多，病程长的出现腿麻痹、共济失调等神经症状。一般 2～3 天死亡。慢性型，发病后期多见，神经症状明显，呈兴奋、麻痹及痉挛状态，动作失调，步态不稳，头颈歪斜，时而抽搐，常出现不随意运动；羽翼下垂，体况消瘦，时有腹泻，最后死亡。

最近几年其流行症状呈现非典型症状，表现精神萎靡不振，采食量和产蛋率均出现较大幅度下降，有零星的死亡现象。粪便颜色呈现浅绿色、偏稀，有轻微的呼吸道症状，尤其在晚上更加明显。其他的如神经症状在慢性病例中可以出现。

（3）剖检变化：其病变为喉头、气管内有透明分泌物，气管环充血，肺淤血；腺胃乳头出血，挤压有脓性分泌物，严重的形成溃疡；肌胃角质膜下黏膜出血；十二指肠黏膜点状出血，直肠有条纹状出血，心冠脂肪有针尖大的出血点，肾脏淤血、肿大。

（4）防治措施：

①加饲养管理，严禁鹌鹑舍内混养其他家禽，饮水中加入多种维生素以提高抵抗力，减少应激反应，经常保持鹑舍及运动场的清洁卫生，坚持定时消毒，淘汰已经发病、体弱的鹌鹑。

②鹑群的预防措施：

a. 鹌鹑 5～7 日龄可用鸡新城疫Ⅱ系弱毒疫苗或新城疫克隆 30，滴鼻点眼进行接种。以后在 28～35 日龄和 60～70 日龄分别进行饮水免疫。

b. 用灭活疫苗肌肉注射，35 日龄前后每只 0.3 毫升。弱毒疫苗与灭活疫苗并用，可起到强化免疫效果。

c. 在饮水免疫的前一夜，停止供水，造成鹌鹑有渴感，次晨放入有疫苗的水，使所有鹌鹑均能饮水，且在 2 小时内饮完。

d. 免疫前后 3 天供应鹌鹑营养平衡的饲料，注意氨基酸和维生素等的平衡，使大群保持坚强的抗病力。

③发病鹑群的紧急预防措施：

a. 紧急接种疫苗，新城疫Ⅱ系弱毒疫苗或新城疫克隆 30 疫苗 4 倍量饮水，结合白细胞介导素效果更好。

b. 紧急接种禽用干扰素＋禽用白介素。

c. 可以使用新城疫核酸制剂，进行饮水接种。

d. 加强营养，补充各种维生素，加强消毒。

e. 大群使用抗生素防止继发感染，降低死亡率，使用中草药制剂可以促进产蛋恢复。

90. 如何防治鹌鹑溃疡性肠炎？

（1）流行特点：鹌鹑溃疡性肠炎是由鹑梭状芽孢杆菌引起的，是对鹌鹑危害最严重的疾病之一，因而又称为“鹌鹑病”，它是一种以下痢、肠道溃疡为特征的急性传染病。本病通过消化道传播，鹌鹑采食被污染的饲料、饮水或垫料感染。任何年龄的鹌鹑均可以发病，但以 4～12 周龄幼鹑最常发生，发病率和死亡率均较高。

（2）临床症状：急性病例常无明显症状而突然死亡，并于 2～3 天内几乎全群覆灭。死亡的幼鹑肌肉丰满，一般病鹑精神委顿，食欲不振，嗉囊中充满食物，闭目呆立，弓背缩颈，羽毛粗乱，动作迟缓，腹部膨胀，下痢、排水样白色粪便，后期严重消瘦。

（3）剖检变化：急性病例主要病变在十二指肠，肠黏膜广泛出血，肠内有黏稠的液体。肝稍肿大、色淡，有大小不一的淡黄色斑点。慢性病例在小肠、盲肠的黏膜上形成不规则、芝麻至绿豆大的溃疡，溃疡边缘出血、凸起，溃疡面有一层黄色或黑色的坏死伪膜。较深的溃疡可引起肠壁穿孔，发生腹膜炎和肠黏连。脾充血、出血、肿胀。

（4）防治方法：①将幼鹑放在铁网上饲养，使其不接触粪便。成鹑与幼鹑分开饲养。②病鹑及时隔离，粪便及时清理并进行消毒，死鹑应深埋或烧毁，鹌鹑舍和运动场应定期进行消毒。③加强饲养管理，饲料中增加营养，补充维生素 C，使用量为每吨饲料中添加 300 克。④前 3 天饮用链霉素＋青霉素 2 倍量，以后连续 20 天饮用链霉素＋青霉素，效果良好，结合青链霉素肌肉注射，每只一次1万单位，早晚各1次，效果更好。⑤用四环素或金霉素按0.03%混入料中喂饲，连用7天。每千克饲料中加入0.1～0.2克的杆菌肽锌，可作饲料添加剂。

91. 如何防治鹌鹑双球菌病?

(1) 临床症状：鹌鹑双球菌病是由双球菌引起，鹌鹑以拉稀、歪头为特征的传染病。它的临床症状有：精神沉郁，食欲减少或废绝，闭目昏睡，呼吸困难，羽毛蓬乱无光。多数病鹌鹑歪向一侧，不断倒地，人工扶起，歪着头又倒地，个别倒在地上采食。腹泻严重，排黑色黏性或白色稀便。有的关节肿大，腹部肿胀发紫。产蛋小或产软蛋、白皮蛋、棕色蛋，产蛋率显著下降。病程7～21天。

(2) 剖检变化：体表脱毛处皮肤发红，腹腔内有浆液性、出血性或浆液纤维性渗出物。小肠壁增厚，肠管变粗，肠黏膜有弥漫性出血斑点，有的溃疡面有高粱粒大小的黄色干酪样物，拨去干酪物可见红色的溃疡凹陷。肝脏肿大，被膜有不同程度的出血斑或黄色条纹。脾脏肿大1～2倍，有出血斑点。肾肿大3～4倍，色暗。输卵管颜色发淡。

(3) 防治方法：链霉素2克溶于水，拌料25千克；0.05%的痢菌净饮水，均连用7天。间隔5天，再用上法连服7天，可治愈。在服药期间，对鹑舍及饮用具经常清洗消毒，保持鹑舍环境卫生。

92. 如何防治鹌鹑支气管炎?

(1) 流行特点：鹌鹑支气管炎是鹌鹑支气管炎病毒（QBV）所引起的一种急性、高度传染性呼吸道疾病。特点是流泪、打喷嚏、咳嗽、呼吸困难、鼻窦发炎，蔓延迅速，死亡率高。QBV通过接触及空气传播，8周龄以内鹌鹑易感染，鹌鹑发病率高达100%，死亡率为50%～100%。

(2) 临床症状和病理变化：①临床症状：潜伏期4～7天。病鹑精神委顿，结膜发炎，流泪；鼻窦发炎，甩头；打喷嚏，咳嗽，呼吸促迫，气管啰音；常聚集在一起，群居一角；时而出现神经症状。成鹑产蛋量下降，生畸形卵。②病理变化：结膜发炎，角膜混

浊；鼻窦发炎，时有脓性分泌物；肺、气管发炎有病变，内有大量黏液；气囊膜混浊，呈云雾状，有黏性渗出物；肝有时发生坏死病变；腹膜发炎，腹腔有脓性渗出物。

（3）防治措施：目前尚无有效疫苗预防，也无特效药物治疗。①平时要加强管理，适当提高雏室及鹑舍的温度，改善通风条件，保持合理饲养密度，可减少死亡。②病鹌鹑可使用抗生素，患病期间在饲料与饮水中添加0.04%～0.08%土霉素和金霉素。③加强防疫工作，严防带毒者与鹌鹑接触。鹌鹑舍加强消毒。发病期间停止孵化，病鹑不可作种用，发病群的种鹑要淘汰。

93. 如何防治鹌鹑禽霍乱?

（1）流行特点：鹌鹑禽霍乱是由多杀性巴氏杆菌引起的鹌鹑的一种急性传染病。主要特征是发病急，流行快，体温高，腹泻剧烈，粪呈黄绿色，死亡率高。病原菌一般通过气管或上呼吸道黏膜侵入组织；也可通过眼结膜或表皮伤口感染；鹌鹑的粪便、鼻分泌物、死鹌鹑、带菌鹌鹑及污染的饲料和饮水均能传播本病。康复的鹌鹑仍带菌，高温潮湿季节易流行，6周以上的鹌鹑易发病，死亡率高达75%。

（2）临床症状：潜伏期一般为1～2天。最急性型：基本不显示症状，最快可在10小时内死亡，通常经2～3天出现败血症而死亡。急性型：精神不振，羽毛蓬松，翅膀下垂，不食，频频饮水，不爱动，腹泻剧烈，粪呈黄绿色，冠髯黑紫，鼻分泌物增多，呼吸困难，产蛋停止。慢性型：精神委顿，体况消瘦，冠髯苍白，或水肿变硬，鼻窦肿大，鼻分泌物增多、有臭味，持续性腹泻，关节发炎，跛行，病程较长，一般15～35天。

（3）病理变化：①最急性型：心外膜可见出血点。②急性型：皮下组织、腹膜、心外膜及心冠脂肪有小出血点，十二指肠和肌胃黏膜有点状、块状出血，盲肠有溃疡灶；肝轻度肿大，表面有小的灰白色坏死点，肺充血并有出血点。③慢性型：肺炎病变明显，肝有灰黄色干酪样病灶，心包水肿，雌鹑卵巢充血、出血，雄鹑肉髯肿大，关节有炎性干酪样分泌物。

（4）防治措施：①青霉素、链霉素、土霉素和磺胺类药物对本病有效。青霉素2万单位或链霉素5万单位，每隔6小时肌注1次。也可用土霉素0.05%～0.10%拌料喂服，连用5天。②鹌鹑可用禽巴氏杆菌灭活苗，进行有计划的预防接种。③鹌鹑不能与其他禽类混养。④注意饲养管理，消除发病诱因。⑤发现病鹌鹑应淘汰，以免病原扩散。

94. 如何防治鹌鹑曲霉菌病？

（1）流行特点：鹌鹑曲霉菌病是由曲霉菌属的曲霉菌引起鹌鹑的一种以呼吸系统机能紊乱为特征的霉菌性传染病。病原主要侵害呼吸系统，有时在全身各处也形成病灶。通常是因健康鹌鹑接触污染的发霉饲料或垫料而感染。各年龄鹌鹑均易感，幼鹌鹑易感性最高。

（2）临床症状：①急性型：1月龄内的雏鹑呈急性经过。潜伏期一般2～7天。病初精神不振，食欲减少，频频饮水，羽毛蓬乱，两翅下垂，呆立一角，闭目无神。呼吸气喘、频数，呈腹式呼吸，两翼扇动。冠部及口黏膜青紫色。有的病例鼻流浆液性、脓性分泌物，结膜发炎、眼睑肿胀。有的病例皮肤呈现黑褐色坏死。②慢性型：幼鹑发育缓慢，体况消瘦，闭目呆立，步态不稳，口腔黏膜出现溃疡，时有腹泻，成鹑多呈慢性经过，雌鹑产蛋停止或减少。

（3）病理变化：特征性病变在呼吸系统。肺部形成黄白色粟粒大（1～3毫米）的小结节，均匀分散，部分肺区见淤血。气囊浆膜全部变厚，表面散有黄白色的小结节，气囊内有黄白色渗出液。鼻腔有黄白色脓性分泌物，气管或支气管中有淡黄色黏稠渗出物。有的病例心包呈现纤维素性炎症变化，心冠脂肪有出血点，心包、心肌表面有小的灰白色结节坏死灶。有的病例肝、脾、肾、卵巢上形成结节病灶。大脑及小脑出现脓疡和水肿样变化。

（4）防治措施：①制霉菌素5 000单位/只，每天2次，混入饲料中饲喂，连用5天。②1/2 000～1/3 000硫酸铜溶液连饮3～5天，中间停3天，再饮一个疗程，可控制病情。③5-氟胞嘧啶、

氯苯咪唑、克霉唑也有一定的疗效。④严禁使用发霉的饲料和垫料。⑤鹌鹑舍安装通风设备，温湿度要适宜。⑥加强饲养管理，改善鹑舍卫生条件。

95. 如何防治鹌鹑念珠菌病?

(1) 临床症状：精神倦怠，食欲不振，羽毛蓬乱，眼睑、口角出现黄色的痂皮，口腔黏膜有灰黄色干酪样伪膜，伪膜下为溃疡出血面。嗉囊膨大，胃肠道发炎，后期排灰黄色稀软粪便。发生慢性泄殖腔炎，肛周围有灰白色炎性分泌物附着。体况消瘦、贫血。重症例呼吸困难。

(2) 病理变化：嗉囊、腺胃、肌胃黏膜有白色增厚区，黏膜表面常见有假膜性斑块和易刮落的坏死物，口腔、食道黏膜常形成黄色、豆渣样疮面，肠道呈现卡他性炎症变化。泄殖腔呈现慢性炎症变化，黏膜增厚。重病例心、肝、肺、肾有黄白色念珠菌菌苔生长或粟粒状脓肿，常引起气管炎、肺炎及胸腔黏连等。

(3) 防治措施：①可用制霉素治疗，每吨饲料中添加 100 克，连喂 7～10 天，或用硫酸铜治疗，每吨饲料添加 0.9～1.36 千克，连用 5 天。②平时加强饲养管理，不喂发霉饲料，饲养密度要适宜，鹑舍保持卫生，要通风良好，坚持定期消毒制度。

96. 如何防治鹌鹑白痢病?

(1) 临床症状和病理变化：蛋内感染雏常死于壳内或出壳即死。病雏精神不振，食欲废绝，畏寒颤抖，羽毛松乱，翅膀下垂，离群呆立，下痢，粪呈乳白色，粪便糊肛，排粪困难。成鹑基本不显示症状，但有时也表现精神不佳，食欲减少，体热喜饮，缩头垂翼，肉冠发绀，粪便呈泥土状，产卵减少等症状。

病雏肝肿大，色如土，表面有白色坏死小点；脾肿大，质变脆；肺呈现褐色肝样肺炎；心外膜有白色隆起；肌胃、肠管的浆膜也有白色隆起，盲肠黏膜增厚，肠内有豆腐渣样粪便，并混有血液；心包和心外膜发炎混浊，心包液混浊、量增加；腹膜混浊并有干酪样物附着；关节充血肿胀，内有奶油样物质。

成鹑主要病变在生殖系统。卵巢异常，卵泡萎缩、变形，呈现绿褐色，油状或干酪样变化，输卵管发炎，睾丸萎缩变硬；心包膜增厚，心包液增多；腹膜发炎。

（2）防治措施：①止痢灵（促菌生）、土霉素、抗敌素、卡他霉素临床治疗也有效。②坚持及时清除粪便，禽舍、用具及孵化设备经常消毒，种蛋孵化前也要严格消毒。③产蛋病鹑立即淘汰。④加强饲养管理，注意环境卫生。

97. 如何防治鹌鹑伤寒病?

（1）临床症状和病理变化：本病潜伏期4～5天。病鹑早期精神不振，离群呆立；继而精神沉郁，冠髯苍白、皱缩，羽毛松乱，食欲废绝，极度口渴，体温升高，缩颈垂头，翅膀下垂，呼吸困难，或打嗝声，排黄绿色稀便，肛周围粘有污粪。

特征性病变是肝肿大2～3倍，呈古铜色，表面散有灰白色小斑点。胆囊扩张，胆汁浓厚。肠道黏膜发炎，有出血点及小的溃疡灶，小肠病变严重。常有心包炎或腹膜炎。卵泡出血、变形或变色。

（2）防治措施：①可用磺胺喹噁啉和呋喃类药物治疗。在饲料中添加0.1%磺胺喹噁啉，连用3～5天。②用本菌制成灭活苗进行预防接种。③发病采取有效的管制措施，重症禽立即宰杀后深埋或烧毁；禽舍及运动场彻底清扫消毒。④对健康鹑加强饲养管理，时时注意环境卫生，严防本病传入。

98. 如何防治鹌鹑球虫病?

（1）临床症状和病理变化：①急性型：精神倦怠，食欲减少，渴欲增加，羽毛逆立，缩头拱背，两翅下垂，呆立一角，呈嗜睡状，反应迟钝。下痢，排褐色或红色糊状恶臭粪便，重者排血便，肛门周围羽毛被排泄物污染而粘在一起。随病情发展，多数病例呈现神经症状，两胁常有痉挛，两翅轻瘫，两脚外翻或直伸或定期痉挛收缩。可视黏膜苍白，体况消瘦，体温下降而死亡。②慢性型：多见3月龄以上的禽。症状与急性型相似，但不明显。病鹑渐进性消瘦，体况减轻，间歇性下痢，产卵量减少，少见死亡。

主要病变在肠道。盲肠高度肿胀，充血、出血严重，并有溃疡

坏死灶。十二指肠充血，并有斑点状出血。空肠后段及回肠弥漫性充血、出血，肠黏膜增厚，有坏死灶，肠内容物似血样。

（2）防治措施：①氯苯胍：每 50 千克饲料加氯苯胍 2 克，连用 5~7 天，鹌鹑每只（体重 150 克）口服 5 克，1 天 1 次，连用 5 天。②磺胺二甲基嘧啶：按 0.5%混入饲料，连喂 7 天。按 0.5%浓度混入饮水中，连用 7 天。③青霉素 G25 万单位/升，克球粉 0.25 克/升，混入饮水中自饮。④复方敌菌净 30 毫克/千克体重，口服，每天 1 次，连用 7 天。⑤莫能霉素按 0.01%混入饲料，盐霉素按 0.005%混入饲料，从 15 日龄喂至 60 日龄。⑥搞好鹑舍、笼的清洁卫生，地面、槽子、用具及污染处用热碱水消毒，笼可用热水或火上烘烤消毒。⑦鹌鹑的粪便收集于粪池，进行生物热灭虫。⑧加强饲养管理，供给雏鹑以富含维生素饲料，以增强其抗病力。⑨成鹑与幼鹑分开饲养，雏鹑还应按日龄分成小群饲养，定期消毒，发现病雏及时隔离和治疗。

99. 如何防治鹌鹑石灰脚病？

（1）临床症状与病理变化：石灰脚病是突变膝螨寄生于鹌鹑的胫部及脚趾部或羽毛根部所引起的一种螨病。

膝螨寄生于皮肤内。虫体吞食皮肤组织，并在皮肤内钻洞繁殖，致使寄生部位发生皮炎。胫部及脚趾部起鳞皮，局部皮肤增厚、粗糙，并发生龟裂；渗出物干燥后形成灰白色痂皮，似涂石灰。毛根部的膝螨刺激皮肤发痒，引起皮炎，皮肤发红，羽毛变脆易脱落。由于病情发展，患鹑行走困难，食欲减少，体况消瘦，生长发育受阻，产卵量下降。

（2）防治措施：①采用局部涂擦或药浴方法进行治疗。②保持鹑舍卫生，定期消毒，地面常撒生石灰，并坚持用 0.125%~0.5%双氯苯菊酸酯喷洒鹑舍墙壁、地面、窝巢及笼架等。切忌将药液喷洒在饲料、饮水及食槽内，以防中毒。③用石蜡油 100 毫升和兽用 5%碘酊 10 毫升混合涂擦患部，每天涂擦两次，早晚各 1 次，连用 2~3 次，即可痊愈。④用煤油涂擦患部，疗效较好。

第五章　鸽子饲养管理与疾病防治技术

第一节　鸽子饲养管理技术

100. 鸽的外部形态特征有哪些？

（1）头部：鸽子的头部可以自由转动180°，既有利于观察四周环境，发现天敌和觅途归巢，也便于找食、找水、营巢和育雏。

①头顶：鸽子的圆头和突头比较受欢迎，圆头秀气，突头粗犷。头部，除头顶部分外，还有后头，即头部的后方连着颈部的一节。后头发达，脑容量大，是智商发达的物质基础。

②喙：喙的前端是角质，它是争斗、啄食和喂雏的器官。鸽子的喙分黑色和玉色两种（也有中间色的）。黑色的角质喙比较讨人喜欢。上下喙交会处叫"嘴角"。嘴角要深，才能在育雏时张大嘴巴喂食。嘴角结痂（茧子）越厚，说明该鸽子哺育雏鸽的次数越多，鸽龄越大。

③鼻和鼻瘤：嘴角上方的白色肉体，叫蜡膜，也叫鼻瘤。鸽子年龄越大，鼻瘤也越大，像是一朵茉莉花贴在嘴角上，名叫开花鼻瘤。在它尖端的两边是鼻孔。蜡膜要求洁白，说明这羽鸽子有良好的健康状况。有病的鸽子、放飞归来的鸽子、正在喂雏的鸽子，蜡膜都会呈暗红色。幼鸽的蜡膜呈肉色，在第二次换毛时渐渐变白。

④咽喉部：喙的下方是咽喉部。喉的功能，除了是食道和气管的"入口处"外，还有发音的作用。喉咙通常呈淡红色，鲜红的色泽不是好现象，很可能是发病的先兆。观察咽喉时先看色泽，同时

要看它是否拥有直而稳的气管，是否有一对帘幕状的皱褶悬挂在食道上方。在咽喉后方是软腭，以及一条清晰可见的血管。

⑤前额：是位于鼻部底下直到眼部之间的一部分。一羽优良信鸽往往这个部分比较发达，以宽大为好。

（2）颈部：颈部上接头部，下连背部，牵动头部的转动。颈部支持着头部时，使得鸽子举头过身而昂首阔步。颈项的羽毛有红、蓝两色，幼鸽第二次换毛以后，呈金属色，闪闪发光。

（3）羽翼部：鸽子的前肢进化为翼，是飞翔和攻防的工具。翼的前缘厚，后缘薄，构成一个曲面而产生升力，有利于飞翔。

①主翼羽：又称“初列拔风羽”或“初级飞羽”。是指羽翼外侧的 10 根长羽。第 1 羽到第 10 羽的排列是从内侧算起的，第 8 羽到第 10 羽这 3 根羽，俗称“将军羽”，它们在鸽子飞行中起最主要的作用。

②副翼羽：又称“次列拔风羽”或“次级飞羽”。位于主翼羽的里面，共有 12 根，从中央算起为第 1 羽。它的作用仅次于主翼羽。鸽子飞行靠主翼羽鼓风前进，副翼羽支持鸽体，具有调节鸽体升降的作用。

③覆羽：又称“雨篷”。分为初列覆羽、大覆羽、中覆羽和小覆羽 4 种，它的作用是遮盖翼羽以防雨淋。初列覆羽遮住主翼羽，大覆羽盖住副翼羽，而中覆羽又盖着大覆羽。

④小翼羽：在主翼羽上面，外侧排成竖行的几根长羽，它可以缓和飞行速度，或下降时使用。

（4）尾部：信鸽的尾部由 12 根尾羽组成。它的作用，主要是鸽子在飞翔时转换方向，在升降时平衡鸽体。尾部要求短而束成工字形。

（5）腿部：鸽子的腿部由胫、趾、爪组成，是行走的工具。胫上有鳞片，为皮肤衍生物。鳞片随着鸽子的年龄增长而逐渐角质化。胫的下部生有趾。趾端的角质物为爪。鸽爪锐利而略弯。

（6）皮肤：鸽子的皮肤附着于肌肉和骨骼的表面，皮肤的外面有表皮所衍生的角质物，如羽毛、角质喙、鳞层和爪等。鸽子的皮肤由表皮、真皮和皮下组织组成，较其他家禽的皮肤薄而嫩。

皮肤的功能，在于防止外界有害物质侵入和直接刺激机体，起到保护深层组织和器官的作用。同时，还有感觉、分泌、贮存养料和调节体温的功能。

鸽子的正常体温是40.5～42.7℃，平均体温41.8℃。当外界气温很低时，鸽子依靠紧密的贴身羽毛保护体温；当外界气温很高时，由于没有汗腺，只能引颈张口喘气，或张开两翅通过皮肤蒸发等途径来散发热量。

101. 鸽子的身体包括哪些器官系统？

鸽子的身体是一个完整的统一体，具有一定的结构，有许多互相联系的器官，包括被毛皮肤系统、运动系统、消化系统、呼吸系统、循环系统、生殖系统、内分泌系统、神经系统和感觉器官等，各器官系统在中枢神经的指挥下协调工作，构成统一的机体。

102. 鸽子的被毛皮肤系统由哪些部分组成？

被毛皮肤系统由皮肤、羽毛和尾脂腺组成。

（1）皮肤：覆盖鸽体的表面，直接与外界接触，具有保护身体、避免损伤及失水、感受刺激、调节体温（羽毛的保温及皮肤的散热）、分泌、贮藏脂肪等机能。

（2）羽毛：羽毛是皮肤的衍生物，鸽子的羽毛具有保温和飞翔作用。鸽子皮肤的真皮层内分布有平滑肌束，与羽毛的毛囊相连，平滑肌收缩可使羽毛竖立。

（3）尾脂腺：尾脂腺属于皮肤腺，位于鸽子尾根部，鸽子缺乏汗腺和其他的皮脂腺。

103. 鸽子的羽毛脱换有哪些形式？

鸽子的羽毛有一定的生长期，当羽毛生长到成熟的末期，由于毛囊底部未分化的细胞分生逐渐缓慢，最后停止生长，旧羽毛脱落。在旧羽毛脱落时或脱落之前，上皮组织细胞开始增生，新羽毛即在毛囊生长。鸽子羽毛的这种换羽过程，叫做羽毛的脱换。羽毛脱换的形式主要有年龄换羽、季节性换羽、不定期换羽和病理性换羽等。

104. 鸽子的运动系统包括哪些部分?

鸽子的运动系统由骨骼和肌肉两部分组成。

(1) 骨骼：鸽子的骨骼轻而坚固，借助于结缔组织和软骨连接起来，构成身体的支架。鸽子全身骨骼依着生的部位可分为中轴骨和附肢骨两部分。中轴骨又分为头骨和躯干骨；附肢骨包括前肢骨和后肢骨。

①头骨：头部骨块多是板状扁骨，重量很轻，减轻了头部的重量，头骨容纳、支持和保护脑组织、感觉器官及消化、呼吸道的起始部分。

②躯干骨：鸽子躯干骨包括脊柱、肋骨和胸骨。脊柱即鸽子背部正中的一条纵贯全身的脊梁骨，由一节节脊椎骨、韧带和椎间盘构成关节而连接起来的。鸽子的脊椎分为颈椎、胸椎、腰椎、荐椎和尾椎。

③附肢骨：前肢骨包括带骨和肢骨。带骨由肩胛骨、乌喙骨和锁骨构成。肢骨由肱骨、前臂骨（包括尺骨和桡骨）、腕骨和指骨构成。

后肢骨由骨盆和肢骨构成。肢骨包括股骨、胫骨和趾骨。

(2) 肌肉：鸽的肌肉系统与其他脊椎动物一样，分成横纹肌、平滑肌和心肌三大类。横纹肌是附在骨骼上的肌肉，占鸽子全身肌肉的大部分，横纹肌收缩和舒张牵引骨骼运动而完成各种动作。平滑肌与其他组织相结合形成除心脏以外的各种内脏器官，故又称为内脏肌。构成心脏的肌肉称为心肌。

105. 鸽子的肌肉中与羽毛活动和飞翔有关的肌肉有哪些?

(1) 皮肤肌：位于皮下，专司皮肤与羽毛的活动，又称动皮肌。

(2) 胸大肌：在龙骨和龙骨突的两侧，是鸽体中最大块的肌肉。它一端附着在龙骨上，另一端通过肌腱与肱骨相连，支配翼的扇动。

(3) 胸小肌：在胸大肌到龙骨之间，它的作用是上举双翼。

(4) 第三胸肌：由乌喙骨下方约 2/3 处和龙骨前部的腱演变而来，构成肱骨突起的小肌肉，有辅助胸大肌和帮助收翼的作用。

106. 鸽子的循环系统包括哪些器官?

鸽子的循环系统包括血液循环器官、造血器官和血液，以及淋巴循环器官。

(1) 血液循环：心脏是血液循环的中枢。鸽子的血液循环表现为动、静脉血液完全分开的双循环，包括体循环和肺循环两种。心脏容量大，心跳频率高，心搏次数为135～244次/分钟；飞行时的心率2～4倍于栖息时。动脉压高，血液流速大。所以鸽子体内的气体、营养物质和废物的代谢都非常旺盛，以保证飞翔时的高能量消耗。

(2) 造血器官和血液：造血器官包括腔上囊、脾脏和骨髓。

腔上囊负责循环中抗体的合成，是产生B细胞的初级淋巴器官，具有抵抗入侵微生物的防卫功能，其主要功能与体液免疫有关。

脾脏位于腺胃和肌胃交界处的右侧，呈长柱形，棕红色。脾脏含有淋巴细胞、红细胞、浆细胞和吞噬细胞，它具有造血、滤血和免疫反应的功能。

幼鸽的骨髓腔充满红骨髓。随着年龄的增长，许多骨髓腔变为气室，与气囊相通，所以红骨髓从骨内膜和骨组织分界。从骨内膜分出的疏松结缔组织上的小梁之间分布有网状组织，具有制造红细胞、白细胞和血小板的功能。

(3) 淋巴器官：包括淋巴组织和淋巴管两部分。

淋巴组织：鸽子的淋巴组织除形成淋巴器官外，还广泛分布于体内，如肝脏、肺脏、消化道管壁、神经、淋巴管壁和皮肤等。

胸腺位于颈部，由扁平的、不规则的叶状物组成，呈淡红色，它的主要功能是产生与细胞免疫活动有关的T细胞。

腔上囊和脾脏是鸽子重要的淋巴器官。

盲肠、扁桃体位于盲肠基部黏膜固有层和黏膜下层中，比较发达，肉眼可见该处略为膨大。这有许多较大的生发中心，是抗体的一个重要来源，对肠道内的细菌和其他抗原物质起着局部免疫作用。

除此之外，其他部位和器官的淋巴组织都有一定的局部免疫作用。

淋巴循环器官的功能包括两个方面：一是辅助静脉将血管外多余的液体运回血液中，并兼有运输某些营养物质和废物的作用；二是具有造血和通过形成抗体对异体抗原作出反应的机能，并能维持机体正常的免疫力。

107. 鸽子的消化系统包括哪些部分?

鸽的消化系统包括一根很长的消化管道，即从口腔开始，经咽、食道、嗉囊、胃（腺胃和肌胃）、小肠、直肠到泄殖腔。此外，还有唾液腺、肝脏及胰脏等消化腺。

（1）口腔：口腔是消化道的起始部，其前界为喙，喙上无齿。口腔顶壁中央有一纵行缝隙，是内鼻孔的开口。鸽舌呈细长三角形，位于口腔底部，舌尖角质化。口腔内有唾液腺，分泌唾液以润湿食物。

（2）咽：咽是食物进入食道与空气进入气管的共同通道。呼吸时，空气通过鼻腔、咽，由喉门入气管至肺；吞咽时，食物经口腔、咽、食道进入胃。

（3）食道：食道是一条从咽到胃的细长而富有伸张力的管道，是食物进入鸽体的通道，无消化作用。

（4）嗉囊：食道下部膨大的一段称为嗉囊，位于躯干部前方、双翼之下。嗉囊的作用是贮存、润湿、软化食物。在哺育幼鸽期间，亲鸽的嗉囊受脑下垂体激素的作用，分泌出鸽乳哺育雏鸽。

（5）胃：胃与食道下端相连，由腺胃和肌胃两部分组成。腺胃壁薄，富有消化腺，能分泌消化液，使食物中的蛋白质初步分解，但很少能消化谷类饲料。肌胃在腺胃下面，与腺胃相通。肌胃有厚的肌肉壁，内壁覆有硬的角质膜，呈黄绿色。肌胃内一般有砂粒，用以研磨食物。

（6）小肠：小肠包括十二指、空肠和回肠。上与肌胃连接，下通至直肠。小肠是消化和吸收的主要场所。

（7）直肠：小肠之后是直肠，很短，不能贮存粪便，因而减轻体重，适应飞行。小肠和直肠交界处有一对小突起是盲肠。盲肠有吸收水分的作用。直肠后接泄殖腔，泄殖腔内有输尿管和生殖导管的开口。幼鸽泄殖腔背壁有一盲囊突起叫法氏囊，它随鸽子年龄的增长而缩小。法氏囊与鸽体的免疫能力有关。

（8）肝脏：肝是全身最大的腺体。鸽肝分右叶和左叶，左叶小，右叶大。鸽没有胆囊，胆汁通过肝发出的两条导管通入十二指肠。肝是多功能的器官，除分泌胆汁帮助脂肪消化外，还具有调节血糖、贮存肝糖、形成尿素、中和有毒物质和贮藏血液等机能。

（9）胰脏：胰脏位于十二指肠的S形弯曲处，是狭长的腺体。胰脏既是一个消化腺，同时又是一个内分泌腺。胰液通过输出管流入十二指肠。胰液中含胰蛋白酶、胰脂肪酶和胰淀粉酶，参与小肠内进行的化学消化过程。

鸽的消化系统具有摄取、运送和消化食物，吸收和转化养分，以及排泄废物的功能，它受神经系统的调节，与内分泌系统的活动也有密切关系。鸽的消化机能是否正常，对它的生长发育与健康有重大影响。

108. 鸽的呼吸系统由哪些部分组成？

鸽的呼吸系统由鼻腔、声门、气管、肺脏、气囊和共鸣腔组成。

（1）鼻腔：空气从外鼻孔吸入。外鼻孔是一对位于上喙蜡膜下的纵行裂缝。鼻腔是感受嗅觉的部位，也是空气入肺的起始部。鼻腔的黏膜富有血管，并有腺体，当空气进入鼻腔时，可使空气温暖、湿润，并过滤粉尘，减少对肺部的刺激。

（2）声门：发音器官也应包括在呼吸系统中。它长在咽腔内，开口是圆形的，叫做声门，打开鸽嘴就可以观察到。声门通过喉管，再与气管相连。

（3）气管：气管是由许多软环结构组成的，一直向下延伸，直至颈腹部。气管最后在心脏上方转向进入体腔并分成左右两支气管，每个支气管通向一个肺脏并分出很多的小支气管，最后形成很多大小不同的薄壁气囊。

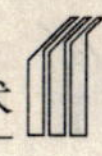

（4）肺：鸽的肺呈桃红色，上连支气管，并有开口通向各气囊。肺有许多小腔，呈海绵状，使接触空气的面积大大增加。肺的背壁紧贴背部的肋骨之间，腹面贴近横膈膜，表面覆有一层肺胸膜。

（5）气囊：鸽有9个气囊，均与肺相通，是特有的呼吸器官。气囊的容积远远大于肺，气体进入肺后，能充入各气囊中。气囊分布在体腔内各器官间、皮肤下和一些骨的空腔里。空气充满气囊时可减轻鸽体密度，利于飞行。气囊可贮存大量空气，因而可用于飞行时调节体温。平时鸽子靠胸腔的扩大和缩小使肺进行换气呼吸，但飞行时由于胸骨和肋骨固定不动，靠双翼上抬或下扑，带动气囊扩大和缩小，使气囊里的空气出入，经过肺与外界交换，进行呼吸。

（6）共鸣腔：在两条支气管的分支处，有一个共鸣腔或称鸣管，这一器官只有鸟类才有，在共鸣腔的上部中间有半月形的膜，声音就是通过这个膜的振动而产生的。

呼吸系统也是鸽子的一个重要组织器官，它具有吸入新鲜空气、呼出二氧化碳以及散发体热的功能，而且在鸽子的飞翔中起着重要的作用。

109. 鸽子的内分泌系统有哪些腺体？

内分泌系统由脑垂体、甲状腺、甲状旁腺、腮后腺、肾上腺和松果体等腺体组成。睾丸、卵巢和胰脏同属内分泌腺。它们都能分泌特殊的化学物质，即激素。激素直接进入组织液、淋巴或血液，随血液循环流至全身，对机体的代谢、生长发育和生殖等机能起着重要的调节作用。

（1）脑垂体：位于脑的基部，蝶骨上的凹窝内，视交叉的后方，分前叶和后叶两部分。前叶由腺组织构成，称腺垂体；后叶由神经组织构成，称神经垂体。脑垂体能分泌多种激素，对肾上腺、甲状腺和性腺的功能都起到刺激和调节作用。

脑垂体后叶能分泌加压素和催产素，前者具有升高血压和减少尿分泌的作用，后者可以刺激鸽子输卵管平滑肌收缩，促进产蛋。

（2）甲状腺：甲状腺是呈圆形或椭圆形的成对腺体，深红色，位于胸腔入口的气管两侧，紧靠颈总动脉和颈静脉。甲状腺激素的功能是，刺激机体对周围环境温度变化作出反应，对冷热起到调节作用；刺激机体和生殖器官发育，提高产蛋量。甲状腺激素分泌增多时，可以促进换羽和刺激新羽生长。

（3）甲状旁腺：位于颈的两侧、甲状腺的后方，左右各1对，可能融合在一起或附着于甲状腺上，外包结缔组织，呈黄色。甲状旁腺激素具有调节体内钙、磷代谢的作用，促进钙质吸收和提高血钙水平。在产蛋时，它调节血浆中钙离子水平，大量的钙从髓质骨中输出，参与蛋壳的形成。

（4）腮后腺：腮后腺（也称腮后体）体积很小，位于甲状腺之后，与甲状旁腺邻近。腮后腺内的C细胞很多，并形成细胞索，C细胞分泌降血钙素，能阻断骨骼钙进入血液，以及抑制甲状腺激素的作用。

（5）肾上腺：是成对的椭圆形器官，呈黄色或橘黄色，位于胸腺前叶附近和后腔静脉的分叉前。肾上腺由皮质和髓质构成。皮质能分泌皮质酮和醛固酮，对电解质平衡与碳水化合物和蛋白质的代谢有重要的作用。同时，还影响到性腺、腔上囊和胸腺的活动。

（6）松果体：位于大脑半球和小脑之间的深窝内，外有被膜，并伸入内部组成网状结构。松果体的功能可能与鸽子的生长和性腺发育以及产蛋有密切的关系。

110. 鸽子的泌尿、生殖系统包括哪些部分？

（1）泌尿系统：包括肾脏、输尿管和泄殖腔三部分。

①肾脏：鸽的肾脏长而扁平，分前、中、后3叶，呈暗褐色，位于脊柱两侧。肾由无数的肾小体构成。肾小体则由肾小球和细尿管组成，细尿管把肾小球收集的尿液汇集到较大的收集管，许多收集管汇总通入输尿管。

②输尿管：是一对白色、长的肌膜性管道，起于肾脏腹面，沿肾内侧后行，开口于泄殖腔内。

③泄殖腔：是鸽子排泄粪尿及生殖道共同开口的地方，具有吸

收尿液中水分回到血液的功能。

（2）生殖系统：鸽的生殖系统因性别不同而异。

①雄鸽的生殖器官：雄鸽的生殖器官由睾丸和输精管组成。

睾丸：呈圆形，位于肾脏面的前缘，靠睾丸系膜附于肾脏前下方。睾丸是产生精子和分泌雄激素的腺体。睾丸在生殖时期膨大。

输精管：是精子输出的管道，呈弯曲的细管状，左右各1条。睾丸内产生的精子，输入附睾贮存，待精子成熟后再排入输精管。输精管沿输尿管外侧后行，在进入泄殖腔前膨大成贮精囊，末端形成射精管，呈乳头状开口于泄殖腔。

②雌鸽的生殖器官：雌鸽的生殖器官包括卵巢、输卵管两部分。

卵巢：鸽子的右侧卵巢退化，仅有左侧发育。卵巢是产生卵子和雌激素的腺体。

输卵管：鸽子只有左侧的输卵管发育。输卵管是长而弯曲的厚壁管道。前端以喇叭状薄膜开口对着卵巢，后端开口于泄殖腔。输卵管可分为喇叭口（漏斗部）、蛋白分泌部、峡部、子宫和阴道5个部分。输卵管是卵子通过、受精和形成鸽蛋的地方。

111. 鸽子的神经系统包括哪些部分?

鸽子的神经系统包括中枢神经系统、周围神经系统、交感神经系统和感觉神经系统。

（1）中枢神经系统：鸽子的脑和脊髓组成中枢神经系统。脑是总支配感觉器官。脑分为几个部分。位于前部的是大脑，分两个半球纵向排卧。大脑前部隆起的是嗅觉叶。大脑和嗅觉叶组成前脑。大脑的背后是小脑。小脑是支配行动反射的中心。位于大脑与小脑之间的很小突起部分是松果体或称脑上体。视叶位于小脑两侧，它与视觉的反射活动有关。在眼的后面与视叶之间，是一个像小米粒大小的结构，这就是脑下垂体，它与性腺有关。后脑是与脊髓相连接逐渐变小的部分。

中枢神经系统由上到下与脊髓一起终止，通过脊椎腔伸展到背中间。共有9对神经通向髓鞘，支配着心脏跳动、肺呼吸、吞咽、嗉囊运动、眼睛转动等各种各样的活动。

(2) 周围神经系统和交感神经系统：神经从脑和脊椎发出，由神经纤维和神经节组成，按它们在身体部位和作用的不同，又可分为躯体神经和内脏神经。躯体神经和内脏神经共同组成机体的周围神经系统。

(3) 感觉神经系统：由听、视、嗅等感官组成。

①听觉器官：鸽子没有外耳。鸽耳从两个外孔开始，由外孔、中耳和内耳组成。鸽子的听觉十分灵敏。鸽子有较强的归巢能力，可能与鸽内耳的半规管有关。

②视觉器官：鸽子的视力非常发达，远远超过大多数哺乳动物，甚至远远胜过人的视力。

③嗅觉器官：鸽子的嗅觉不像哺乳动物那样灵敏，嗅觉器官也不十分发达。

112. 鸽子有哪些生活习性?

肉鸽、信鸽、观赏鸽都一样，具有一定的共同生活习性。

(1) 一夫一妻，情感专一：成年鸽对配偶是有选择的，一旦配对后，雌雄鸽总是亲密地生活在一起，共同承担筑巢、孵卵、哺育乳鸽、守卫巢窝等职责。

(2) 鸽是晚成鸟：刚孵出的乳鸽，身体软弱，眼睛不能睁开，身上只有一些初生绒毛，不能行走和觅食，要等1个月后才能够独立生活。亲鸽用嗉囊里的鸽乳哺育雏鸽，故雏鸽又称为“乳鸽”。乳鸽生长发育很快，3～4周龄的体重一般为480～680克，相当于其初生重的20多倍。

(3) 以植物种子为主食：肉鸽是以玉米、稻谷、小麦、豌豆、绿豆、高粱等为主食，一般没有吃熟食的习惯。鸽子还有一种嗜盐的习性。

(4) 爱清洁和高栖：鸽子不喜欢接触粪便和泥土，喜欢栖息于栖架、窗台和具有一定高度的巢窝。

(5) 有较强的适应性和警觉性：鸽子在热带、亚热带、温带和寒带均有分布，能在±50 ℃气温中生活，抗逆性特别强，对周围

环境和生活条件有较强的适应性。一般来说，青年鸽的适应性通常优于老年鸽。

鸽子在自然界生存竞争中还形成了另一习性，即具有较高的警觉性。

(6) 有很强的记忆力与归巢性：鸽子的记忆力极强，对方位、巢箱以及仔鸽的识别能力尤强，甚至经过数年的离别，亦能辨别方向，飞回原地，在鸽群中识别自己的伴侣。

(7) 有驭妻习性：鸽子筑巢以后，雄鸽就开始迫使母鸽在巢内产蛋，如雌鸽离巢，雄鸽会不顾一切地追逐，啄雌鸽归巢，不达目的决不罢休。

113. 鸽子有哪些生长发育特点?

可以将鸽子的生长发育分为以下五个时期：

(1) 乳鸽期（出壳至离巢）：这个时期是乳鸽逐渐适应外界环境条件的时期。初生的乳鸽身体软弱，眼睛未睁开，身上只有一些初生羽毛，自己不会行走和取食，全凭亲鸽哺喂。乳鸽体温调节机能差，抗病能力弱，活动能力差，对外界环境适应能力不强，因此这一时期必须加强保育。出壳后的乳鸽消化器官尚未发育完善，消化机能尚需锻炼，而且乳鸽的骨骼、肌肉、羽毛、器官均生长迅速，需要大量的营养物质。若这时失去亲鸽的哺育，采取人工喂养时对营养的要求十分严格。

(2) 育成期（离巢至性成熟）：此期童鸽要依靠自己采食饲料、独立生活。随着采食量不断增加，消化机能逐渐增强，骨骼和肌肉急剧生长，特别是消化、生殖器官迅速发育。此时要求有足够的营养物质，尤其是注意无机盐的补充。这一时期是生长发育的重要阶段，为鸽子将来充分发挥生产性能奠定基础。

(3) 成熟期（性成熟至生理成熟）：这个时期鸽子生殖器官已完全发育成熟，但身体仍在生长发育，接近完善，是特别需要加强培育的阶段。尤其是雌鸽，既要注意补充产蛋需要的营养，还要注意补充身体发育所需要的大量营养。

(4) 成鸽期（生理成熟至开始衰退）：此时鸽体的各种组织器

官相对稳定，生产性能也最高，应在保持鸽体健康的基础上，尽可能充分利用它们的育种价值和经济价值。

（5）老鸽期（开始衰退至死亡）：鸽子各种生殖机能衰退，代谢水平、饲料利用率和生产性能都急剧下降。除少数优良种鸽外，一般无饲养价值。

114. 按经济性能可将鸽子分为哪三类？

按鸽子的经济性能将鸽子分为肉用型、通信型和观赏型。

肉用型主要用途是育成作肉用，其后裔具有生长迅速、增重快、肉质好、抗病力强和饲料利用率高等优点。

通信型主要是用于通信或竞翔，通常具备优良的飞翔、判断方位和归巢能力。

观赏型主要用途是供玩赏用，通常具有特殊的羽色、形态等特点。

115. 对鸽舍的要求有哪些？

鸽舍的基本要求是阳光充足和通风良好，能做到冬暖夏凉则更好。鸽子是最讨厌潮湿的。鸽舍潮湿，鸽粪久久不干，也不易扫清。鸽粪发酵，散发出一种气体，这是鸽子健康的大敌。鸽舍阳光充足，通风良好，使粪极易干涸，霉菌自灭。鸽子本身也需要日晒，特别是洗澡以后的日晒，对羽毛干燥、保护羽质作用很大。

最理想的鸽舍是坐北朝南，如东面邻窗的话就更好了。这样的鸽舍，使鸽子起早就能得到朝阳的照射。阳光不仅可以供暖，直射阳光还可以杀菌，对鸽舍起到某种程度的消毒作用。

116. 对养鸽场场地的选择有哪些要求？

（1）地势高燥，排水方便，通风良好，阳光充足。

（2）水源充足，水质良好，没有病菌和“三废”污染。

（3）既要远离交通要道，又要交通方便。

（4）电力充足，保证正常供电。

（5）选择土质坚硬、渗透性强、雨后干燥的沙质壤土作为场地。

117. 种鸽舍的特点是什么?

多采用小群离地散养的方式，其优点是有运动场，活动地方较大，能使种鸽得到阳光的照射和新鲜空气，多活动增强体质，保持健康，精力充沛，增强抗病能力，提高生产性能，培育优良的后代，使留种鸽的体形、体重和生产力等各方面保持或超过亲代的性能，达到种用的目的和标准。但这类鸽舍投资较大，成本较高，饲养管理较不方便，虽易观察每对鸽的动态及生产情况，但管理不善易发生传染病，配种孵化时易受其他鸽的干扰。建造鸽舍时将整幢鸽舍隔成许多小间，每间面积 10 米^2 左右，养亲鸽 20～30 对，可减少群养带来的不利影响。

118. 商品鸽舍的特点是什么?

这种鸽舍一般用于饲养肉用鸽，生产乳鸽供应市场需要。采用每对亲鸽单独笼养的形式。其优点是：

(1) 提高饲养密度，减少基建投资：肉鸽笼养，每平方米可饲养亲鸽 2～3 对，而群养只能饲养 1～2 对，大大减少基建投资。

(2) 易于饲养管理：操作方便，大大节省清洁卫生的时间，增加饲养数量，每个饲养员可以负责 300～400 对亲鸽的饲养管理，比群养方式增加约 1 倍，提高工作效率。

(3) 提高鸽的生产力：笼养鸽避免了每对鸽之间的相互影响，可减少破蛋率，提高孵化率和年产窝数。同时，由于亲鸽专心孵化和育雏，出仔率和乳鸽的肥度都有明显提高。

(4) 有利于对亲鸽细心观察和记录：及时掌握亲鸽的生产情况，发现问题立即采取措施，而且便于做好选优去劣工作，将生产力较差及病残鸽及时处理淘汰。

(5) 减少传染病的发生与传播：笼养将每对鸽都隔开，互相接触的机会减少，且饲料、饮水的供给都在笼外，加强防污设施，减少粪便和尘埃的污染，可有效地预防传染病的发生及传播。

笼养鸽其缺点是，亲鸽的运动量小，体质较差，影响后代鸽的质量，故只适用于饲养商品肉鸽。

119. 童鸽舍的特点是什么?

这种鸽舍用于饲养1～6月龄的童鸽，可采用棚上分栏饲养的方式。缺点是：搭设鸽棚栖架需要资金。其优点：一是便于管理不同的童鸽，减少劳动量，而且减少鸽与粪便的接触，减少疾病；二是利于小群饲养和公母分开管理，减少鸽的打斗，避免早配和近亲交配。若采用地面平养，则应给予较好的管理，经常清扫、清洗地面粪便，工作量大，且鸽子也容易发生胃肠病。

120. 信鸽舍由哪几部分组成?

一个合适的信鸽舍，不论大小，其结构大都由铁丝网、到达台、门瓣和巢箱等几部分组成。

（1）到达台：鸽子在外面活动一段时间后，累了或者饿了，飞回来休息找食，这就需要到达台。到达台应建得牢固，防止高飞的鸽子突然降落时用力太大而将台踏坏。到达台一般需长90厘米，宽25厘米，位置设在鸽舍前方，便于信鸽自由出入。

（2）出入口：鸽子放出户外，不知何时才飞回来，这就需要有让鸽子自由进去、却不可随意出来的出入口。出入口用铝条做成一个垂帘，即门瓣。门瓣可由鸽子从外面挤开，鸽子就能进入舍内，但不能出来。

（3）电铃出入口：这是出入口的另一种装置，通过电铃响声可准确知道或记录某只信鸽回舍时间。

（4）巢箱：这是信鸽休息、生产的场所，应该宽敞些，40～50厘米见方即可。巢箱的中间用隔板隔开，设两个巢盆，便于孵化和哺仔。一般一对鸽一箱，并固定地点和位置，使每对鸽子养成在某一巢房居住的习惯。

（5）栖架与运动场：在鸽舍的内部设栖架和运动场，便于信鸽在舍内活动和幼鸽学飞，栖架用木板或竹条做成梯形，放在墙边或竖立在运动场上。运动场是鸽子进行阳光浴、沐浴以及活动交配的地方，应设在有光线的地方，尽量宽敞些，地面为吸水性能较好的水泥面，保持舍内干燥。也可建成沙质面，上面铺一层干沙，并定期更换。

121. 养鸽都需要哪些设备?

(1) 食槽：食槽的式样多种多样，有水盆、竹筒、铁质长方形条状槽等。

(2) 水槽或饮水器：有圆筒式塑料水槽和开口式塑料水槽。

(3) 巢盘：巢盘是供鸽子产蛋、孵育用的。有塑料、铁丝或稻草编织、石膏、陶瓷和木料等几种。

(4) 其他辅助器具：

①保健砂杯：可用塑料饮水杯或圆形筒，要求深度不超过 8 厘米，上口直径 6 厘米，内盛少量保健砂挂在笼子外侧，能使鸽子吃到即可，或将铁皮食槽长度的 1/4 隔开，放置保健砂供鸽食用。

②水浴盆：水浴盆供鸽子沐浴用。可用砖头砌成，内外都用水泥粉刷，底部开一小孔，用时用木塞堵孔盛水，用后拔塞放尽污水。

③脚环：脚环有铝环和塑料环两种。铝环多用于信鸽及观赏鸽，肉鸽一般使用塑料环。给种鸽套上编有号码的脚环，以简明的字母数字代号，标明品种、系谱，以利于识别和以后的育种工作。

④捕鸽罩：大鸽群调整、种鸽配对及出售鸽子时，都要捕捉鸽子，用手捕捉容易损伤鸽子，因此，最好用捕鸽罩捕捉。

⑤栖架：栖架是供童鸽夜晚及白天下雨时在舍内栖息用的。

122. 鸽子的营养需要有哪些?

(1) 水分：鸽体含水分 65%～70%。水是鸽子不可缺少的物质。消化、吸收、哺喂、呼吸、循环、排泄、神经调节和繁殖等活动过程，以及体内的各种生化反应等都是在水的参与下进行的。鸽子的饮水量每只每天 30～60 毫升。秋冬每只每天 20～30 毫升，春季每只每天 30～40 毫升，夏季及哺乳期每只每天 50～60 毫升。

(2) 能量：鸽子的生理活动、生活行为如体内新陈代谢、血液循环、神经活动、体温调节和日常活动、生长发育、产蛋哺仔等都需要能量，因此，能量在作用上又分为维持需要和生产需要两个方面。

(3) 蛋白质：蛋白质是形成鸽体肌肉、内脏、皮肤、血液、羽毛等组织器官的主要成分，也是维持生物生命活动、保证生长发育和生产的物质基础，是其他营养物质所不能代替的。因此，要使鸽子生长速度快，发育正常，种鸽的精力旺盛，繁殖率高，日粮中必须保证含15%左右的粗蛋白质。

（4）无机盐：鸽体内无机盐种类很多，主要有钙、磷、钾、钠、氯、铁、铜、钴、锰、锌、碘、硫、镁、硒等元素。无机盐是保证鸽子身体健康、幼鸽生长和成鸽产蛋、哺乳的必需物质，在鸽体内有调节渗透压、保持酸碱平衡和促活酶系统等功用，它又是骨骼、蛋壳、血红蛋白、甲状腺素的重要成分。矿物质喂量要适当，特别是笼养或不放出棚的鸽子更应注意补充。但喂量过多时，又会引起营养成分之间的不平衡，甚至发生中毒。

（5）维生素：鸽子对维生素的需要量甚微，但它们在鸽体物质代谢中起着重要的调节和控制作用。

123. 鸽子的常用饲料有哪些？

（1）能量饲料：①玉米：含能量高，粗纤维少，适口性强，来源丰富，价格便宜，是鸽子的优良饲料，用于雏鸽育肥效果最好。喂量占日粮20%～50%。②稻谷：用量一般占日粮10%左右，但应注意哺乳期的种鸽不要喂稻谷，以免引起种鸽消化不良和食道损伤。③糙米：营养含量较高，适宜喂各月龄的鸽子，占日粮10%～20%。④小麦：营养价值较高，适口性好，但具有轻泻性，在日粮中用量比例太高会引起下痢，常用10%～25%。⑤小米：营养价值较高，在日粮中常用5%～10%。⑥高粱：品种繁多，并含有单宁（鞣酸），适口性较差，喂量过多会引起便秘，与小麦配合使用比较理想。

（2）蛋白质饲料：鸽的蛋白质饲料主要是指豆科籽实，如果配制成全价商品颗粒饲料，可以利用它的副产品。①绿豆：蛋白质含量丰富，具有清热解毒作用，适口性好，常用5%～10%。②豌豆、竹豆和蚕豆：含脂率较低，价格比较便宜，在日粮中用量20%～30%，或者更高一些。③大豆、黑豆、芝麻、油菜籽和大麻仁：含脂率高，吃多了会下痢，用量应控制在3%～5%。

（3）矿物质饲料：矿物质饲料的主要成分包括钙、磷、钠、氯、钾、镁、铁、铜、碘、硫、锰、锌和硒等元素。这些元素在饲料中含量不足，必须在保健砂中补给，笼养和圈养的鸽群尤其如此，否则会影响鸽子的正常生长发育和繁殖。常用的矿物质饲料有贝壳粉、蛋壳粉、骨粉、石灰石粉、磷酸氢钙、食盐、硫酸亚铁、硫酸铜、硫酸锌、硫酸锰、亚硒酸钠和碘化钾。

（4）维生素饲料：鸽子维生素的来源可以从两方面考虑：各种青菜和水生植物；禽用多种维生素。

124. 鸽子的日粮配合原则是什么？

（1）配料之前，应首先了解各种饲料的营养价值和鸽子对各种营养的需要。

（2）根据鸽子不同年龄、不同情况，配制相应的饲料，并注意观察使用效果。

（3）日粮中饲料的种类尽可能多一些，以保证营养素的平衡，而且适口性要强。

（4）不要使用发霉变质、污染病菌和毒素的饲料。

（5）要充分利用本地优质便宜的饲料，以降低生产成本。

（6）日粮配方应相对稳定，如需变动，也要有个过渡期。急剧变动，鸽子难以适应，易引起消化不良，甚至危害健康。

125. 鸽子日常饲养管理要点有哪些？

（1）分餐饲喂，定时定量：饲喂群鸽，有整天给食和分餐喂食两种方法。整天给食可使每只鸽子吃得比较均匀，弱小鸽子也能吃到饲料；而分餐喂食，饲养员可一边喂食，一边观察鸽子的食欲情况，发现问题及时处理，而且鸽子可以均衡采食，避免养成挑食的恶习，另外，还可培养鸽子按时按量灌喂乳鸽的习惯，避免乳鸽时饥时饱，以免造成消化机能紊乱而影响生长。因而分餐饲喂更具有优越性。

（2）按月龄大小，分群饲养：分群饲养，能较好地观察鸽子的动态，利于管理。一般在乳鸽离笼独立生活后即进行分群。以每平方米 7 只左右的密度，35～40 对为一群较为适宜。

（3）定期消毒：鸽舍地面、运动场、水沟、水槽和食槽等均应保持清洁，为鸽子创造一个洁净、安静的生活环境。食槽、水槽每3天必须冲洗消毒1次，巢盆和散养地面应在乳鸽离巢及出售后清扫消毒1次。

（4）整天供水：经常保持水质新鲜清洁，以确保鸽群体质健壮，预防疾病。有条件的地方，应采用常流水供水。

（5）观察鸽群：每天应仔细观察鸽群。一看精神动态；二看采食饮水情况；三看粪便形态，颜色是否正常。若发现异常，应及时隔离治疗。

（6）定时沐浴：根据季节和气候，夏季每天应给鸽子沐浴1次，冬季1周1次。鸽群沐浴的适宜时间是中午前后，每次半小时即可。沐浴后要将污水及时倒去，以防鸽子恋水或误饮污水。

（7）做好生产记录：生产记录对如实反映生产情况、正确指导生产、改善饲养管理具有很大作用，必须认真做好。

126. 鸽子每天饲养工作程序是什么?

每天饲养工作的具体程序，主要是先按时饲喂鸽子，然后是搞好笼舍的清洁卫生、消毒工作和鸽群动态检查，发现病鸽及时隔离治疗；对配对上笼的生产种鸽，则要做好生产档案记录，照蛋，剔除无精蛋、破损蛋，单个蛋应及时与同期蛋合并孵化，以提高生产力；还要做好调配饲料、检查乳鸽的生长情况、饲养管理工作的计划安排、配制和贮备保健砂等工作。

127. 鸽子四季的管理有哪些工作?

（1）春季：春天是生物萌发时期，因此，应对棚舍进行一次消毒。出入口和各种设施都应检查一番，板缝和角落都要用热水加清洁剂洗擦干净，做到彻底清洁鸽舍。

春季也是育雏训放、竞翔的旺季，最好在初春时给全棚鸽子驱一次虫。一般是第一次驱虫后，间隔1周再驱一次，以彻底清除体内寄生虫。

（2）夏季：夏季为菌类、虫类的繁殖创造了最好温湿条件，因此，管理的重点应放在饲料保管和鸽棚防潮方面。特别是春末初夏

的梅雨季节，雨水多，空气湿度大，除稻谷以外，玉米、豌豆、菜籽、小麦等都易霉变或生虫。要把贮备的饲料晒干，用塑料袋扎紧，里面放几粒大蒜。鸽棚要保持干燥。

盛夏炎热，对鸽棚也要采取一些防暑降温措施。对防暑条件较差的鸽棚，在下午1～2时日晒正中的铁丝网上给以遮阴，有利于防暑降温。

（3）秋季：秋季的特点是蚊子肆虐，是鸽痘病毒多发季节，又值鸽子一年一度的换羽期，同时又有秋季赛事。

秋季管理一是要驱蚊，以防蚊子传染疾病。二是适当调整饲料配比，增加矿物质比例。同时，要检查一下鸽棚里是否有可能损害羽毛的障碍物，如不及时清除这些障碍物，新生羽毛将会受到损伤。三是再驱虫一次，驱虫方法同春季。一年驱虫两次，完全可以消灭寄生虫。四是选择好秋季参赛的鸽子，加强护理，做好赛前准备。

（4）冬季：冬季是鸽子的休养季节。

鸽子过冬，经常发生“红鼻泡”现象，说明鸽子在冬天容易感冒。严寒天气，鸽子热量消耗要比平时多，饲料中要增加含脂肪丰富的食物，但不宜过多。

鸽棚要加点保暖措施，特别是晚上，窗户要关闭，铁丝网的门上要张挂布帘，挡住西北风袭击。同时门窗铰链都要加点油，以防长期关闭而生锈，不然到来春就会损坏。

冬季的运动量要相应减少，除每天定时绕棚训飞以外，10千米以上的训练应该停止，以免过多消耗鸽体热量。

128. 鸽子四期管理有哪些工作?

（1）配对期：鸽群大的养鸽户，对新配对的种鸽居住的巢格，要编上顺序号，便于记认。巢格最好用栅栏或铁丝网门关闭，一是便于鸽子熟悉新居，二是防止鸽子串门引起打斗。种鸽定居下来以后，便可以自由进出。

种鸽在配对前2周，应在日粮中增加含蛋白质丰富的豆类。配对后，还可用0.05毫克的红霉素溶于饮水中，这对于提高受精率、产蛋量和增加鸽蛋重都有益处，还可大大减少雏鸽的死亡率。如果多喂一些钙质丰富的骨粉、蚌壳粉和蛋壳粉等，也有利于提高蛋的品质。

（2）孵蛋期：有些种鸽，特别是第一次产蛋的青年种鸽，在孵蛋期责任性不强，孵孵蹲蹲，甚至飞离巢格自由活动，很容易使蛋冷却。遇到这种情形，要把雌雄鸽一起关在巢里，或者按雌雄种鸽的分工，10～16 时关雄鸽，16 时以后到翌日 10 时关雌鸽，并用深色布遮住巢格，它们就会安心地孵蛋，几天以后即可除去遮布。

孵蛋进行到第 4～7 天，要对光照蛋、检查、发现无精蛋，及时取出。进行到第 10～13 天时，再进行一次照蛋，观察是否有死胚胎。一般来说，第一次照蛋将起决定性作用，在 15～16 天见到蛋齿时，要注意它是否及时脱壳而出，凡过 18 天尚未出壳的，就应采取相应措施。

孵蛋期的种鸽要求有一个安静的环境，不要惊动它。家飞训练照常，早晨放雄鸽，下午放雌鸽，雌雄轮流孵蛋，也轮流训飞。

（3）育雏期：雏鸽出壳 2～4 小时，种鸽就开始喂乳，如果到 5～6 小时后种鸽还不喂乳，可能有两种原因：一是种鸽第一次育雏，缺乏经验，虽有育雏的本能，也需要进行诱导。二是种鸽患病，这就应及时隔离治疗，雏鸽要找义鸽代哺，但父母不同的雏鸽必须同龄。

有些种鸽在育雏到了第 16～18 天时又要产蛋，为了保证母子健康，一般还是用义鸽代孵为好。50～80 日龄的幼鸽发病率最高，即所谓“死亡高潮期”，因此，在这个时期除精心管理外，还要选择有效的药物进行预防。

（4）换羽期：每年初秋，成鸽开始换羽，时间长达 50～60 天。当换羽开始时，必须降低饲料的营养质量，例如只喂玉米和小麦，甚至断水一天，这样身上的羽毛就能较快脱掉。旧的羽毛脱掉以后，就要多喂一些芝麻、菜籽等含脂肪丰富的饲料，以促进新羽毛生长。

在换羽期间，只能进行一些轻量的运动，不要作强迫飞行，更

不能作长途训练和竞赛。

在新羽毛逐渐生长的同时，可以给它们增加沐浴，这对新羽生长很有益。

换羽期间，要采取预防措施，防止鸽子感染疾病。同时加喂含有微量元素、维生素、氨基酸等混合物，并添加对氨基酸苯砷酸，可以促进血液流通和缩短换羽时间。

129. 乳鸽的生长发育特点有哪些?

乳鸽是晚成鸟，刚出壳的雏鸽躯体软弱，身上只披着初生的羽毛，眼睛不能睁开，不能行走和自行采食，靠亲鸽哺育才能成活。乳鸽阶段生长速度快，饲料转化率高（2∶1）。4 日龄时可睁开眼睛，10 日龄左右可以慢步行走。

130. 亲鸽哺乳特点是什么?

乳鸽出壳后 3～4 小时，将嘴向上抬起，斜插入亲鸽嘴内，亲鸽口对口地将鸽乳吐喂给乳鸽。出壳几小时至 4 日龄的乳鸽，亲鸽喂给稀烂的鸽乳；5～7 日龄，亲鸽所吐喂的鸽乳较浓稠，并夹杂有经过软化发酵后的小颗粒料（豆粒）；以后鸽乳逐步减少，配合原谷物豆类饲料逐渐增加；9～10 日龄起，亲鸽全部给乳鸽吐喂原谷物豆类颗粒饲料。25 日龄左右，乳鸽开始学啄颗粒饲料，1 月龄可以断乳独立生活。

131. 乳鸽的管理应注意哪几点?

（1）调教亲鸽哺喂乳鸽：有个别亲鸽（尤其是初生种鸽），在乳鸽出壳后 4～5 小时仍然不给乳鸽喂乳，这时应给予调教。即把乳鸽的嘴小心地插入亲鸽的口腔中，经多次重复后亲鸽一般就会哺育。若经过调教后仍不会哺乳者，应把乳鸽调出并窝，若因患病而不能哺乳者，除将亲鸽及时隔离诊治外，也同样把乳鸽调出并窝。

（2）调换乳鸽的位置：在自然孵育条件下，先出壳的那只乳鸽，通常长得较快。另外，有个别亲鸽每次都先喂同一只乳鸽，先受喂的那只同样长得较快。所以，在同一窝的两只乳鸽大小差异很大。此时，应在 6～7 日龄乳鸽会站立之前，把它们在巢盘中的位置互相调换一下。这样，亲鸽以后可能先喂小的那一只，使其赶上

那只大的。

（3）调并乳鸽：并雏是提高种鸽繁殖力的有效措施之一。因为并雏后，不带仔的种鸽可以提早10天左右又产下1窝蛋，缩短了产蛋期，种鸽的产蛋率可以提高50%左右。

（4）添喂保健砂：在哺育阶段，除了给亲鸽整日供应保健砂外，还要人工给乳鸽添喂粒状保健砂。5日龄时，每天喂1次，每次喂1粒，随着日龄的增大而适当增加。10日龄以后，每天喂2次，每次喂二三粒。添喂保健砂，目的是弥补乳鸽消化功能不完善的一面，使它的肠胃保持旺盛的消化和良好的吸收状态，乳鸽正常生长发育，出口等级普遍提高。

（5）保持巢窝清洁干燥：乳鸽阶段要更换一二次垫料。否则，巢盘积聚大量的粪便，垫料潮湿发臭易生虫，乳鸽容易感染疾病，甚至死亡，只有做好巢盘垫料的清洁卫生，才能保证乳鸽的健康。

（6）乳鸽的上市时间：乳鸽的上市时间一般为22～30日龄左右，并与品种有直接的关系。亲鸽体形大的乳鸽上市就较早；反之，则上市较晚。人工哺育的乳鸽，一般比自然哺育的增重较快，通常也提早上市。若超过30日龄不上市，因乳鸽离亲后采食不正常，长毛飞翔和运动量增加等原因而失重4%～6%，从而降低了出口的等级。

132. 童鸽的饲养管理有哪些工作？

童鸽，是指30日龄离巢散养到性成熟配对前的育成鸽，又称断奶幼鸽，实际上也就是后备种鸽。

（1）为了避免近亲配对，应建立完整的系谱档案，被选留的断奶幼鸽必须先带上编有号码的脚环，并做好各项性状的原始记录。

（2）刚离开亲鸽的断奶幼鸽，正处于从哺育转为独立生活的转折阶段，环境和饲养条件都发生了较大变化，本身的适应能力也较弱，饲养管理工作稍有疏忽，就会使鸽子生长受阻或患病。因此，在最初几天，应将断奶幼鸽饲养于育雏床上，这样不仅比较干燥温暖，也利于加强观察和管理。在冬季，要防冻保暖；在夏季，要保证鸽舍的通风透气，并要防止蚊虫叮咬。

（3）童鸽初期所用的饲料，在品种、数量和饲喂时间上，都应与亲鸽哺育时期一样，不能突然改变过大。离巢最初几天，要训练童鸽学习采食，对吃食少的个体，应人工帮助适当加喂一些；对吃得过饱的个体，可适当灌喂复合维生素B水或酵母片水溶液。童鸽的饮水中可适当加些食盐或复合维生素B水，以促进消化，防止发生积食。天气暖和时，可让它们在运动场活动并晒太阳，时间由短到长，直至任其自由出入运动场。

（4）50日龄后的童鸽，开始进入换羽期，由于生理变化较大，对外界不良环境的抵抗力较差，容易着凉而引起感冒和气管炎，因此要做好防寒保暖工作，并经常煮些预防感冒的中草药汤剂供童鸽饮用，同时，在饲料中适当增加一些能量饲料，以增加童鸽体内能量，抵御寒冷侵袭。

（5）童鸽3月龄以后，活动能力及适应性愈来愈强，并逐渐转入性成熟阶段，这时应实行雌雄分群饲养，杜绝早配早产现象。同时要选优去劣，淘汰不合格个体，对符合留种要求的个体，经药物驱虫后转入新鸽舍，实行限制饲养，使其正常生长发育，避免过肥和早熟现象的发生，日粮中应适当减少能量饲料，增加保健砂、微量元素以及多种维生素。

（6）童鸽长到6月龄左右，进入性成熟期，即可进行配对投产。配对前要再进行一次选优去劣及驱虫工作，配对、选择、驱虫三者同时进行，这样既省时省力，又可减少对鸽群的骚扰。配对时饲养员要留心观察，发现亲鸽接吻定情，即行捕捉放进笼内饲养。

133. 青年鸽的饲养管理工作有哪些？

青年鸽的生长发育有它固有的特点，所以饲养管理方法也应根据这些特点来进行。

（1）3～4月龄青年鸽的饲养管理：每群鸽子可以增加到100对。经过危险期（50～80日龄）后，鸽子进入稳定的生长期，适应性强，爱飞好斗，争夺栖架，新陈代谢相对加强。这个时期应限制饲养，防止采食过多和体质过肥；有条件的应将公母分开饲养，防止早熟、早配、早产等现象发生。日粮结构为：豆类饲料占

20%，能量饲料占80%，后者占的比例较高，这对新羽毛的生长起到一种促进作用。每天喂2次，每只每天喂料量为35克。

(2) 5～6月龄青年鸽的饲养管理：这个时期的鸽子生长发育已趋成熟，主翼羽脱换七八根，把日粮结构调整为：豆类饲料占25%～30%，能量饲料为70%～75%，每天喂2次，每只每天喂40克。

(3) 驱虫和选优去劣：由于青年鸽是群养的，接触地面和粪便的机会多，感染体内外寄生虫是不可避免的。同时，在长达几个月的饲养过程中，残次个体也常出现。因此，3～4月龄时进行一次驱虫和选优去劣工作；6月龄时，同时进行驱虫、选优和配对上笼等三项工作。这样可以省时省力，减少对鸽子的应激。

134. 生产鸽的饲养管理工作有哪些?

产鸽在不同的生育期，有不同的生理特征和营养需要，饲养管理上也应采取相应的技术措施。

(1) 新配对期：配对初期的种鸽要有清晰易辨的脚环编号，做到脚环号与所在笼巢箱的笼号相符。如果是采用群养方式，则应进行加巢训练。初配对的几天饲养员要巡视几次，观察它们是否亲密融洽。如果配对后经常打架，表明这对鸽子配对不恰当，应重新配对。

新配对种鸽，相互间十分融洽，在熟悉笼舍环境后不久，就开始产蛋。饲养员应及早在产蛋前安放已铺上巢草的巢盆，对开产的每对种鸽做好生产记录，建立生产档案，为选种选配、鸽群的提纯复壮做好准备。

新配对的产鸽若在产下两只蛋后仍不抱蛋时，需在笼外周围遮上黑布，以减少干扰，让产鸽安定抱蛋。在清扫笼舍时，亦应尽量减轻干扰影响，待它们正常专事抱蛋后，再将黑布除去，让其自由进出笼子。

(2) 孵化期：在孵化期间，雄、雌鸽轮流孵蛋，在18天的孵蛋过程中，要及时照蛋检查，剔出无精蛋、死胚蛋。同时，要相应减少巢草，多开窗户，以改善环境条件。

（3）换羽期：种鸽于每年夏末秋初换羽1次，有部分在春季就换羽，换羽期长达1～2个月。在此期间，除高产的种鸽外，其他普遍停产。为缩短休产期，可采用人工强制换羽的方法，即当鸽群普遍换羽时，降低饲料的质量和减少饲喂量；或断食断水，使鸽群在较短的时间内迅速换羽，待鸽群换羽完后再逐渐恢复原来的饲料。

（4）种鸽喂料方法：在同一鸽舍，常有带仔种鸽和非带仔种鸽。为了充分满足不同种鸽的生理需要和发挥饲料的效应，常给种鸽制订两种不同的饲料配方。带仔种鸽的日粮结构为：豆类饲料占35%～40%，能量饲料占60%～65%。每天喂4次，上、下午各喂2次，尽可能满足乳鸽生长发育快的营养需要。非带仔种鸽的日粮结构为：豆类饲料占25%～30%，能量饲料占70%～75%，每天喂2次，每只每天喂40克。

135. 鸽的雌雄鉴别方法有哪些？

（1）鸽蛋的胚胎鉴别法：鸽蛋经过四五天的孵化，用照蛋器进行观察，若是受精蛋，胚胎已开始发育，这时也可以看出胚胎周围有血管分布。胚胎两侧的血管是对称蜘蛛网状时，多为雄鸽胎儿；反之，胚胎两侧的血管是不对称的网状，一边长且多，一边短且稀少的，多为雌鸽胎儿。

（2）乳鸽雌雄鉴别法：

①肛门鉴别法：在乳鸽孵出四五天后，把其肛门稍为掰开，即可鉴别。由侧面看去，雄鸽肛门上缘覆盖下缘，稍微突出；雌鸽正好相反，下缘突出来而稍微覆盖上缘。

②哺喂鉴别法：在同窝乳鸽中，常常争先受亲鸽哺喂的乳鸽多为雄鸽，反之则为雌鸽。

③观察鉴别法：在同窝乳鸽中，雄鸽长得较快，体重较大。雌鸽生长稍慢。以手接近乳鸽头部前面时，如反应敏感，羽毛竖起，姿势较凶且用嘴啄手或翅膀拍打者多为雄鸽。乳鸽走动时，先离开巢盆，且较活泼好斗的多为雄鸽，反之则为雌鸽。

（3）童鸽雌雄鉴别法：1～2月龄的童鸽性别最难鉴别，通常只能由外形及肛门等部位来鉴别。4～6 月龄鸽子鉴别比较容易。童鸽可以从以下几点进行雌雄鉴别：

①看：外观上，雄鸽头较粗大，嘴较大而稍短，鼻瘤大而突出，头部大而顶部呈圆拱形，颈骨粗而硬，脚骨较大而粗；雌鸽体形结构较紧凑，头部圆小，上部扁平，鼻瘤较小，嘴长而窄，颈细而软，脚骨短而细。

②抓：用手捉鸽时，雄鸽抵抗力较强，且发出“咕咕”叫声；雌鸽较温顺，有时发出低沉的“唔唔”声。抓住鸽子颈部朝向光线方向，观察眼睛，可见雄鸽的双目凝视，炯炯有神，瞬膜迅速闪动；雌鸽双眼显得较温和，瞬膜闪动较缓慢。

③摸：用手摸颈部，雄鸽颈骨较粗而硬，雌鸽则较细而软；以手摸腹部骨盆，雄鸽龙骨突较粗长且硬，后部与趾骨间的距离较窄，两趾骨间的距离也较窄而紧，脚骨粗而圆；雌鸽腹部两趾骨间的距离较宽，约 4～5 厘米，且有弹性，趾骨与龙骨突下部的距离也较大，龙骨突稍短，脚胫骨细而稍扁。

④肛门：三四月龄以上的鸽子，雄鸽的肛门闭合时，向外凸出，张开时呈六角形；雌鸽的肛门闭合时向内凹入，张开时则呈花形。

⑤羽毛：雄鸽的羽毛较有光泽，主翼羽尾端较尖；雌鸽的羽毛光泽较差，主翼羽尾端较钝。

（4）成鸽的雌雄鉴别法：童鸽雌雄鉴别法都适用于成鸽，且在成鸽表现得更加突出。不同之处有：一有明显的发情表现，雄鸽常常追逐雌鸽，绕着雌鸽打转，这时雄鸽颈部气囊膨胀，颈羽和背羽鼓起，尾羽放开如扇形，且不时拖在地面。头频频上下点动，发出“咕咕”叫声。雌鸽则表现得较温存，慢慢走动或低头呈半蹲状，接受雄鸽的求爱。二是由于雌雄鸽求爱及交配，造成雄鸽的尾羽较脏，雌鸽的背羽较脏。三是经常见到配对鸽亲热的接吻表现，接吻时雄鸽张开嘴，雌鸽将喙伸进雄鸽的嘴里，雄鸽会似哺喂乳鸽一样作出哺喂雌鸽的动作，亲吻过后，雌鸽总是自然蹲下，接受雄鸽交配。四是孵化时间不相同。一般情况下，雄鸽孵蛋的时间为每天

10～16时，其他时间由雌鸽孵化，雌鸽负责孵化时，雄鸽总是待在巢盆附近，保护雌鸽安全和监督雌鸽孵蛋。

136. 怎样识别鸽子的年龄?

懂得识别鸽子年龄的方法，对适时配对繁殖和选育良种具有重要的意义。

（1）依鸽子羽毛的更换情况识别：主翼羽用来识别童鸽的月龄。鸽子的主翼羽共10根，在2月龄时，开始更换第一根，以后13～16天左右顺序更换1根，换至最后1根时，鸽子约6月龄，已是成熟的时候，可开始配对生产。鸽子副主翼羽12根，主要是识别成鸽的年龄。副主翼羽每年从里向外顺序更换1根，更换后的羽毛显得颜色深且干净整齐。

（2）依鸽子腔上囊的大小、有无来识别：鸽子的腔上囊位于泄殖腔的上方。童鸽的腔上囊比较大，成鸽时变得较小，几年后腔上囊变得很小，或者只剩下一点痕迹。

（3）依鸽喙的形状及嘴角结痂来识别：年龄越大，喙的末端越钝、越光滑。乳鸽喙的末端较尖、软而细长；童鸽的喙较厚而硬；成年鸽喙较粗短，末端较硬而滑。成年鸽由于哺育乳鸽，嘴角出现茧子，成结痂状。年龄越大，哺仔越多，嘴角的茧子就长得越大，5年以上的产鸽嘴角两边的结痂如锯齿状。

（4）依鸽子鼻瘤的大小及颜色来识别：乳鸽的鼻瘤红润，而童鸽浅红且有光泽，两年以上鸽的鼻瘤已有薄薄的粉白色，四五年以上鸽的鼻瘤粉白而变得较粗糙，10年以上的鸽则显得干枯粗糙，鸽的鼻瘤也随年龄的增大而稍有变大。

（5）依鸽的眼睛灵活性及眼圈裸皮皱纹的多少来识别：幼鸽的眼睛较机灵，童鸽及年轻的成鸽眼睛炯炯有神，眼睛瞬膜闪动较快，年老的鸽眼神迟滞，灵活性较差。另外，青年鸽的眼圈裸皮皱纹很细，随着鸽子年龄的增大，裸皮的皱纹越来越粗厚。

（6）依鸽脚的颜色和鳞纹的粗细来识别：童鸽脚的颜色鲜红，鳞纹不明显，鳞片软而平，趾甲软而尖，脚垫软而滑。两年以上鸽脚的颜色暗红，鳞纹细而明，鳞片及趾甲稍硬而弯。5年以上的鸽脚呈紫红色，鳞纹显而粗，鳞片突出且粗糙，上面附着白色小鳞片，趾甲粗硬而弯曲，脚垫厚而粗硬。

（7）依鸽的脚环来识别：肉鸽及观赏鸽的脚环往往只标明号码，这可根据载脚环时登记的时间来确定；信鸽的脚环上往往注明出生日期，由此可知年龄。

137. 鸽保健砂的主要成分及其作用是什么？

（1）蚝壳片：这是用蚝壳经粉碎机碾制而成，直径0.5～0.8厘米，如豌豆切面大小。蚝壳片中含钙较多，是保健砂中提供钙质的主要来源，它能促进鸽子机体的正常生长发育，防止软骨症和产软壳蛋等。此外，它还与酶的代谢及凝血因子的形成有关。

（2）骨粉：是由动物骨骼经高温消毒后粉碎而成。是提供钙、磷、铁的主要来源，是含磷较高的原料。钙与磷在鸽体内是互相依赖的，两者按一定的比例被吸收后，才能在体内形成坚硬而又有韧性的骨架，缺钙时，骨质松脆，易折断。因此，骨粉能防止幼鸽发育不良、骨骼变形及软骨症，防止雌鸽产软壳蛋、薄壳蛋和沙壳蛋等。骨粉中的铁元素对血红蛋白的形成和预防贫血有较好的作用。

（3）蛋壳粉：缺乏蚝壳或骨粉时使用，也适用于养鸽数量不多的养鸽爱好者，用时先将蛋壳炒熟，然后粉碎即能使用。作用与蚝壳及骨粉相似。

（4）石灰（或石灰石）：是由蚬壳等贝类制成的，作用是补充钙质及少量的微量元素。

（5）陈石膏：含有较多的钙质，作用是补充钙等的需要，清凉解毒。石膏还对换羽有良好的促进作用，换羽期间可在保健砂中适当配给。

（6）粗砂：最好是溪河沙，采来后适当进行筛选，弃去小颗粒及大颗粒，选中等颗粒，用水冲洗干净，置于阳光下晒二三天，然后用袋装好备用。砂的主要作用是帮助肌胃对饲料进行机械消化，在肌胃的压力下将吃入的颗粒料磨碎，便于肠道的消化和吸收。砂粒在肌胃中也会被慢慢磨碎，其中的微量元素部分被机体利用。保健砂中若没有砂粒，容易导致鸽子消化不良，降低饲料的利用

价值。

(7) 石米：石米来源较广，大小均匀，干净好用，不含杂质。石米较砂坚硬，在肌胃中不易磨碎，但不必担心吃得多会积累在肌胃里，鸽子本身能根据需要啄食适量的石米，而且能通过体内调节和消化功能将部分较细的石米从粪便中排出。

(8) 黄泥：称红土或黄土，但要注意是深层的黄泥，才不含细菌及杂质。黄泥中含有铁、锌、钴、锰、硒等多种微量元素，其作用是作为保健砂的原料，提供少量的微量元素。现在少用或不用。

(9) 木炭末：木炭末表面有很强的吸附作用，能够吸附肠道产生的有害气体，清除有害的化学物质和细菌等病原体，还有收敛止痢的作用。它在肠道中能附着于消化道黏膜，保护肠管，但另一方面，它又会吸附营养物质，影响肠道的消化吸收。因此，使用时，用量最好不断变动，可每周1次，变动范围为1%～5%。

(10) 食盐：粗粒海盐较为理想，其主要成分是氯和钠，还有少量的钾、碘、镁等元素。养鸽需要食盐，以补充体内需要的元素。此外，食盐还具有增强食欲、促进新陈代谢的作用，是不可缺少的补充物。但是，肉鸽对食盐有一定的耐度，过量摄入会导致中毒，故食盐的用量一般为2%～5%。

(11) 红铁氧：实际上是氧化铁，呈红棕色，其作用是提供体内需要的铁质，合成血红蛋白，促进血液循环。

138. 鸽保健砂中常用的添加剂及其作用是什么？

(1) 生长素：生长素的成分主要是补充鸽子生长发育需要的常量元素和微量元素等。用量一般为1%～2%。

(2) 微量元素：主要是锰、铁、锌等。它们是鸽子正常生理活动和新陈代谢所必需，笼养鸽更要适当补充。微量元素直接参与构成骨架、羽毛、软组织和血液细胞，也参与体内复杂的生化反应。此外，生产鸽在产蛋及哺育乳鸽时也需要各种元素。

(3) 多种维生素：含有维生素A、维生素D、维生素E、维生素K及维生素B族等。以补充机体需要而饲料中通常缺乏的某些维生素，促进机体正常的新陈代谢，维持正常生理机能和生命活动。

（4）氨基酸：主要是提供机体不能合成、饲料中含量也不足的限制性氨基酸，如赖氨酸、蛋氨酸和胱氨酸等。适当补充必需氨基酸，可促进饲料中氨基酸的互相利用，提高饲料的利用价值和饲料报酬。

（5）中草药粉：在保健砂中加入某些中草药粉，有利于鸽子保健防病。

139. 如何使用保健砂?

正确掌握保健砂的使用方法是非常必要的。若用法不当，就发挥不了保健砂的作用。保健砂的使用方法如下：

（1）保健砂应现配现用，保证新鲜，防止某些物质被氧化、分解或发生不良的化学变化，影响功效。

（2）每天应定时定量供给，一般可在上午喂料后再喂给保健砂。每次给量也应适宜，育雏期产鸽给多些，非育雏期鸽则少些，通常每对鸽供给 15～20 克，即 1 茶匙左右。

（3）每周应彻底清理一次剩下的保健砂，换给新配的保健砂，保证质量。

（4）保健砂的配方应随着鸽子的状态、机体的需要及季节等变化有所改变，才能适合鸽子的实际生长需要。

140. 信鸽应具备的优良特性有哪些?

良好的体形结构、羽装，成活率高，适应性强，快速、远翔和全天候飞行的性能；作为单程通信鸽应具备强烈的归巢性、良好的记忆力和持久的飞行耐力；作为来往通信鸽应具备定点往复的习性；作为移动通信鸽应具备在鸽舍任意迁移的情况下，能在较短时间内对新的地形和地物迅速熟悉的能力。

141. 信鸽各个时期的管理要点有哪些?

（1）童鸽期：刚离巢的童鸽，正处在从哺育生活转为独立生活的时期，而此时又是身体、骨骼发育的主要阶段，因此饲养管理要十分注意。童鸽的采食量是由少逐渐增多，后期每只每天采食量可达 25～35 克。为了保证童鸽的生长发育，防止过肥和早熟，日粮

应富于蛋白质，而能量适当减少，还要注意补足维生素和微量元素。离巢后7天内的童鸽，日粮中每只要保证供应5克蛋白质养分，离巢后20天内要保证每天能摄入8～9克蛋白质，离巢后1个月内要保证每天能摄入10克蛋白质。最好做到定时定量喂料。离巢1周内的童鸽每天采食15～20克饲料，可分两次喂。离巢20天内的童鸽每天喂25～30克饲料。

（2）育成期：离巢后1个月的童鸽雌雄分开饲养。这时可根据鸽子每天的运动量给料，每只鸽每天约采食30克饲料。从营养成分看，应每天每只鸽子供应10克蛋白质。每天两餐。在天气寒冷时应注意补充富含能量的饲料。

（3）繁殖期：雌雄鸽配对时，日粮增至35克，加强飞翔运动和近距离放飞来增进鸽子的食欲，这时每天摄入的蛋白质应达12克。雌鸽开产前，日粮饲料量应增至37克左右。这时日摄入的蛋白质应达15克。此外，还应供应足够的钙、磷和微量元素。乳鸽出生后，种鸽的采食量急剧上升，达60克左右。这时的饲料应是高能量、高蛋白质的。保证日采食蛋白质18克。因为这时的种鸽除要求维持本身生长和消耗的养分外，很大一部分养分用于哺育乳鸽。哺育期可日喂三次。若需要时，晚间增喂一次，对乳鸽发育有好处。

（4）训练期：训练期日喂饲料约30克左右。主要根据训练的运动量、时间和距离多少决定喂料量。这时应注意饲料在能量上的补充。也是日喂两次。

（5）换羽期：换羽期采食量约为35克。羽毛开始脱换时可减少饲料喂量和降低饲料质量，羽毛脱换后新羽迅速生长时，应增加饲料喂量和提高饲料蛋白质水平。也是实行两餐制。

培训信鸽的基本条件是使鸽群有规律的生活。所以鸽群的训练、喂食时间最好固定。喂食前将场地打扫干净，用食槽盛饲料喂。饲料要清洁。霉烂的饲料禁止使用。喂食时勤检查，要保证每只鸽子都吃饱，如发现有食欲不振的鸽子应找出原因，及时处理。要保证鸽子有干净、充足的饮水，饮水温度最好在18℃以上。

信鸽的日常管理十分重要。每日观察鸽群的精神、采食、饮水、运动、飞翔、排粪等情况，检查饮水、饲料供应情况，发现异常应迅速查明原因，及时处理。每天早晚要根据外界气温来调节鸽舍的温度和通风状况。

142. 影响信鸽飞归速度的因素有哪些？

信鸽竞赛的优胜劣败，不仅取决于归巢，而且取决于速度。影响飞归速度的因素有以下几点：

（1）动机：心理上和生理上的动机，促使赛鸽急速飞归。自然制和寡居制的竞赛，两者均可产生这样的动机：心理上的刺激，促使赛鸽快速归巢，飞返它的儿女或伴侣身旁；生理方面的刺激，可利用各种技巧，如特殊的饲料，也能起到赛鸽快速归巢的作用。

（2）训练：一个赛鸽行家，会逐渐使他的赛鸽清楚地了解鸽舍周围的环境。这种熟悉目标、环境的训练，将有助于鸽子在抵达终点时突然加速冲刺。此外，还要注意使鸽子熟悉比赛的整个过程，先把它们装进鸽笼，然后释放，留待它们自己去随机应变。

（3）群体影响：在回程中如果有一小群鸽子结伴飞行，可能比较顺利。这是因为群体能产生竞争性，且减少迷途的可能。

（4）地理位置：地理位置也会对竞赛产生影响。

（5）天气：在竞翔过程中，气象方面的因素有时会给赛鸽带来灾难性的后果。阴天和雨天、风、雷雨、雾、寒冷都会影响鸽子的飞行速度，甚至造成严重损失。

143. 一条好赛线的基本要求是什么？

（1）以海拔较高的地区为放飞点，飞向海拔较低的鸽舍点。

（2）一路平原，避开高山。

（3）沿途城市较少，特别是大城市。

（4）沿途中要有水、籽类食物，至少有绿色草料，以便远程赛鸽落下野食。

（5）以太阳升起的方位飞向降落的方位，也就是顺着太阳运转方向放飞，充分利用时间差，有利于提高速度。

144. 鸽子的繁殖期如何化分?

鸽子从交配、产卵、孵蛋出仔及乳鸽的成长，这一段时期称为繁殖期。一个繁殖周期大约45天，分为配合期、孵蛋期、育雏期3个阶段。

(1) 配合期：已经成熟的鸽子，按照饲养者的目的，将雌雄配成一对，关在一个鸽笼中，使它们产生感情以至交配产蛋，这一时期为配合期。这阶段大约为10～20天。

(2) 孵蛋期：这是雌雄鸽配对成功后，两者交配并产下受精蛋，然后轮流孵化的过程，这期间大约为17～18天。

(3) 育雏期：自乳鸽出生至能独立生活的阶段。乳鸽出生后，雌雄鸽随之产生鸽乳，共同照料乳鸽，轮流饲喂。在这期间，鸽子又开始交配，在乳鸽2～3周龄后，又产下1窝蛋，这阶段需要20～30天。

乳鸽出生至发育完善，需4个月的时间，有的早熟品种仅3个月。这时鸽子具有成熟鸽的特性，会发情、交配，有繁殖能力。但刚刚接近成熟的鸽子就进行配对繁殖是不适当的，应待完全成熟后才配对生产。

145. 种鸽配对的方法有哪些?

童鸽养至6月龄，性器官及身体的各种机能已经健全，这时就可以配对繁殖。

鸽子配对方法通常有两种：一是自然配对，二是人工配对。自然配对就是让成群的鸽各自找对象，两两配合成对。其优点是，方便，不花人工。但缺点较多：一是易造成近亲交配。二是易发生早婚，有的鸽还未完全成熟，就过早配对。三是自然配对的鸽常导致品种、毛色、体形、体重等的差异，不利于获得优良的后代。

人工配对就是用人为的方法，将鸽子配合成对。这一方法适应各种形式的鸽场、家养鸽舍及各品种的配对，特别适应于笼养肉鸽的配对。肉鸽配对上笼前，应检查体重、年龄及健康情况，符合肉用标准的才选择上笼。上笼方法是，先将雄鸽按品种、毛色等有规律地上笼，把同品种、同羽色的鸽放在同一排或同一鸽舍里。雄鸽上笼二三天，熟悉环境后，用同样的方法，选择雌鸽上笼与雄鸽配对。配对后，再打开笼门，让生产鸽出来活动，使鸽子认识自己的巢窝，才不致出现争窝、打架现象。

146. 鸽子刚配对后，饲养员应检查哪些情况？

（1）有无两鸽全雄、全雌：由于雄雌鉴别较困难，有可能出现两只都是同性鸽。配对的两者经常打架，或两者低头、臌颈，互相追逐，并有“咕咕”的叫声，则可能全为雄鸽；两鸽配对后连续产蛋3～4只的，则可能为全雌，这时应将配错的鸽拆开重配。

（2）有无“同性恋”：配对后两者感情很好，但一个多月仍未产蛋，应仔细观察是否为两只雄鸽“同性恋”，因为两只雄鸽在一起后，即使开始感情不好，但一段时间后，已能相处并产生感情，有时还有交配的动作和爱抚的行为，但不会产蛋，这就是“同性恋”，应即拆离。

（3）有无雌鸽不成熟或一方恋旧：有些鸽，雌雄配对确实无误，但两者感情不和，雄鸽要交配时，雌鸽不肯，雄鸽强行交配失败，就会不断追打雌鸽。这时应检查雌鸽是否成熟，若未成熟，可重换发情的雌鸽。也可能两者之一在配对前已有对象，对眼前的对象没有感情。出现这一情况，可先培养感情，或者调换雌雄鸽，重新配对。

（4）产蛋有无异常：每窝产1个蛋，或产沙壳蛋，这是营养及保健砂的问题。解决的方法是供给足够营养水平的饲料和成分完全的保健砂。

（5）有无踩破蛋或不孵蛋：初产鸽情绪不稳定，性格较烈，或是由于鸽有恶习常踩破蛋，或弃蛋不孵，或者频频离巢，使孵化失败，导致死精或死胎。这时应调换鸽笼，或改变其生活环境，观察在新的生活环境中有无改变，若无改变，应予淘汰。由于环境不安宁和饲料不足引起的，应采取措施，保持鸽舍环境安静，供应充足的饲料。

（6）雌雄比例适宜与否：在群养鸽中，如果雄多于雌，鸽群会出现争偶打架的现象，导致交配失败或打斗受伤。雄或雌偏多，都

会造成无精蛋及破蛋增多。因此，自由交配的群养鸽必须雌雄比例适当。同时，要避免鸽的密度太大，并要在舍内设置足够的产蛋巢，还要将鸽群中没有配对的鸽子捉出来人工配对。

147. 什么叫选配？选配一般从哪几方面进行？

为繁殖所需要的后代，有意识、有计划地选取雌雄种鸽使之配对，就称为选配。选配是选种的继续，选配可从以下几方面进行：

（1）品质选配：品质选配是考虑雌雄鸽生产性能特点和其他经济性状等品质而进行的选配，又可分为同质选配和异质选配。①同质选配：同质选配就是选择在生产性能或其他经济性状方面相同的优良雄、雌鸽交配。同质选配可分为两种：只根据个体表现，具有相似的生产性能和性状，并不了解双方谱系的配种称为表型同质选配；根据谱系、家系等资料，判断具有相同基因型的个体间的交配，称为基因型同质选配。②异质选配：异质选配就是选择具有不同生产性能或性状的优良雄、雌鸽交配。异质选配也可分为两种：即表型异质选配和基因型异质选配。

（2）亲缘选配：考虑交配双方亲缘关系的选配，称为亲缘选配。根据双亲亲缘关系的远近程度，又可将亲缘选配分为亲交、非亲交、杂交和远缘杂交等。

（3）年龄选配：考虑雌雄鸽年龄而进行的选配为年龄选配。如使用童雄鸽配成年雌鸽，成年雄鸽配童雌鸽，以期获得受精率较高和遗传性较稳定的后代。选配前要做好种鸽的分群、分组工作。选择出来的种鸽，应根据已记载鉴定资料不同，将种鸽分为初鉴定群和已鉴定群、续鉴定群。分群后，再根据生产性能优良程度、特点和亲缘关系进行细分，以供编制配种方案时参考。

制订选配方案必须经过周密调查，掌握种鸽的遗传背景、主要经济性状平均值及有关品种或品系的特点，该品系或品种的生物学和经济学适应性、亲缘关系等资料；了解育种工作的具体条件，明确育种目标，确定选择和鉴定步骤，注意选配双方的品质、等级、年龄及其优缺点，慎重考虑、估计和权衡利弊得失，制订选配方案。在选配方案拟好之后，应努力保证其实施，做好有关记录，及时分析选配效果。

148. 鸽蛋自然孵化时应注意什么问题？

（1）孵化时，鸽子精神非常集中，此时，由于鸽子对外面的警戒心特别高，一般不要去摸蛋，或偷看鸽子孵蛋，不让外人进鸽舍参观。此外，还要避免汽车喇叭声及机械声等干扰，尽量保持鸽舍环境安静，让鸽子安心孵蛋。

（2）遇有鸽子在孵蛋期间停下来到外面活动的情形时，不用担心，更不必去惊动它。因为鸽子知道如何孵蛋，如何调节温度。

（3）要提高饲料的营养水平，粗蛋白质的含量应为 18%～20%，才能使鸽子获得足够的营养，为乳鸽的出生准备好鸽乳。

（4）孵化后的第 4～5 天以及第 10 天要进行两次照蛋。

第二节　鸽子常见疾病防治技术

149. 鸽子的疾病一般分为哪几类？

鸽子的疾病，按其致病病原可以分为传染病、普通病和寄生虫病三大类。

传染病：由特定的致病微生物如细菌、病毒等所引起的疾病，统称为传染病，或称疫病。

寄生虫病：由体内、外寄生虫所引起的疾患，称为寄生虫病。

普通病：系因饲养管理失当，某种营养缺乏引起的疾病，统称为普通病。

150. 鸽病发生的原因和传播方式有哪几种？

（1）病、健鸽相互接触：从外引进新鸽时，未经隔离饲养观察，便与本场鸽子合群饲养，常导致全场鸽群疫病的暴发蔓延。尤其是外观健康而实际为带菌、带毒的鸽子，更具有危险性。

（2）通过饲料、饮水以及机械工具传播：被病原污染的饲料、饮水、运输病死鸽的工具、饲养过病鸽的工具等都是传播鸽病的重要途径。

（3）通过昆虫传播：如鸽舍内的蚊、蝇和鸽体外寄生虫，在叮

咬病鸽后再去叮咬健康鸽，或将病鸽分泌物、排泄物中的病原体带到饲料、饮水中，而使健康鸽感染发病。

（4）通过空气传染：在鸽舍通风不良、饲养密度过高时，病原体污染了空气，使健康鸽吸入带有病原的尘埃、飞沫而感染发病。

（5）通过人、畜禽、鼠类和其他飞禽传染：外来养鸽者或饲养其他畜禽的人员随意进入饲养区参观，是传染鸽病的主要媒介。鸽场周围的畜禽养殖场发生了共患疾病，经飞禽、猫、鼠、狗等动物在两场之间传播，也可导致鸽传染病的暴发。

（6）生产管理失当：鸽舍建筑失当，防寒保暖或防暑降温性能不良，管理工作粗放，环境卫生条件恶劣，笼内污浊，加上饲粮搭配不够合理，营养不足或失调，饲料霉变等，这些都是诱发各种鸽病的重要因素。

151. 鸽病的临床检查有哪些？

鸽病的临床检查，对诊断疾病有参考价值，主要对天然孔的检查，如眼睛、鼻孔、口腔和肛门。对消化系统、呼吸系统和运动机能应进行重点检查。

（1）口腔检查：检查口腔和咽喉黏膜的颜色，有无黏液，有无溃疡和假膜，以及有无异常味道。黏膜型鸽痘、鹅口疮、毛滴虫病、口腔炎和咽喉炎等疾病，口腔和咽喉的黏膜常出现潮红、白色或黄色干酪样病灶、溃疡或白色假膜等。维生素缺乏时，这些部位常有针头大小的白色结节。

（2）眼睛检查：患皮肤型鸽痘时，眼睛周围有痘疹，严重者可导致单侧或双侧眼睛失明。眼线虫、鸟疫和维生素 A 缺乏病，可以引起鸽的眼睛发炎红肿和分泌物增加。有机磷农药和阿托品中毒时，分别引起瞳孔缩小和扩大。

（3）鼻瘤和呼吸系统检查：健康鸽的鼻瘤洁净，呈白色。若出现鼻瘤潮湿、白色减退，鼻孔有浆液性分泌物等症状，可能是感冒、鼻炎、副伤寒和鸟疫等疾病所致。鸽子正常的呼吸次数为每分钟 30～40 次，若患鼻炎、喉气管炎、肺炎、丹毒病、曲霉菌病和鸟疫等疾病时，可能出现咳嗽、打喷嚏、气喘、气管啰音和呼吸困难等症状。

（4）嗉囊检查：用手摸鸽子的嗉囊，可以略知其消化功能状况。正常情况下，鸽子进食3～4小时后，饲料向下移动而使嗉囊缩小；否则就说明鸽子消化不良或者有嗉囊病。嗉囊病有两种，一种是摸着硬，可能是被硬性食物梗塞所致，或由某些传染病引起的嗉囊积食；另一种是摸着软，倒提鸽子时，口中流出酸臭液体的软嗉病。软嗉病常由长期积食和缺乏运动造成。

（5）肛门和泄殖腔检查：鸽新城疫、溃疡性肠炎、胃肠炎、鸟疫和副伤寒等疾病常引起鸽子拉稀，粪便沾污肛门周围的羽毛。皮肤型鸽痘常引起鸽子肛门周围出现痘疹。患鸽霍乱、胃肠炎等疾病，鸽子的泄殖腔可能充血或有点状出血。

（6）皮肤和体温检查：观察皮肤的颜色是否正常，有无损伤和肿瘤。鸟疫和丹毒病可导致皮肤发绀。鸽子正常体温范围是40.5～42.5℃，除追捕和烈日照射可以引起体温升高外，鸽霍乱、肺炎和丹毒等都可以引起鸽子体温升高。

（7）运动机能检查：除骨折、骨骼损伤和关节脱臼直接引起运动障碍外，鸽新城疫、副伤寒、丹毒、关节炎、神经性疾病；有机磷农药、呋喃类药物和食盐等中毒，都可能引起双脚无力，单侧或双侧或翅膀麻痹，共济失调，飞行和行走困难等症状。

通过以上各项检查和综合分析后，对疾病可以作出初步诊断。比较复杂而不能确诊的疾病，必须进行实验室检查。

152. 鸽病的预防措施有哪些？

（1）加强管理，搞好环境卫生。①喂给充足的优质饲料、饮水和保健砂。②鸽舍要保持适宜的温、湿度，鸽子的饲养密度要适当，不要拥挤受压。③鸽舍、鸽笼、蛋巢和地面要保持清洁干燥。食槽中不要留有发霉变质的饲料，饮水器要天天洗净。④鸽舍的墙壁周围及天花板要保持清洁。⑤用过的旧巢草应焚烧。⑥工作人员进入鸽场、鸽舍，要换衣、帽、鞋和洗手，或者经紫外线消毒。个人工具应分开使用，并保持清洁。⑦铲除鸽舍周围附近的垃圾和杂草。⑧定期进行灭鼠和杀虫。⑨减少鸽场鸽舍的灰尘。方法有：注意通风；用消毒液喷洒使其下沉；及时清除脱换的羽毛和减少惊动。

（2）坚持消毒检疫制度和接种疫苗。①鸽场、鸽舍的入口处要设有消毒池，并经常交替更换消毒药物。②分期轮换消毒鸽笼和用具。③定期进行细菌和寄生虫检查，定期投药驱虫。④有鸽痘蔓延地方，对1月龄以上鸽子接种痘苗。

（3）严格隔离和诊治。①禁止无关人员进入鸽场、鸽舍；饲养员之间不要互相来往。②引进的鸽种要隔离观察20～30天，确实无病后方能混群饲养。③杜绝飞鸟和野禽进入鸽场、鸽舍，远离和隔绝其他家禽、家畜。④正在发病的鸽场，要严格进行封锁、隔离和彻底消毒，并尽快查明发病原因，采取控制和扑灭疾病有效措施，严防疫情向外扩散。⑤正在发病的鸽场，应立即停止鸽子进入、出售和外调，以避造成不应有的损失和影响。⑥对死鸽、病鸽和各种污染物，应进行净化处理。⑦疾病诊断应该越快越好。

（4）保护鸽群的健康。①易感染的动物是发生传染病的一个重要条件。增强鸽子的体质，可从根本上防病灭病，消除疾病隐患。②饲养人员对鸽群要体贴和爱护，小心细致地搞好饲养管理工作。③鸽场鸽舍要保持充足、新鲜的空气。④运输、换羽期间、断乳、接种疫苗和更换棚舍等，都应该把应激因素尽量减少到最低限度。⑤根据实际情况，适当用药进行群体预防。

153. 如何防治鸽痘？

（1）流行特点：鸽痘是由鸽痘病毒引起的常见疾病。各种年龄的鸽子均可发生，其中以乳鸽和青年鸽发病较多。鸽痘可通过饲料、饮水、灰尘，以及鸽子互相接吻而传染，皮肤或黏膜伤口也易感染，但本病的主要传染媒介是蚊子和其他吸血昆虫，因此，流行季节为春末、夏季和秋初，梅雨季节严重。

（2）临床症状：经4～10天的潜伏期后，在裸露的皮肤部位，多在眼睑、嘴角、鼻瘤、肛门、脚腿上形成特殊的痘疹。开始为灰白色小结节，之后变成红润到棕褐色的结痂，再变为易于出血的红色坚硬肉芽。少数患鸽，病灶可出现于咽部黏膜，称黏膜型，初为黄白色小结节，继而形成黄白色干酪样的具有恶臭、且不易剥离的假膜，俗称白喉型。有时两个病型可同时出现于一个个体，称为“痘血喉”。严重时引起呼吸障碍，常导致窒息死亡。如发生细菌性继发感染，使痘痂化脓，病鸽食欲日益减退，体重减轻。体质较强的成年鸽一般可自然康复，乳鸽和青年鸽发病后的症状较重，死亡率10%～50%。日龄越小，死亡率则愈高。

（3）防治措施：预防本病的关键措施是加强饲养管理，做好鸽舍的消毒和除蚊灭虫工作，保持舍内干燥清洁，清除滋生蚊虫的死水处。治疗本病的方法有下列几种：

①病鸽及时隔离治疗，用镊子或剪刀剥去痘痂，用2%～4%的硼酸水洗涤，再以碘甘油（碘酒1份，加甘油1～2份）或紫药水。未成熟的痘可进行烧烙。对喉部的假膜小心除去后，再用稀碘液清洗患部。

②用云南白药、“刀口药”等中草药涂擦患部创面。

③用0.04%四环素拌料，放入饮水的浓度要减半，以控制细菌的继发感染。

④在保健砂和饮水中增加多种维生素，尤其维生素A的供给，以增强鸽的抵抗力，保护皮肤和促进伤口愈合。

⑤在常发鸽痘的地区和饲养单位，可在每年繁殖季节之前，对6周龄以上的童鸽进行免疫接种，接种的方法是：将腿部羽毛拔去一部分，然后用硬刷将疫苗涂擦于3～4个羽毛囊上即可。

154. 如何防治鸽霍乱？

（1）流行特点：鸽霍乱的特点是来势急、病情重、死亡快。所有的鸽子都可发生本病，但以童鸽和成年（产）鸽为多见，参赛的信鸽、密度较大的群养鸽以及远途运输的鸽也容易暴发本病。通过病鸽排泄物污染饲料、饮水和笼具以及与病鸽接触，使健康鸽受到感染，带菌的动物和外来人员也可成为本病的传播媒介。

（2）临床症状和病理变化：患病鸽一般呈急性，精神很差，羽毛脏乱，食欲少或无，体温升高达42℃以上，口渴，频频饮水，

造成嗉囊胀大，口腔黏液增多，或流出黄色黏稠液体，眼结膜炎，鼻瘤灰白，喙、眼、鼻瘤等部位潮湿且污脏，多数鸽伴有下痢，粪便稀烂、呈白色或绿色，病鸽常在1～3天内死亡。

食道、嗉囊积物酸臭，肺淤血或有出血点。心冠脂肪及心外膜也有出血点，心包积液增多，肝肿大，有针尖大的灰白色坏死点。肠卡他性变化、出血。肾肿胀。

（3）防治措施：发现附近鸽场发生本病时，信鸽不宜放出，肉鸽舍防止外来飞鸟进入，投药物预防；禁止外来人员参观鸽场，场内应做好各种消毒防疫工作；立即隔离治疗病鸽，深埋或烧毁死鸽；彻底消毒鸽舍、笼具；鸽群绝对不能与鸡、鸭等家禽混养，远离其他家禽或鸟类。

治疗用药：①链霉素每只每次5万～7万单位（用生理盐水溶解，每毫升含10万单位为宜），肌注3万～4万单位，连用3～4天。本品对鸽有副作用，应慎用。②磺胺二甲基嘧啶0.3%～0.6%，混入饲料中喂5天。③长效磺胺，口服，每只每天0.25克，每天1次，连用3～4天。

155. 如何防治鸽子副伤寒？

（1）流行特点：本病多数发生在成熟前的鸽，童鸽发病率高，死亡率也较高。成（产）鸽发病呈慢性经过，病鸽虽经治愈，但会成为永久带菌者，从粪便中持续排出病原菌危害鸽群。本病在鸽子受凉、营养不良和卫生条件比较恶劣的情况下容易诱发。病原主要经消化道侵入鸽体，通过鸽接吻、飞沫、灰尘等从呼吸道也可传染，已染病的雌鸽，可以通过卵巢、输卵管把病原传染给蛋，使乳鸽受到感染。

（2）临床症状：鸽子副伤寒的症状和病变有下面四种类型：

①肠道型：病鸽食欲减退或废绝，排出褐色或绿色有泡沫的恶臭粪便，尾部羽毛污秽。剖检可见肠道卡他性炎，充血及出血。

②关节型：关节发炎，关节液增多，肿胀，疼痛。关节炎多发生于肘关节和胫跖关节，且多呈单侧性。病鸽活动时表现单脚站立，独脚跳跃或短步急行，两翅下垂，飞行困难，不愿飞翔。

③内脏型：病原在体内形成菌血症后常侵入体内各个器官，特别是肝、脾、肾、心和胰脏，全部或部分脏器出现针头至粟粒大、油污状的灰黄色结节，以肝脾的结节较明显，并有肿大。肠道有时也会出现结节状的灰白色坏死灶。雄鸽可能有单侧性睾丸炎，炎症一方肿大一至数倍，或见点状坏死灶。当器官严重受损时，病鸽精神沉郁，呼吸困难，机体衰弱以至死亡。

④神经型：此型不多见。当病原侵入脑和骨髓时，会损伤神经中枢，使鸽出现运动障碍，脚趾痉挛，步态蹒跚，头颈扭转等神经症状。

(3) 防治措施：发现鸽患本病应及时治疗，防止病情进一步发展与传播。用金霉素每只每天 15 毫克，分 3 次口服，连用 4～5 天。

156. 如何防治鸽Ⅰ型副黏病毒病?

(1) 流行特点：鸽Ⅰ型副黏病毒病，又称鸽新城疫，是一种急性、烈性传染病，也是一种高度接触性传染病。健康鸽接触到病鸽就会被传染，或是通过污染的饲料、饮水、鸽具，以及接触病鸽的人，被污染的衣服、鞋、帽都会传染。病鸽的卵也可以带毒，因此，一旦发生本病，在很短的时间内将传染整个鸽群。

(2) 临床症状：感染本病毒的鸽，首先发生严重水样下痢，拉黄绿色稀粪，精神不佳，羽毛松乱，呼吸困难，食欲减少，饮欲剧增，眼结膜炎或眼球炎，鼻有分泌物。有些可见单侧性翅膀或腿麻痹，伴有阵发性痉挛、震颤，头颈扭曲，颈部僵直，头向后仰等症状。有些信鸽表面正常，但飞行时却难以自控，不能飞向目的地，或飞出后不能返回。

(3) 剖检病变：鸽感染本病后，其病变与鸡新城疫的病变大致相同。

30%～40%的病鸽结膜发炎、充血、出血，并有分泌物。出现脑充血，有少量的出血点，实质水肿；肝肿大，有出血点及出血斑；脾肿大；肾苍白、肿大。约有 40%病例见小肠、直肠和泄殖腔出血或充血。自然病例的腺胃未见有明显病变；部分病鸽有针头

大小坏死点。

（4）防治措施：接种疫苗是一种行之有效的预防措施，上吸道接种免疫效应优于翼膜或肌肉接种。最有效的疫苗是鸽Ⅰ型副黏病毒灭活疫苗，该疫苗接种1次即具良好的免疫力，非常安全。操作时，先用酒精将颈的下半部羽毛喷湿（可用小喷雾器），然后拇指和食指捏住鸽子的颈中部皮肤并拉起，使形成一个“囊”，拨开羽毛，小心将针头插入颈部中线的皮下囊内，每只鸽注入0.5毫升疫苗，拔出针头时，角度要与入针时相同。每注射1只鸽，消毒针头1次。

该疫苗注射后，机体慢慢吸收，经3～4周可获较高的免疫力。如果进行第二次接种，则可获得更高的免疫力，老鸽每年重复接种1次。

157. 如何防治鸽子衣原体病？

（1）流行特点：本病能感染所有鸟类，也是一种能够传染给人的人鸟共患疾病。2～3周龄幼鸽感染本病危险性最大，死亡率可达20％～30％，成年鸽是隐性感染；正常鸽群中约有30％的鸽带有衣原体，一旦受到长途运输、紧张飞行、过度繁殖、营养缺乏等环境和饲养条件改变的严重应激，成年鸽也会发生慢性或亚急性病例。本病的感染率随季节而变化，每年1～4月份感染率最低，5月、7月份逐渐上升，至11月份感染率最高，达80％以上。本病病原体随粪便、泪液和咽喉的黏液及鸽乳排出体外，鸽子通过摄食被污染的饲料和饮水、接吻以及母鸽喂仔等途径感染，也可通过吸入空气中的病原体感染。

（2）防治措施：

①病鸽可用土霉素肌注或口服，每只5万～8万单位，每天1次，连用5天。

②鸽群流行本病时，可选用金霉素、四环素、土霉素、红霉素拌料，以金霉素为佳，用量为0.04％～0.06％，连续2个疗程，每个疗程5天，中间停2天。

③鸽群混合感染霉形体病时，可用泰乐菌素0.8克/升，饮水

3天。

④发现鸽患鸟疫后，应封锁鸽舍，加强饲养管理，舍内外进行全面的消毒，保持舍内清洁、干燥，避免应激。另外，本病为人畜共患病，场内有关人员应做好防护工作，以防感染。

158. 如何防治鸟疫？

（1）临床症状：病鸽食欲不振，羽毛松乱，消瘦，单侧性眼结膜炎，眼睑增厚，流泪畏光，初期流出水样物，然后变成黏液性分泌物，严重者分泌物呈脓性。一些病鸽结膜混浊和失明。鼻卡他，初期为水分泌物，后期变为黄色黏性分泌物。个别鸽可见单侧性鼻孔有干酪样物堵塞，外部稍臌起，呼吸困难。粪便呈灰白、浅绿色水样，少数鸽还见有翅膀、脚麻痹和扭颈的症状。感染衣原体后4～15天，鸽子体况下降，严重的腹泻、消瘦，会迅速死亡。

（2）防治鸟疫目前无特效药，以综合防治为主。

159. 如何防治鸽子念珠菌病？

（1）流行特点：念珠菌病又称鹅口疮，是鸽子常见的真菌性传染病。幼鸽和成鸽都易感染，以2周龄后的乳鸽至2月龄内鸽易发生本病。刚离开亲鸽的童鸽感染后病情最严重；成鸽感染后症状不明显，但成为隐性带菌者。带菌的亲鸽通过鸽乳将病原传给乳鸽，是本病的主要传播途径。其次，病鸽排出的粪便以及被污染的饲料和饮水也会对健康鸽造成感染。本病的传染常与鸽舍的潮湿和肮脏有密切的关系，发霉的饲料和不洁的饮水也可激发本病。

（2）症状和病变：患鸽初期在口腔、咽喉部充血、潮红，分泌物增多，呈黏稠状。病变逐步形成小白色点，并扩大至上腭、食道和嗉囊，造成口烂，唾液胶黏，呼出气恶臭。病鸽呼吸稍困难，有较轻的呼吸音，间有咳嗽，少食或废食，拉稀，逐渐体弱消瘦，以至死亡。

剖检，食道和嗉囊皱褶变粗、糜烂，或被覆黄白色干酪样伪膜。剥离伪膜时，可见黏膜糜烂或溃疡。

（3）预防措施：

预防：主要是搞好饲料、环境、栏舍的防霉工作，尤其是在梅

雨季节，避免进料过多或饲料受潮。一旦发现本病，应及时投服特效治疗药物和进行全场规模的消毒工作，必要时应封锁场舍，待完全控制疫情后才解封。病死鸽、污染物、排泄物均应小心集中，统一做无害化处理。

治疗：①有口腔病变的鸽，可除去伪膜，涂紫药水。②喂制霉菌素，每只每次 20 毫克，每天 2 次，连用 7 天。或用克霉唑片口服，每千克体重 30 毫克，每天 2 次，连用 7 天。③用 1∶2 000 的硫酸铜溶液饮用 3 天。④补充维生素 A 辅助治疗。

160. 如何防治鸽子蛔虫病?

（1）主要症状：患鸽症状和鸽龄大小和寄生虫寄生数量的多少有关。一般情况下，幼鸽的症状重于成年鸽。如寄生的虫体不多，一般无明显症状；寄生的蛔虫较多时，鸽的生长速度、生产性能和食欲等会明显下降，甚至出现麻痹症状；时间较长时，患鸽体重减轻，明显消瘦。

（2）防治措施：①要避免鸽与粪便接触，每天清除粪便，搞好笼舍内外的清洁卫生，保持饲料、饮水的洁净、无污染。②要定期驱虫，童鸽每 3 个月全群驱虫 1 次，成年鸽每年驱虫 1 次，信鸽比赛前半个月驱虫 1 次。③对病鸽用盐酸左旋咪唑，每只每天半片（每片 25 毫克），晚上喂服。轻者用 1 次，重者用 2 次。④可用驱蛔灵每只每天半片，晚上喂服，连用 2 天。⑤在驱虫后应于次日早上检查驱虫效果，清除粪便，消毒场地。⑥在驱虫后增加饲料营养，多喂含维生素 A 的多维素或鱼肝油，尽快医治肠道创伤。

161. 如何防治鸽子绦虫病?

（1）主要症状：轻度感染者无明显症状。感染严重的，表现为发育停滞，羽毛粗乱无光泽，常独居一角，体况较差，无力，下痢，拉黏稠带有泡沫的粪便，仔细检查粪便时，可见有极小的方形或长方形白色不透明的离体绦虫体节。患绦虫病后，飞翔能力和生产成绩也受影响，并会继发营养缺乏症引起肠道其他传染病。

（2）防治措施：搞好鸽舍内外卫生，消灭中间宿主——蚰蜒、蜗牛、蚂蚁、小螺蛳等。每天清扫粪便并堆积发酵，定期消毒鸽舍和笼具。对病鸽治疗，可给服硫双二氯酚，按每千克体重150～200毫克的剂量给药。也可用中药槟榔片，按1.5克/千克体重的剂量，煎汁于早晨空腹时灌服。

162. 如何防治鸽子球虫病？

（1）主要症状：鸽球虫病的临床症状，依病鸽的不同年龄而异。成年鸽的症状轻微，幼鸽则症状明显，病情较重，并有较高的死亡率。主要表现为：病鸽不思饮食，但大量饮水，体质瘦弱，苍白贫血，腹泻，粪便呈绿色或黑褐色带血，有的呈红褐色带血，拉稀严重的伴有失水现象，剖检可见肠道炎症，肠黏液充血或出血，如刮取小肠黏膜镜检，可发现有球虫卵囊。

（2）防治措施：①由于球虫卵囊需要温暖潮湿的环境发育，对高温和干燥的环境抵抗力较弱，故应保持鸽场与运动场的干燥，勤除粪便。饲料、饮水和砂槽严防粪便污染。②发现病鸽及时隔离。③病鸽可用盐酸左旋咪唑或灭敌菌净治疗，剂量为40～50毫克/千克体重。④口服磺胺二甲嘧啶，每日1次，每次每羽0.25～0.4克，连续服用3天。

在驱虫之后应注意增加饲料营养，多喂含维生素A的多维素或鱼肝油，尽快医治肠道创伤。

163. 如何防治鸽子胃肠炎？

（1）发病原因：胃肠炎是鸽群经常发生的消化道疾病。各年龄鸽子均可发生，其中以幼鸽为多发。病原菌常在鸽子抵抗力减弱后大量增殖而致病，所以阴暗潮湿而且污秽的生活环境，突然变换饲料种类，饲料品质低劣，以及污秽的饲料、饮水，都是本病发生的原因。

（2）主要症状：病鸽食欲不振，羽毛蓬松，精神呆滞，喜欢饮水，嗉囊食滞，间呕吐、下痢，拉绿色或白色稀粪，严重时呈黏稠的墨绿色，有时还有带血的黏液，肛门四周羽毛多被痢便所污染。

（3）防治方法：①改善鸽群生活条件，加强饲养管理，不喂劣质饲料，保持笼舍、饲料和饮水的卫生，增强鸽群体质是预防本病发生的重要措施。②给病鸽投服磺胺二甲基嘧啶，每次0.125克

（第一次剂量加倍），每天 3 次，连服 2～3 天。

164. 如何防治鸽子眼炎？

（1）发病原因：①鸽子密度太大，给料时，群鸽抢食而扬起飞尘进入眼内。②月龄不同的鸽混养在一起，大鸽欺负小鸽，强壮鸽啄弱小鸽，啄伤眼睛，感染发炎。③大龄鸽雌雄未分栏饲养，常几只雄鸽为争夺对象打架，啄伤眼睛。④某些疾病如维生素 A 缺乏症，眼线虫刺激眼睛等也可造成眼炎。

（2）治疗方法：①首先找出眼炎原因，去除发病因素。②用 1%盐水或 2%硼酸水洗眼，清除眼内的分泌物，再涂上四环素眼药膏或滴眼药水，每天 2 次，同时供给适量的多维或鱼肝油。

165. 如何防治鸽子嗉囊病？

（1）发病原因：嗉囊病包括硬嗉病、嗉囊食滞、嗉囊酸酵、消化不良等，是一种常见病。

鸽子吃了发霉变质或不易消化的饲料，以及饮水不足或饮用污水，保健砂不足或砂粒太少等都可造成本病的发生。还有的食入难以消化的东西，致使消化道阻塞，饲料不能通过蠕动推向腺胃。有的鸽因消化道吸收功能障碍如胃肠道疾病等，都可引发本病。

（2）防治措施：

预防：主要是注意保持饲料新鲜和饮水卫生。

治疗：首先冲洗嗉囊。方法是抓住鸽，使其头向下，手指将嗉囊中的食物和液体挤出，然后用导管将 2%的食盐溶液或 0.1%的高锰酸钾溶液灌洗 2～3 次，再将鸽头部向下挤出嗉囊中的液体。清洗完毕后，再口服酵母片 2 片（乳鸽用 1 片），并喂服维生素 B 溶液 3～5 毫升，每天 1 次，连用 3 天。

166. 如何防治鸽子软骨病？

（1）发病原因：发生的原因较多，遗传、环境、营养和机体状态等因素的异常，都可引起本病。常见原因如下：①由于亲鸽基因的缺陷，将不良基因遗传给后代。②由于幼龄鸽长期处于潮湿寒冷的不良环境中，造成脚腿血液循环受阻，营养成分不足而引起本病。③笼养式鸽舍没有补充光照，保健砂的供给不足或配方不合理，缺少维生素D和钙、磷等成分，造成钙、磷不足。④长期患消化系统疾病，胃肠的消化功能和吸收、转化功能较差。

（2）防治措施：首先应供给含钙磷丰富的饲料和保健砂，保健砂应现配现给，每天1次，管理上应防止鸽舍的潮湿，补充光照。病鸽可口服钙片，或喂给新鲜的保健砂，同时，胸肌注射维生素D针剂，每天1次，连续5天。

167. 如何防治鸽子食盐中毒？

（1）中毒症状：病鸽精神萎靡，运动失调，两脚无力，食欲废绝，口渴，大量饮水而使嗉囊扩张，嘴、眼、鼻有分泌物流出，常发生下痢，排黏液样小便，皮肤脱水，眼睛凹陷，继而出现呼吸困难，抽搐性痉挛，最后因呼吸衰竭、脱水而死亡。

（2）防治方法：①立即停止喂含盐饲料及饮水，更换饲料，同时给新鲜饮水或含糖水。②静脉注射葡萄糖水溶液。③投服钙制剂、轻泻剂及镇静剂。④严格控制饲料中食盐的含量。

第六章　乌鸡饲养管理与疾病防治技术

第一节　乌鸡饲养管理技术

168. 乌鸡的用途有哪些？

乌鸡又称乌骨鸡、丝毛鸡，各地又有许多俗名，如“穿裤鸡”、“药鸡”等。乌鸡的主要用途有以下几种：

（1）乌鸡肉质纤细，营养丰富，鲜美适口，从清朝乾隆时期定为贡鸡，供应“宫廷御膳”，在民间用做“食疗”。

（2）乌鸡更为重要的效用是入药，它是中成药乌鸡白凤丸的重要原料。

（3）乌鸡的羽毛细而柔和，犹如羊毛，除可作为褥垫之类的填料外，应进一步研究，广开其利用途径，以发挥其更大的经济效益。

169. 乌鸡在动物学中的分类是什么？

乌鸡在动物分类中属脊索动物门，脊椎动物亚门，鸟纲，鸡形目，雉科，原鸡属，原鸡种。

170. 乌鸡的形态特征有哪些？

乌鸡体形小，雄性成鸡体重不超过 2 千克，雌性体重在 1～1.5 千克，头小颈短，眼黑色，冠小而翅短，飞翔能力弱，全身披均匀一致的白色羽毛。其以“十全”特征而闻名：即缨头、绿耳、紫冠、胡须、丝毛、五趾、毛腿、乌皮、乌骨和乌肉，使其外貌与其他鸡类可明显区分。

（1）缨头：头顶上有一撮细毛，形成一个毛冠，长可及眼，母鸡比公鸡更明显。

（2）绿耳：其耳呈孔雀绿色，尤以50～150日龄最为明显。老年后逐渐变为紫红色。

（3）紫冠：乌鸡绝大多数为玫瑰冠，约占总数的90%；次为单冠，约占8%；桑椹冠者不多。冠近紫红色。

（4）胡须：下颈两侧生有较长的细毛，像长了一撮胡须。

（5）丝毛：全身披以绒丝状细毛，只有主翼羽和尾羽的基部还留有少量扁毛的痕迹。

（6）五爪：每支脚上有5个爪，通常由爪基部发叉多生出一个爪。

（7）毛腿：跖部长有小羽毛，俗称穿裤腿。

（8）乌皮：全身皮肤为黑色。

（9）乌骨：骨膜黑色，而骨质为浅黑色。

（10）乌肉：肉及内脏均为乌色，眼睛棕色者居多，少数呈黑色。

171. 乌鸡的生活习性有哪些？

乌鸡原产于我国江南地区，幼体发育期要求较高的环境温度，比较其他家鸡个体生长发育较慢；杂食性，采食能力强，成鸡为放牧型，能较多地利用青绿饲料；产蛋母鸡具有很突出的就巢性，每产蛋十几枚即出现就巢行为（抱窝），停产20～30天。

172. 如何选择母鸡？

要求体态结构匀称，发育正常，桑椹形，肉冠大而具有弹性；活泼敏捷，觅食力强；皮肤有弹性，就巢性差；胸肌发达，背部要长，宽且深，腹部柔软；腿脚粗壮，有力，爪直，腿肌丰满；龙骨直而不弯曲；耻骨之间、耻骨与龙骨末端的距离要宽，可容下3～4指，表示腹容量大、产蛋多。在晚秋开始换羽的是高产鸡，其换羽快、时间短。换羽不停产的鸡最好。

173. 如何选择公鸡？

公鸡对后代的影响较大，选择的标准：体躯大，雄壮；桑椹冠呈紫红色，胸宽挺直，肌肉发达，骨骼坚实，羽毛光润，眼大有

神，鸣声洪亮，好斗，交配能力强，未患过任何疾病。

174. 公母鸡配种比例是多少?

公母鸡配种比例要适当，以保证种蛋有高的受精率。如果配种比例不适当，母鸡过多，则不能得到公鸡的配种，种蛋受精率低；公鸡过多，则浪费饲料，也会把母鸡踩坏。而且公鸡由于争配，互相斗架，影响鸡群安宁，配种效果不好，降低种蛋的受精率。雌雄种鸡在大群平养时，搭配比例为 9∶1；在配组笼养时为每笼 7 只，搭配比例为 6∶1。如配种公鸡年轻、活力强，则与配母鸡数还可酌情增加。

175. 乌鸡孵化需要哪些条件?

种蛋离开母体后，胚胎的发育完全依靠蛋里的营养物质和合适的外界条件——温度、湿度、通风等来完成。因为胚胎发育在各个不同阶段有不同的生理变化，所以我们就得给予不同的条件。

（1）温度：只有在适宜的温度下，才能保证鸡胚正常的物质代谢和发育。温度过高、过低都会影响胚胎的发育，严重时造成胚胎死亡。一般来说，温度高，胚胎发育快，但很软弱，如温度超过 42 ℃，经 2～3 小时以后，则造成胚胎的死亡；相反，温度过低，胚胎生长发育迟缓。

胚胎发育的不同阶段，对外界温度要求也有所不同，长期恒温，对胚胎的发育并不理想。孵化初期，胚胎物质代谢处于低级阶段，胚胎很小，没有调节温度的能力，因而需要较高的孵化温度。孵化中期以后，随着胚胎的发育，物质代谢日益增强，特别是孵化末期，胚胎本身产生大量的热量，因而需要较低的温度。一般入孵 1～3 天，温度可掌握在 38 ℃；4～16 天，温度掌握在 37.8 ℃；17～20天，则为 37.6 ℃为宜。孵化温度受外界气温、风向、风力、雨雪等自然条件的影响很大，所以，室内温度低时，机器温度就应调高些，室内温度高时，机器温度就应降低些。

（2）湿度：鸡蛋内的空间几乎为水汽所饱和。蛋内的含水量大于蛋外，所以水分子总是由内向外扩散。其扩散的速度受气孔长度的影响（即蛋壳厚度），气孔长度大，孵化期内损失水分则较小；

反之，蛋壳薄而孔多则损失水分多。水分损失率与孵化率呈负相关，在孵化期内，种蛋水分损失率一般在15%左右。另一方面，扩散速度又受蛋内外水气压差的影响，这与孵化湿度直接有关。孵化湿度大，蛋内向外蒸发的水分就少，将阻碍蛋内水分正常蒸发，使空气流通不畅，影响胚胎发育，孵出来的雏鸡肚子大，不精神，不好养。反之湿度过小，蛋内的水分加速向外蒸发，损失水分就多，胚胎和胚膜容易粘在一起，使新陈代谢作用不能正常进行，严重影响胚胎的发育和出雏。孵出的鸡雏个小、干瘦，毛短而发焦。所以湿度应根据胚胎发育的不同时期而有所不同。在孵化初期，胚胎要生成羊水和尿囊液，给温又较高，故湿度应稍高些，相对湿度应为65%～70%。在孵化的中期，为便于尿囊液和羊水的排除，湿度应减少些，相对湿度为50%～55%。当雏鸡出壳时，为防止雏鸡绒毛与蛋壳粘连和有利于雏鸡破壳，湿度又应当增高，相对湿度应为65%以上。

（3）通风：胚胎在发育过程中，不断吸收氧气和排出二氧化碳。为保持胚胎正常的气体代谢，必须供给新鲜空气。蛋周围空气中二氧化碳含量不能超过0.5%，如达到1%时，则胚胎发生病理变化——畸形或胚胎不正常，或胚胎停止生长，死亡率增高。通风的程度应随着胚胎的发育时期不同而有所不同。孵化初期胚胎需要的空气很少，以后随着孵化期的增长，通风孔就要逐渐开大，以至全开。风扇的转数不能过慢或过快，以保持孵化器内空气新鲜，风速正常为宜。

（4）翻蛋：孵化的种蛋要经常翻动，这在孵化上很重要。

①翻蛋可避免胚胎与蛋膜粘连。蛋黄因脂肪含量高，密度较小，总是浮于蛋的上部，而胚胎位于蛋黄之上，容易与内壳膜接触，如长时间放置不动，则易与壳膜粘连导致死亡。

②翻蛋可使胚胎各部受热均匀，供应新鲜空气，有利于新陈代谢。

③翻蛋也有助于胚胎一定的运动，保证胎位正常，提高孵化率。因此，孵化过程中必须经常翻蛋，特别是第一周更为重要。为

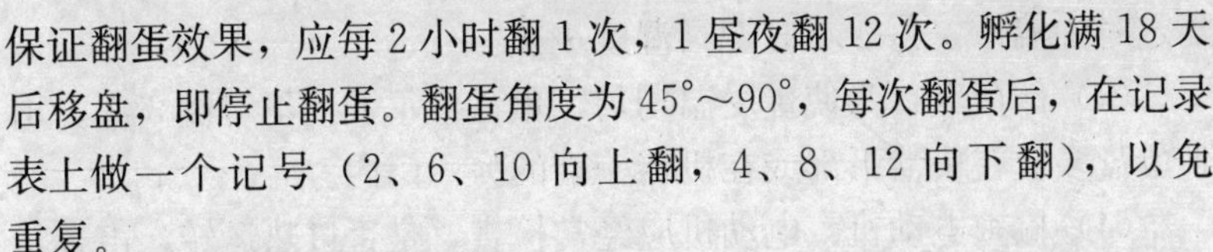

保证翻蛋效果，应每2小时翻1次，1昼夜翻12次。孵化满18天后移盘，即停止翻蛋。翻蛋角度为45°～90°，每次翻蛋后，在记录表上做一个记号（2、6、10向上翻，4、8、12向下翻），以免重复。

（5）晾蛋：胚胎发育至中期、后期，新陈代谢旺盛，蛋内产生很多热量，为了及时散发多余的热量，晾蛋是一项非常重要的措施。晾蛋的时间应依季节、室温和发育程度而定。当蛋晾到用眼皮试蛋感到微凉时（30～33℃），即可停止。当机内温度上升而超温时，就要设法排出多余热量。办法有两种：一种是每天定时晾蛋两次，每次将机内温度下降到32℃，然后再徐徐给温，使其回升到适当的度数。另一种办法是将机门打开一条缝，散除机内多余热量，打开门缝的大小，以恒温控制系统的通、断电热盘的指示灯为依据。如果红灯通电时间长，说明开缝开得太大，机内热量散失过多，电热盘一直在加热，浪费电力。反之，如果绿灯常亮（断电）而红灯不亮，说明门缝打开得太小，机内多余热量散失不净，温度仍在上升。因此门缝要开得大小适当，使电盘有断电、通电的时间，只不过是要使绿灯亮（断电）的时间远远超过红灯亮（通电）的时间的几倍、十几倍。这样既节省电力，又能自控。

176. 孵化前需要做好哪些准备工作？

孵化前应根据设备条件、生产潜力、孵化任务大小、种蛋来源和雏鸡处理等订出计划，妥善安排。

对孵化室和孵化器，在使用前要认真检查和维修，做好消毒和试温工作。

177. 孵化期需要做好哪些管理工作？

（1）调节温度：注意温度的变化，观察调节器的灵敏度，为了防止意外，最好每隔半小时查看1次温度，每4小时记录温度1次。温度如有波动，如停电或出事故等，时间长短都应注明，以备将来检查总结时参考。

（2）掌握湿度：根据胚胎发育阶段不同，对湿度的要求也不同，如湿度小，就增加水盘，湿度大，就减少水盘。水盘内，每天要定时加温水。每4小时记录湿度1次。

(3) 倒蛋盘：为使蛋受温均匀，蛋盘应每天上下对倒3次。出雏蛋盘多放在机器下部或在机器一端的另一门内。

(4) 检查电动机：电动机应经常检查，是否过热运转，声音是否正常，要定期加油。

(5) 孵化记录：每次孵化应将上蛋日期、入孵数量、种蛋来源、历次照蛋情况，孵化结果、孵化期内温度的变化、开机时间等记录下来，以便统计孵化成绩或作为总结工作的参考。

(6) 验蛋：孵化期内应照蛋2～3次，观察了解胚胎发育的情况，及时验出无精蛋和中死蛋。

(7) 移蛋（移盘、落盘）：种蛋孵到第18天或第19天，最后一次照蛋，将种蛋由孵化盘移至出雏盘中叫落盘。此后停止翻蛋，增加水盘，提高湿度，准备出雏。

(8) 出雏的处理：发育正常时，移蛋当时就有破壳的，满20天就开始出雏。此时，应关闭机器内的照明灯，以免雏鸡骚动影响出雏。

当雏鸡出到50%左右时，就应把空蛋壳和那些脐部干燥、收缩良好、绒毛已干的雏鸡从出雏盘中取出。有时空壳能将出壳晚的蛋壳套起来（俗称戴帽），应及时取下，以免闷死小鸡。对脐部凸出肿胀、鲜红有光泽、绒毛未干的弱雏，可暂留在雏盘内，待下次再检。取雏应当定时，出雏前，应有充分准备，室温要高些。

178. 雏鸡的生理特点有哪些？

(1) 刚出壳的雏鸡，全身着生绒羽，毛稀短，御寒能力很差，体温调节机能还不十分完备，对外界环境的适应能力较差。随着日龄的增加，绒毛脱落和羽毛的生长，体温调节机能逐渐加强，从而能够较好地适应外界的温度变化。因此，在育雏开始时，必须供给较高的温度，以后随着雏鸡日龄的增长以及外界温度的变化，再逐步降低育雏温度。

(2) 雏鸡的消化道短，容积小，消化能力差，每次采食量很少，贮存食物有限，因此要求饲喂容易消化、营养丰富的全价饲

消毒。

182. 如何做好雏鸡的饲养管理？

为了养育好鸡雏，必须为鸡创造良好的育雏条件。育雏条件主要包括：育雏的温度、湿度、通风、光照、合理密度、营养完善的饲料和良好的环境卫生等。

（1）温度：雏鸡要求的适宜温度为：出壳1周之内31～30℃；1～2周龄30～28℃；3～4周龄28～23℃。

温度是否适当，直接影响雏鸡活动、采食、饮水和营养物质的消化吸收，关系到雏鸡的健康和体质发育。育雏的温度包括育雏室的温度和育雏器内温度，育雏室的温度可以比育雏器的温度低2～3℃，这样雏鸡可根据自身的需要，随时找到适温的场所，有利于雏鸡的生长发育。

育雏温度，应随育雏季节、育雏器的种类等略有差异。温度随着雏鸡日龄的增加逐渐降低。育雏初期温度宜高，后期宜低，弱雏宜高，小群宜高，大群宜低；阴雨天宜高，晴天宜低；夜间宜高，白天宜低。雏鸡生长到1月龄左右，体内温度调节机制基本形成，能够较好地适应外界温度变化。温度下降的速度视小鸡群的体质强弱和气温情况而定。此外，还要随时观察雏群的精神状态和活动规律。温度适当，雏鸡表现活泼好动，食欲旺盛，饮水适量，睡眠安静，睡姿伸展、舒适，鸡群疏散，均匀俯卧。如果雏鸡颈羽收缩，夜间睡眠不安，常发出“唧唧”叫声，鸡群密集、向热源靠拢，甚至互相挤压，层层扎堆，时间稍长即可造成大批压死现象，说明温度较低。如果温度过高，雏鸡张嘴喘气，分布远离热源，精神懒散，张开翅膀散热，贴墙处活动，食欲不好，大量饮水。

（2）湿度：育雏要有合适的温度、湿度相配合，雏鸡才会感觉舒适，发育正常。雏鸡从相对湿度为70%的育雏器中孵出后，如果随即转入干燥的育雏室中，雏鸡体内水分随着呼吸而大量散发，则腹中剩余蛋黄吸收不良，饮水过多，容易发生下痢，雏鸡绒毛发脆，脚趾干瘪，食欲不振，消化不良，羽毛生长慢。因此，在10日前，湿度不够时，可在室内地面或在走廊稍洒些水，或在炉上放

盆水蒸发水汽。湿度过高则应加强通风，散发水汽。

10日龄后，由于雏鸡体重增加，呼吸量与排粪量也随之增加，室温逐渐下降，病原菌易繁殖而引起传染病。湿度的大小，直接影响雏鸡健康和生长发育。因此，要注意通风，勤换垫料，调整室内湿度，要求保持相对湿度在60%～65%。湿度的大小，依季节等不同而应适当调整。

（3）通风：通风的目的是排出室内的污浊空气，换进新鲜空气，并调整室内的温度、湿度。鸡的体温高、呼吸快、代谢旺盛，单位体重排出的二氧化碳较多。此外，由于育雏室内温度高，粪便和垫料分解产生大量的二氧化碳和氨气，使室内有害气体浓度不断增加，污染的空气不能及时排出，时间长了，鸡群的健康会受到严重影响，引起呼吸道及其他疾病的发生，以至造成死亡。因此，必须在保温的前提下，做好通风换气工作，及时排出室内污浊的气体，换进新鲜空气。当早晨进入鸡舍时，感觉臭味大，时间稍长，即有刺激鼻、眼的感觉或流泪，这表明氨的浓度和二氧化碳的含量高。室内空气的新鲜程度，以人进育雏室内不感到有闷气和刺激鼻、眼的气味为适宜。通气时要避免冷空气直接吹入，可用布帘遮挡，或用过道办法，使室外冷空气经过预温再入育雏室。

（4）光照：阳光对雏鸡的健康影响很大，光照时间的长短与鸡达到性成熟的日龄有密切的关系；光照可提高机体的新陈代谢，增进食欲，帮助消化，提高雏鸡生活力，促进雏鸡生长发育。促进鸡体内的钙磷代谢，能加速体内酶的活动，促进物质代谢。阳光还具有杀菌和消毒作用，这是因为阳光能使动物蛋白质变性、凝固，从而使细菌死亡。光照可使鸡舍干燥，有助于预防疾病。

雏鸡出壳至3日龄时，用24小时连续光照，目的是为了让雏鸡熟悉料槽、水槽位置和室内环境，训练雏鸡的采食与饮水等。除定时给以较强光线外，其他时间都以弱光为好。从第4日龄起到20周龄（种鸡22周龄）每昼夜光照时间，一般为8小时，不能低于7小时，也不能超过11小时（密闭式育雏舍），开放式育雏舍不能控制光照时间，采用自然光照即可。一般雏鸡在10日龄后，在

温暖无风的天气，中午可以短时间打开窗户，使日光射进室内，让雏鸡晒太阳，不能关着窗户晒太阳，因为太阳紫外线不能透过玻璃。如果舍外温度达到育雏要求的温度，在天气晴朗暖和无风时，可将雏群放到室外栅栏内，使雏鸡得到充分运动和阳光；初期时间不宜过长，以15～30分钟为宜。因为10日龄的鸡食量不大，过多的运动会使其体力消耗太多，应当控制，以后随日龄的增加逐渐延长光照时间。到20日龄后，可让雏鸡自由出入鸡舍内外。

鸡舍内光照强度应适当控制在一定的范围内，不应过强或过弱。光照强，提高成本，且鸡容易惊群，恶癖发生率增高，不易管理。光照弱，不利于鸡的采食，达不到光照刺激的目的。除了雏鸡出壳至3日龄时采用20勒照度外，其他时间以5勒照度为宜，一般要求在10勒以下为宜。

世界上一般采用红光育雏，可防止啄羽、啄肛等现象；饲料消耗少，产蛋率较高，而且蛋的品质好。

（5）合理密度：密度是指育雏舍内每平方米面积所饲养的鸡数。适当的密度是保证鸡群健康、生长发育良好的重要条件。密度过大，使室内空气污浊，氨气浓度大，湿度高，雏鸡吃食拥挤，抢水抢料，饥饱不均，生长慢，发育不整齐，很容易发生恶癖和传染病。育雏室内雏鸡的密度应随雏鸡的周龄（或日龄）的增长而逐渐减少。同时，也要根据季节而定，冬季可密，夏季则稀。

饲养密度与饲养方式有很大关系。地面散养密度应该小些，网上饲养密度可以大些，一般网上比地面可多养20%～30%。随着鸡龄增大，应逐渐减少密度。但在生产实践中，往往以阶段来划分，前4周未能分辨公母以前为一阶段，用同一种密度饲养，每平方米平养25只，网养30只左右。4周后可将小公鸡逐渐淘汰，降低饲养密度。一间15米^{2}地面育雏室，可育雏200～300只。

（6）饮水：雏鸡在进入育雏室后，首先要供给充足的饮水，因为雏鸡出壳后腹部卵黄囊内部还有一部分卵黄尚未被吸收净，这部分营养物质要3～5天才能基本上被吸收完，尽早利用卵黄囊的营养物质，对雏鸡生长发育有明显的效果。另一方面，雏鸡出壳后，在育雏室高温条件下，因呼吸水分蒸发量大，体内失去不少水分，需要饮水维持体内水代谢平衡，防止脱水死亡。平时饮水有助于饲料的消化和吸收。要防止断水、缺水和间断给水，应当做到饮水不断，随时自由饮水。如果长时间不给水，使鸡群干渴，饮水时会暴饮，可因造成嗉囊水胀而死亡，或因抢水使一些雏鸡被淹死。早春室温不高，由于抢水，雏鸡毛稀淋湿绒毛而受凉感冒，或出现发冷集堆等现象，造成死亡。饮用水必须保持清洁，否则易得消化道疾病。

1～2 周龄内的雏鸡禁止饮用凉水，要求水温与室温相近。可将凉水加温后饮用。

（7）雏鸡的饲料：

①开食用的饲料，要营养丰富，容易消化，适口性强，便于啄食。在喂小米或碎米料时，一定要先用热水泡透再喂。喂出壳后 2 天内的雏鸡，可单独喂，但不要超过 3 天。头几天可加喂煮熟的鸡蛋（每百只雏鸡加喂 3～5 个），可根据具体情况来定，有条件的多喂几天，否则可少喂几天。3 天后就要逐渐加喂一定数量配合好的粉料，以满足雏鸡正常生长发育的需要。5 天后就可以全部改换成配合饲料。在全部改换配合饲料时，应当逐渐加喂切碎的青绿饲料，可拌入粉料中一起饲喂，也可单独放在饲槽中饲喂。在无青绿饲料的季节，可用维生素添加剂来代替青菜。1 周龄后可喂给优质鱼粉，但量不可过多，如果饲喂鲜鱼，一定要炖熟后再喂；鲜鱼汤拌料能刺激食欲。最好采用拌湿料的喂法，鸡喜食，2 周龄以上喂给一些贝壳粉和沙粒。

②饲喂的次数：在 2 周前每天喂 5～6 次。喂食要定时，不要轻易变动。1 周前饲喂用料盘、纸或塑料布。以后换用料槽。饲槽和水槽的高度应随雏鸡的体高而逐周调整，使其高度始终保持比鸡背高 2.5 厘米。

③饲喂的方法：第一次开喂时多数雏鸡不知吃食，应当训练雏鸡学会啄食。先将饲料均匀地撒在铺在地面的纸上或塑料布上，饲养人员要用手指敲打纸（或塑料布），诱雏啄食。每次喂食不要过

饱，以免幼雏贪吃，采食过量，引起消化不良。饲喂时间为20～30分钟，然后撤下饲喂布。

④分群：在日常饲喂雏鸡时，最好在1月龄内按其体质强弱、大小进行分群饲养，每群数量不宜太大，一般每群以300～500只为宜。分群工作可以结合淘汰小鸡与疏散密度同时进行。

（8）建立合理的管理制度：如严格的规定开灯、闭灯时间，饲喂的次数等。

（9）每天要观察鸡群动态，特别是清晨开灯以后，首先要观察鸡的精神状态，粪便是否正常，采食量多少，吃料快慢。雏鸡休息时，要细听呼吸声是否正常，如甩鼻（打喷嚏）、呼噜响的喉音等不正常的音响，这说明雏鸡有病，应及时采取预防措施。

（10）育雏舍内外每天要清扫，保持环境清洁卫生。喂料用具要保持清洁。鸡舍必须安静，防止惊群。防止猫、狗、鼠等动物闯入舍内引起惊群，以免造成挤压伤亡。

183. 育成鸡的生理特点是什么？

育成期是乌鸡生长发育新陈代谢最旺盛的时期，骨骼的生长发育迅速，消化功能逐渐完善，食欲增强。羽毛已经丰满，后期生殖系统开始发育。在这一阶段，除了确保乌鸡群有较高的成活率外，主要是采取科学饲养管理技术，把育成鸡培育成发育良好、体质健壮、抗病能力高、适时开产、开产日龄整齐、初产后能迅速到达产蛋高峰和持续高产的乌鸡群。作为商品用的乌鸡要在短期内获得理想的增重，达到入药标准和肉用标准。因此，青年鸡阶段的种鸡群管理特点是：实行限制饲养法，要有足够的运动和新鲜空气，搞好防疫卫生和驱虫工作。有条件的乌鸡场，可以实行放牧饲养，使其采食部分天然饲料，增加其活动范围，对促进中雏的发育和降低饲养成本都有益处。

184. 育成期乌鸡的营养需要有哪些？

由幼雏期转入育成期，在饲养管理上发生系列变化。这些变化不应突然发生，应有1周左右的过渡期，由于育成鸡（指种鸡群）活动量大，采食量增多，一般采用限制饲养，配合人工光照，以控制育成鸡不至于过早性成熟，过早产蛋和大量积聚脂肪，影响成年后种鸡的产蛋和质量。所以要掌握适时开产日龄，及时调整日粮。

青年鸡的饲料营养水平，是鸡一生中最低阶段，如果发现鸡体过肥，就需限制饲养。首先要限制日粮营养水平。饲料营养水平的限制主要是适当降低日粮中蛋白质水平和日粮中能量饲料，要增加粗饲料中的糠麸、叶粉和青饲料，这样能锻炼鸡胃肠的消化功能。蛋白质水平每周下降1%，至14周龄左右下降到12%～13%为止。后期碳水化合物比例减少，以免过肥，不利于生殖系统发育。对钙磷等矿物质饲料和各种微量元素及维生素，必须满足育成鸡的生理需要，特别是钙磷含量比例要合理。才能有利于鸡的骨骼和肌肉发育。

从18周龄开始，由于体重增加和即将产蛋，鸡体内必须贮存必要的营养。此时应将饲料营养水平适当调高，其营养水平介于大雏和产蛋鸡饲料中间，把日粮中的蛋白质饲料提高到25%～30%，相应减少糠麸量。过渡饲料供给到产蛋率达5%时改用产蛋鸡饲料。若到21周龄产蛋率仍未达5%，最好也更换产蛋鸡饲料，以促进产蛋率上升。

185. 乌鸡育成期应做好哪些日常管理工作?

（1）温度：从育雏转到育成鸡阶段，给温、降温、停温要逐渐改变，不要突然变化太大。一般情况下，昼夜温度如果达到18℃以上，就可停温，当遇到大风降温天气仍要适当给温，并注意观察夜间鸡群的情况，以减少意外事故发生。

（2）饲养密度：61～90日龄的育成鸡，每平方米室内地面容鸡密度为8～10只；91～140日龄鸡为5～6只。鸡群密度不宜过大，否则会影响鸡正常生长发育。有条件的鸡场，可以实行放牧饲养，放养开始前要进行训练，形成条件反射，听从呼唤，要防止大雨淋湿，受凉感冒，要防止兽害。

（3）鸡舍内通风换气：育成鸡的生长发育旺盛时期，正处于夏天炎热季节，因此鸡舍内空气要新鲜，要注意通风换气，特别是夜

间。当舍内夜间温度高于18℃时，可将鸡舍窗户适当打开一部分，但要注意鸡的安全，夏季和秋季鸡舍窗户应设铁纱，以便于通风换气并防止兽害。

（4）及时分群管理：第一次分群可按鸡体质强弱、大小，公母等进行分群管理，每群300～400只；育成鸡生长到3月龄之后“十美”特征即逐渐显示出来，雌雄形态特征从外形上已明显区分。这时对种鸡的选择应开始进行。这次选种应以体形发育健康状况为主，第二次选种则以“十美”特征为主。

（5）沙浴：鸡有沙浴特性。沙浴对鸡来说，也是进行运动的一种方式，沙浴后羽毛干净。因此，要给鸡创造沙浴的条件。

186. 转为产蛋鸡需做好哪些准备工作？

（1）育成鸡饲养到130日龄时，生殖器官发育成熟，进入产蛋期。由育成鸡转入产蛋准备期（140～180日）时，除需要提高日粮中蛋白水平外，相应地也要降低日粮中的糠麸含量，为适时开产创造条件。

（2）对鸡群要整顿和编群，调整密度。在整顿编群时，将生长发育不良的鸡和个别瘦弱鸡淘汰掉。选留体质健壮、发育整齐的鸡进行编群。饲养密度应按鸡的容鸡密度编群，平养每平方米室内地面容鸡4只，每群不宜超过120只。

（3）转移鸡群，应在开产前2周进行。其目的是使鸡有充分的时间适应新环境。成鸡笼养时不要等到140日龄，因为此时已有少数鸡的卵泡已进入成熟期，会由于抓鸡转群，鸡受惊吓，成熟的卵没能落入喇叭口而掉进腹腔，从而引起卵黄性腹膜炎等病症，鸡群转移时应避开气温高的时辰。舍内光线要暗，以可见鸡只为度。捕鸡、抓鸡时要轻抓轻放，以减少惊扰。

（4）平养时要准备足够的产蛋箱。产蛋箱的安置高度应距离地面30～60厘米。

（5）搞好防疫卫生和驱虫工作。育成鸡在转入产蛋鸡前，要进行一次预防接种和驱虫工作。在转群前，对鸡舍、设备、用具等进行消毒。要把产蛋鸡舍的设备安装好。一切饲养用具都放进鸡舍，等待接鸡。

187. 药用肉仔鸡的饲养管理工作有哪些?

(1)肉用仔鸡的生长期分为生长期和育肥期。生长期从初生至5周龄，日粮中应含有较高的蛋白质，同时要补充足够的维生素和微量元素，以促进雏鸡的生长发育。育肥期5～8周龄是长肉和贮存脂肪的时期，在日粮配合时，要求含碳水化合物较高的饲料，而粗蛋白可稍低于前期，蛋白和能量饲料两者比例要恰当。如果蛋白水平过高，会减少脂肪沉积，影响屠体的品质。如果淀粉多，热能含量过高，蛋白水平低又会出现生长缓慢，羽毛生长不良和脱羽现象。在充分保证饲料高能量、高蛋白的条件下，可达到生长迅速、增重快的目的。乌鸡药用仔鸡最佳日粮代谢能是12 552千焦/千克，粗蛋白为20%。日粮中应尽量限制糠麸和青饲料等含能量低的饲料，这些饲料在日粮中最多只能占10%。

(2)饲喂方法：采用喂干粉料和湿粉料相结合进行饲养，干粉料要保持整天不断，任仔鸡昼夜自由采食，每天上、下午各喂一次湿料，可大大提高鸡的食欲，增加采食量，加速肉仔鸡的生长和增重。一般在屠杀前1周不要喂鱼粉，以免肉鸡屠体带有腥味，影响肉质。

(3)在饲养管理上，要限制其活动量，光照不能太强，一般每天有8～14小时即可以满足需要。如采用灯光，应给予光线较暗的环境，以微弱灯光为好，只需提供一个方便采食、饮水的照度和能够充分采食及饮水的时间，使鸡群安静休息，有利于促进快速增重育肥。鸡舍内要冬暖夏凉，室温在16～20℃为宜，一般前2周温度稍高些无太大影响，后期皮下积有一定量的脂肪，温度偏高则会增加死亡率。随着周龄、体重的增长，舍内应保持新鲜空气。饮水要清洁卫生，每天不断水。

(4)为了有效地切断感染疾病的途径，消灭舍内的病原体，对各种设备、用具等要进行彻底的清扫、冲洗和消毒，最好是每栋鸡舍同批进入同日龄的鸡，同批整栋出场。

(5)公、母雏分养。因为公母雏的生理基础不同，他们对生活条件的要求和反应也不一样，母雏沉积脂肪能力强，因而增重慢，

饲料效率差。公雏对蛋白质及其中的赖氨酸等能很好利用，因而增重快，饲料效率高。公、母雏分养，各自在适当的日龄出场，有利于提高增重、饲料效率和整齐度，降低残次品率。

总之，药用乌鸡是大、中雏时屠宰，采用上述饲养管理方法可降低成本，提高产品质量和增加收益。

188. 成年乌鸡的饲养管理工作有哪些?

饲养的乌鸡群，应根据不同季节、气候变化、鸡的生理状态、产蛋等各种具体情况，搞好成年乌鸡的饲养管理。

(1) 春季：

①春天气温逐渐上升，各种微生物容易繁殖，最好是在早春天气暖和之前进行一次彻底清扫和消毒，以减少疾病传播机会。为了预防传染病，各种防疫灭病措施必须在乌鸡群没有进入产蛋高峰前进行，如接种各种疫苗和驱虫工作等。

②春季是产蛋旺季，也是孵化、育雏、培育新鸡群的最好季节，这时要加强饲养管理。鸡日粮中各种营养物质必须完善，动物性蛋白质、维生素和矿物质要符合产蛋标准，以满足鸡产蛋需要。保持鸡群健康，延长产蛋的持续时间，提高种蛋质量，有良好的受精率和孵化率。

③乌鸡对环境变化很敏感，稍有变化即可影响产蛋，在产蛋盛期必须给予安静良好的环境和各种稳定的饲养条件。早春 3～4 月份，外界温度变化较大，要注意天气冷暖，防止鸡群感冒。

(2) 夏季：

①夏季天气炎热、多雨、潮湿，鸡食欲减退，若管理不当，产蛋量容易下降。因此，创造一个良好的环境，使鸡继续保持高产，是夏季管理的关键。夏季要做好防暑降温工作，保持环境干燥卫生，加强舍内通风，降低密度，运动场要设遮阴物。

②夏季饲喂应集中在早、晚凉爽的时候，要早放、晚回舍。做好饲料的调配，增强适口性。饮水要充足，使鸡随时能饮到清凉的水，有利于鸡体散热。

(3) 秋季：

①秋季天高气爽，日照时间逐渐缩短，生活在自然光照下的鸡群，有的开始停产，有的陆续换羽，高产鸡换羽晚，或边产蛋边换羽；当年春季育成的新母鸡也将产蛋。这个时期要加强饲养管理，对产蛋鸡要设法推迟开始换羽时间和缩短换羽期。避免惊扰鸡群，注意天气变化。在换羽初期，饲料质量要好，日粮配合不能突然改变，笼养鸡日粮中要配合足够的维生素B族饲料。当鸡群进入大量换羽时期，要增加日粮中的蛋白质饲料，特别是含有赖氨酸、蛋氨酸的蛋白质。在饲料中加喂些生石膏粉或微量元素添加剂，对促进羽毛生长、缩短换羽期很有好处。

②按鸡群周转计划做好选留、淘汰、补充调整鸡群和越冬的准备工作。根据换羽时间早、晚和停产与否，及时将低产鸡、病弱鸡和老鸡淘汰，用当年培育的新母鸡补充鸡群，以减少饲料浪费，保持鸡群有较高的生产能力。对于即将淘汰的老鸡，在秋季开始换羽前，可采取补充光照的方法推迟换羽期，以增加产蛋量。同时加强饲养管理，直到休产时再淘汰。

③利用秋季鸡产蛋少、换羽后将有一段休产期、当年培育的新母鸡尚未开产的时机，做好防疫接种疫苗和驱虫等工作。要进行鸡舍内、外大清扫和消毒等。做好各项过冬准备工作。

(4) 冬季：

①冬季天气寒冷，日照时间短，应采取必要的防寒保暖措施，补充光照，设法提高鸡群产蛋率。

②鸡的代谢能力较强，当周围温度过低时，鸡体散热加快，饲料消耗增加；如吃进的饲料不够体热消耗，则鸡体消瘦，产蛋减少，甚至完全停产。为此，在冬季必须加强鸡舍的保温防寒工作。在注意鸡舍温度的同时，必须保持舍内通风良好，有新鲜的空气和干燥地面。

③冬季可采用人工补充光照办法提高产蛋率。人工补充光照开始日期，依各地当时日照时间的长短而定。一般在日照少于12小时开始，把每天光照时间补足到14～16小时。每天光照时间要稳定，不可忽长忽短，忽早忽晚，更不能急剧变动，否则会使产蛋量

大幅度下降。对发育差、体质较弱、体重轻的鸡群，应推迟一段时间补充光照。否则，鸡群早产，早衰，全年产蛋量有所减少。

第二节 乌鸡常见疾病防治技术

189. 乌鸡常见疾病有哪些？

乌鸡常见病分为传染病、寄生虫病和普通病三种。传染病主要有鸡新城疫、马立克氏病、法氏囊病、禽霍乱、鸡痘、鸡伤寒、鸡白痢、传染性喉气管炎、禽曲霉菌病。寄生虫病有球虫病、蛔虫病、绦虫病、鸡虱。普通病有恶癖、鸡软脚病、消化不良和嗉囊阻塞等。

190. 如何防治乌鸡新城疫？

(1) 临床症状：病鸡呼吸困难，口鼻流出黏液，下痢，有神经症状，黏膜出血，发病急，发病率和死亡率高，是危害养鸡业最严重的疾病之一。根据发病程度可分为最急性、急性和慢性三种。

①最急性：常发生在本病的流行初期，病鸡无任何症状而突然死亡。

②急性：病程多为2～5天，病鸡羽毛蓬松，离群呆立，不爱吃食，常伸脖张嘴呼吸和摇头，发出“咯咯”声和“呼噜”声。嗉囊肿胀，若将病鸡倒提，顺口角流出腥臭涎水。体温升高到43～44℃，多数呈昏迷状态而死亡。

③慢性：常发生在流行后期，主要表现为各种神经症状，如病鸡行走东倒西歪，步态不稳，头颈向一侧扭曲或向后倒退，有的鸡一条腿或两条腿瘫痪，不能站立，翅膀麻痹，多数逐渐消瘦而死亡。

(2) 剖检变化：比较特征性的病变是腺胃黏膜水肿，乳头和乳头间有明显的出血点，或溃疡和坏死。肌胃角质下层也常有出血点。

(3) 防治措施：目前尚无特效药物治疗，必须采取综合防治措施。最有效的办法是定期给乌鸡注射新城疫疫苗，常用的是新城疫

Ⅰ、Ⅱ系疫苗两种，Ⅰ系苗用于2月龄以上的鸡。以蒸馏水或凉开水按1∶100稀释，在翅膀内侧皮下刺种。或按1∶1 000稀释在胸肌或大腿肌肉上注射1毫升。接种后5～7天产生免疫力。免疫后结合抗体监测，确定下一次免疫的时间。母鸡最好在换羽、停产季节接种，以免减少产蛋。Ⅱ系苗适用于雏鸡、中鸡和成年鸡。用蒸馏水作10倍稀释，用消毒过的滴管给鸡滴鼻点眼，每只鸡2滴，雏鸡滴鼻点眼最好在7～10日龄进行。

191. 如何防治乌鸡马立克氏病?

（1）临床症状：马立克氏病可分为三种类型：即神经型（古典型）、内脏型（急性型）和眼型，有时可能混合感染。

①神经型：主要侵害外周神经，最常侵害坐骨神经，发生步态不稳，以后完全麻痹，不能行走。蹲伏地上，成为一种特殊姿态，即一只腿伸向前方，另一只腿伸向后方。当臂神经受侵害时，则翅膀下垂。当颈部肌肉的神经受侵时，发生头下垂和颈歪斜。当迷走神经受侵时，可引起失声。嗉囊扩张以及呼吸困难。当迷走神经受侵时常有拉稀症状。

②内脏型：常侵害幼龄鸡。死亡率高，主要表现为精神萎靡不振，病程较短，突然死亡。

③眼型：常发于一眼或两眼，丧失视力。虹膜环状或点状褪色。瞳孔不整齐，严重的留下一个针头大的小孔。

（2）防治措施：目前唯一的预防办法是：杜绝传染途径，严格做好检疫工作：雏鸡与成年鸡分开饲养，严格隔离；种蛋入孵前要严格消毒。对出壳24小时内的雏鸡颈部皮下注射火鸡疱疹病毒疫苗，剂量为每羽雏鸡皮下注射稀释疫苗0.2毫升，15天后产生免疫力，免疫期5个月。

治疗上尚无特效药物，发现病鸡立即淘汰，病死鸡要深埋或烧毁。

192. 如何防治乌鸡法氏囊病?

（1）临床症状：本病多发于28～60日龄的小鸡，鸡群感染率100%，死亡率高达80%，一般20%～40%。一般突然发病，发病

后第3～5天为死亡高峰，后急剧下降，一周后死亡停息。病雏精神不振，羽毛松乱，头低和震颤，喜欢饮水，排黄色或绿色水样稀粪，肛门黏膜发红、粪污，软脚，严重者倒地侧卧，最后虚脱而死。

（2）剖检变化：乌鸡法氏囊肿大，呈黄色或黄白色、胶冻样。内有果酱样、奶油样干酪物，感染后第5天，鸡法氏囊急剧萎缩；肾苍白、有尿酸盐沉淀；大腿外侧肌肉及胸肌呈斑点出血；肝有黄条（状）样病变。

（3）防治措施：

①用疫苗对乌鸡群进行免疫。在低或无母源抗体时，用弱毒疫苗进行免疫。免疫时应注意：运输和保管疫苗必须冷藏；不能用含有漂白粉的水或其他茶水稀释疫苗；不能在强阳光下进行饮水免疫；不能用金属器皿装疫苗；停水时间要适宜，一般2～4小时；饮水免疫的饮水器或水盆要保持足量。

②对养鸡场环境进行彻底消毒，选用0.2%烧碱、5%漂白粉；开产前给种鸡接种高效价的灭活疫苗，使雏鸡获得较高的母源抗体，避免早期感染而引起免疫抑制；发病时，适当提高育雏温度1～2℃，可减少死亡；治疗应用IBD高免蛋黄液，每只乌鸡1毫升，肌肉注射。

193. 如何防治乌鸡霍乱？

（1）临床症状：自然病例潜伏期一般为2～9天，最急性病例几乎看不到症状，突然死在鸡舍内或栖架下。肥胖的鸡容易发生最急性型的禽霍乱，大多数病倒为急性。主要表现精神不振，羽毛松乱，缩颈闭眼，弓背，头藏于翅下，不爱走动，离群呆立，常有剧烈的腹泻。粪便灰黄色或绿色。肛门周围羽毛黏有稀粪。体温升高到43～44℃。食欲废绝，口渴多饮，呼吸加快，鼻腔分泌物增多，呼吸时嘴常张开，有时带“咯咯”声。慢性病鸡消瘦、贫血、下痢、食欲减退，关节肿胀、跛行、化脓，切开可见脓性干酪样物。可能延至几周后死亡或为带菌者。

（2）剖检变化：病鸡的腹膜、皮下组织及腹部脂肪常见小点出

血。心包变厚，心外膜、心冠脂肪出血尤为明显。肝脏的病变具有特征性，肝稍肿，质变脆，呈棕黄色。表面散布有许多灰白色针头大的坏死点。

（3）防治措施：

①采取注射禽出败弱毒菌苗配合药物进行预防效果较好。禽出败弱毒冻干苗，适用于2月龄以上的鸡。注射后5天产生免疫力，免疫期3个月，按剂量可用生理盐水或氢氧化铝生理盐水稀释，肌肉或皮下注射1毫升。注射后出现减食和精神欠佳等现象，产蛋下降约需半个月才能恢复。若使用禽出败氢氧化铝甲醛菌苗接种，注射后需2～3周才能产生免疫力，免疫期仅3～5个月。1月龄以下的雏鸡及体弱鸡不宜使用。肌肉或皮下注射2毫升，注射后1～2日内有轻度反应，常有个别鸡只发生死亡。注意一定要在接种2周后才能投药物预防。

②禽霍乱应用青霉素、链霉素及磺胺类药物治疗有良好的效果，但治疗时必须持续用药几天。青霉素每羽肌注或口服5 000～10 000国际单位。坚持每日2～3次，鸡对链霉素较敏感，应掌握在每千克体重剂量50毫克，以防中毒。

194. 如何防治乌鸡鸡痘?

（1）临床症状：鸡痘是由病毒引起的一种接触性传染病。鸡痘分为发生在口腔黏膜内的黏膜型鸡痘、发生在皮肤上的皮肤型鸡痘以及两者都有的混合型鸡痘。

①皮肤型：可见鸡冠、肉髯和眼皮等处皮肤上，产生一种灰白色小点，小点逐渐扩大呈黄色，并结合在一起，形成干燥、粗糙的大结痂，经3～4周后逐渐脱落。大部分鸡无明显的全身症状。但严重的幼鸡精神萎靡，食欲减少，体重减轻，产蛋鸡则产蛋减少甚至停止。

②黏膜型：在口腔咽喉部黏膜上发生白色、不透明、稍突起小结节，妨碍饮食和引起呼吸困难。

③混合型：皮肤和口腔黏膜都患病。

（2）防治措施：

①预防鸡痘的可靠办法是接种鸡痘弱毒苗，按1～15日龄为1∶200、15～20日龄为1∶100、60～120日龄为1∶50的比例稀释。采取刺种法，即用消毒过的刺种针，刺种在鸡的翅膀内侧无血管处的皮下，每羽鸡刺1次，免疫期为5个月。

②对皮肤型可用0.1%高锰酸钾溶液冲洗，再涂擦碘酊。白喉型可用镊子小心除去假膜，用0.1%高锰酸钾溶液冲洗，再涂擦碘甘油或龙胆紫。此外，冰硼散和醋酸可的松软膏涂擦口腔均有良好效果。也可用患过病的康复鸡血液，每只每天注射0.5毫升，连用2～5天有效。

195. 如何防治乌鸡伤寒？

（1）临床症状：先见到少数鸡发病，以后病鸡和死鸡渐多。病鸡精神不好，呆立，羽毛松乱，眼半闭，有的把头藏于翅膀下，病初拉黄色稀粪，体温43～44℃，常在发病后2天死亡。慢性能拖至数周，特征性变化是肝和脾脏红肿。慢性者的肝、脾极度肿大，呈绿色、棕色或青绿色。肝和心脏散布着灰白色小坏死点。

（2）防治措施：在饲料中按0.1%～0.5%的比例加入金霉素或土霉素。一般磺胺类药物均可使用。

196. 如何防治乌鸡白痢病？

（1）病因及传染途径：乌鸡白痢病是由鸡白痢沙门氏杆菌引起的一种常见的传染病。半个月内的雏鸡最容易发生，以7～10日龄的雏鸡死亡率最高。以拉白痢为特征症状。并呈急性败血经过，引起大批死亡。成年鸡多属隐性和慢性经过。

鸡白痢病的传染途径：一是带菌母鸡产的蛋孵化的小鸡，就是带菌病鸡。健雏与病雏在一起吃食、饮水就染上了白痢病。二是带白痢菌的种蛋孵化时，污染了孵化器，病菌就会传给无菌种蛋，从而扩大了白痢病的传播。

（2）临床症状：病初，病鸡羽毛松乱，翅膀和尾巴下垂，缩脖呆立，打瞌睡，常挤到墙角处，喜欢喝水，拉白色稀屎，黏在肛门周围。有的把肛门黏住，常发出尖锐叫声。触诊时可发现腹腔中有很大的未吸收的卵黄。一般在1～3天内出现明显症状，以后7～

10天内病雏逐渐增多，在2～3周时可达高峰，3周以后迅速下降。

（3）防治原则：杜绝病原传入，消除群内带菌者。挑选健康种鸡、种蛋，孵化器要严格消毒，加强饲养卫生管理等是防治本病发生的原则。

（4）防治措施：挑选健康种鸡所产种蛋，用甲醛熏蒸消毒，孵化器要严格消毒。雏鸡应在饲料中拌入药物进行预防性治疗。雏鸡出壳后1～3天，用0.01％高锰酸钾水作饮水，在发病日龄（不管雏鸡是否发病）期间在雏鸡料中加入0.2％土霉素或0.01％～0.02％氟胍酸，连喂5～7天，必要时可停药2～3天后再喂3～5天。此外，饲料中加入1％磺胺脒或磺胺嘧啶或新鲜大蒜（2％～3％，切碎）等也有很好的疗效。

197. 如何防治乌鸡传染性喉气管炎？

（1）病因和症状：鸡传染性喉气管炎是一种急性接触性传染病。病原是一种病毒，主要特征是呼吸困难和咯血性渗出物。病变主要在喉头和气管。本病常常是突然发生，咳嗽、气喘，鼻孔有分泌物。呼吸有湿性啰音，病鸡常伏在地上，头下垂，头和颈高高举起、伸出吸气，检查口腔，可见喉部周围黏膜上有淡黄色的凝固物黏附着。气管黏膜肿胀、出血和糜烂。

（2）防治措施：

①切不可引入来历不明的鸡或病后痊愈的鸡。

②一般情况下，对从未发生过本病的鸡场，不宜接种疫苗，主要依靠做好兽医卫生防疫工作来提高鸡群健康水平。对曾经发生过本病的鸡场，平时要进行预防接种，用鸡传染性喉气管炎弱毒疫苗点眼或滴鼻。在30日龄进行首免，在3月龄进行二免。

③若鸡场暴发本病，应隔离封锁发病鸡群，全场进行消毒，未发病鸡群紧急接种疫苗。用樟脑水肌注或用镊子除去黏附物，可缓和呼吸困难症状。为防制大肠杆菌等继发感染，可在饮水或饲料中添加抗菌药物。如在饲料中添加0.04％氟胍酸，连喂5～7天。

198. 如何防治乌鸡曲霉菌病？

（1）发病原因：鸡曲霉菌病是一种真菌病，有传染性，多发生

在雏鸡，本病的特点是在肺和气囊上发生炎症，所以又叫鸡的曲霉菌性肺炎。

本病的病原菌存在于稻草、谷物等发霉饲料和鸡舍的墙壁以及用具上。鸡吃了发霉饲料或接触发霉垫草而感染。病菌从口腔或呼吸道侵入鸡体，当鸡因营养不良、抵抗力降低、鸡舍阴冷潮湿、鸡群太拥挤时，就会促使本病的发生和流行。幼雏出壳后，进入被霉菌污染的育雏室，48小时后开始发病死亡，4～12日达到高峰，到1月龄基本停止死亡。

（2）防治措施：

①不用发霉的饲料和垫草，鸡舍保持干燥、清洁、通风良好，不要过分拥挤。育雏室内垫草要天天晾晒，饲槽用具要保持清洁，经常在阳光下晒干。鸡舍定期用20%的石灰水消毒。

②在饲料中添加制霉菌素，每100只雏鸡1次喂给制霉菌素50万单位，每天2次，连喂2天。或给雏鸡饮用1∶2 000～3 000的硫酸铜溶液，连饮3～4天。

199. 如何防治乌鸡球虫病？

（1）临床症状：本病主要发生于雏鸡，14～45日龄的小鸡最易感染，发病率很高，春夏季节发病最多。病鸡排稀粪，粪便内混有血液，精神不振，食欲减退，羽毛松乱，离群呆立，眼半开，翅下垂，呈昏迷状，耐过的长期带虫，成为传染源，下痢，排血粪，镜检可发现卵囊。

（2）防治措施：加强饲养管理，保持鸡舍通风、干燥，饲养密度适当；鸡舍中的粪便必须每天清除，堆积发酵，特别是发生球虫病时，必须药物治疗与清粪同时进行，否则大量的球虫卵囊在外界环境发育成熟后，又会感染其他鸡只。运动场上的表土定期更新，饲具、鸡笼、栖架等用20%热草木灰水消毒，鸡舍用20%生石灰水消毒。对鸡群及早进行药物预防，一旦发病，病鸡立即隔离，单独治疗，并采取大群药物治疗。

治疗时可选用以下药物，发病期间以使用水溶性药物疗效较好。①复方敌菌净，按每千克体重30～50毫克喂服，预防量按每千克体重25毫克。②磺胺二甲氧嘧啶，配成0.05%水溶液，连饮6天。③青霉素，第1次肌肉注射，以后用该药饮水，供鸡饮用，每只鸡5 000～10 000单位，每天2次，连喂3～5天。④金霉素，拌料，用量为0.08%，连喂5～7天。⑤目前国内已有抗球虫疫苗生产，7～9日龄鸡内服，有一定预防效果。

200. 如何防治乌鸡恶癖？

（1）发病原因：恶癖是指反常的有害癖好。常见的有食肉癖、啄肛癖、食毛癖、啄趾癖、食蛋癖、异食癖等。发生这些恶癖的原因很复杂，但主要原因是由于饲养管理不当而引起，如鸡群密度过大、拥挤、通风不良、光线过强、缺乏蛋白质或某些必需氨基酸、缺少食盐或其他矿物质和维生素、饲喂时间不固定等。此外，体外寄生虫、脱肛以及换毛、皮肤外伤和出血等，都可引起恶癖。

（2）防治措施：根据发生原因，采取适当措施加以制制。首先，饲料配合要适当，避免单一，特别是蛋白质、矿物质和维生素不可缺少。其次，要对症治疗，食毛癖在饲料中加入硫酸钙（石膏）0.5～3克/羽；啄羽、啄翅等可在谷物饲料中加入0.2%～0.4%的食盐，此外，要及时隔离恶癖鸡，按大小、品种进行分群饲养，并做到定时饲喂。

201. 如何防治乌鸡软脚病？

本病舍饲的仔鸡发生较多，发病原因很多，病情复杂。营养不良、缺乏维生素和微量元素、鸡舍潮湿、通风不良、有害气体浓度过大，以及马立克氏病和鸡新城疫等都可引起本病发生。

根据发病原因，采取相应防治措施。缺乏维生素B_2，加喂核黄素，每千克料中添加3～4毫克，连喂7天，并补充豆类、鱼粉、血粉或酵母粉饲料；维生素B_1缺乏，日粮中加维生素$B_1$1～2毫克，注射硫胺素，增加细糠比例；维生素D缺乏，加喂维生素A和维生素D，增加阳光照射时间。

202. 如何防治乌鸡消化不良和嗉囊阻塞病？

（1）发病原因：本病是鸡的一种常见病，分软嗉囊症和硬嗉囊症两种，幼鸡更多见。软嗉囊症一般是吃了发霉饲料或鸡饮水过

量，特别是臭水脏水造成嗉囊黏膜发炎并产生大量气体。硬嗉囊主要是采食了坚硬和纤维素过多的饲料，如粗糠、稻草、菜梗等沉积在嗉囊内，发酵产生气体。

（2）防治措施：①加强饲养管理。日粮适当配合，不喂发霉、腐败和粗硬饲料。②以排除内容物、消炎和加强护理为主，灌服0.1%的高锰酸钾液或1.5%的甲酸，倒提，轻轻按摩，挤出内容物，然后喂给少量抗生素或酵母片或植物油5～10克。③手术治疗：拔毛、消毒，内侧切开2～3厘米，夹出内容物，用1%臭药水冲洗，缝合1天禁止饮水；给予营养丰富易消化饲料。

第七章 山鸡饲养管理与疾病防治技术

第一节 山鸡饲养管理技术

203. 什么是山鸡？

山鸡又名野鸡、雉鸡、环颈雉，隶属鸟纲、鸡形目、雉科。山鸡肉属高蛋白、低脂肪食品，肉质鲜美细嫩，营养全面。羽毛色彩艳丽斑斓，被誉为龙凤鸟、凤凰鸟。山鸡有较高的繁殖能力，虽经人工饲养，其野性仍较强。山鸡肉质鲜嫩味美，出肉率高，富含多种人体必需的氨基酸、微量元素，系高蛋白、低脂肪且兼有一定药用价值的珍稀野味食品。

204. 山鸡的生物学特性有哪些？

山鸡适应性和抗病力强，耐高温，抗严寒，所以人工饲养不受地域的限制；山鸡群集性强，组成相对稳定的“婚配群”，活动在自己的领土上，适合人工大群饲养；山鸡食量小，食性杂，喜欢少吃多餐；山鸡属早成鸟，刚出壳的幼雏，待绒毛干后即可在雌性亲鸟的带领下，自己捕捉小昆虫等食物，大约 10 天后，便能采食嫩青草、树叶等。山鸡飞行能力差，不善飞行，往往几次起落便不能再起飞，善于奔走、跳跃。山鸡 10～11 月龄可达性成熟，并开始繁殖。每只雌山鸡年产蛋 50～100 枚，受精率在 80%以上，孵化率 90%以上。山鸡繁殖高峰期在 5～6 月份，年产蛋 2 窝，每窝 10～15枚，蛋重 25～28 克，多呈浅黄色椭圆形。

205. 饲养山鸡应如何选址、建舍和布局？

（1）饲养山鸡选址：要求选择在地势平坦向阳、坐北朝南、高

燥而利于排水的地方。鸡舍要求保温性能好，便于通风、干燥、清洁和消毒，有利于防疫操作，育雏舍与育成舍之间要有一定的间隔。鸡舍要防止鼠、猫、蛇等的入侵，要搭建防飞网，以防鸡只飞逃。采用开放式鸡舍，鸡舍前面设露天围网运动场，运动场面积为鸡舍的1倍为宜。开放式散养的山鸡，在舍内设栖架，栖架可采取立架或平架。把栖架钉成梯子形状靠立在墙上叫立架，将栖木钉成凳子形状摆在鸡舍内叫平架。栖木要求表面平整光滑，每根间距60厘米以上，每只山鸡占有栖木长度30厘米以上。7～8月份，天气炎热，应搭棚遮荫。运动场一侧设食槽和塔形真空饮水器。山鸡喜沙浴，在运动场设沙池，一般用砖砌成40厘米高的池子。放入沙子，沙地保持干净。

（2）育雏室：分为平面式和网箱式两种：要求保温性能好，又利于通风换气。

平面式育雏室：每幢长20米，宽5米，高2.5～2.8米，用纤维板或砖分为4间。每间的一边留一走廊，顶部设置保温隔热板，墙脚离地30厘米左右，墙顶部开有窗口便于通风。每间设一个保温伞，或用8个红外线灯泡作热源。地板垫上谷壳作垫料。每间可育雏400～500只，每幢可育1 600～2 000只。

网箱式育雏室：在室内设一列列网箱，以便于管理，提高育雏密度，减少粪便接触和胃肠疾病发生。网箱长100厘米，宽50厘米，高45厘米，底网眼要求3厘米×1厘米或1厘米×1厘米，侧网眼3厘米×1厘米或2厘米×1厘米。每个网箱可育雏40只。

（3）中雏网室：每幢长25米，宽5米，高1.8米。禽舍南侧建有相连接的运动场，长2.5米，宽3米，高1.8米。每幢舍用尼龙网分为5间，上设天网。网眼为1.5厘米×1.5厘米。舍内用砖地面，上垫沙土。每间可饲养150～200只。

（4）成鸡网室：每幢长40米，宽5米，室高2.4米。外设运动场长40米，宽7.5米，高1.8～2米。每幢用尼龙网分成10间，网孔3厘米×3厘米。舍内用砖砌地面，运动场垫沙土。每间饲养50～70只。

(5) 饲养用具：孵化器可用家鸡电力孵化器；育雏设备育雏架、育雏笼、电暖气、育雏伞等；饲养用具食槽、水槽由镀锌铁皮焊制而成。饮水器用塔式和方盘式两种。

206. 饲养山鸡应如何把好引种关？

要重视种苗的选购，饲养户应到种源可靠、饲养管理水平高、孵化技术过硬的种山鸡场引种，并严格把关。山鸡品种很多，如中国环颈雉即美国七彩山鸡，其特点是生产性能优良，繁殖力强，驯化程度高，野性小。左家雄鸡，肉质白嫩、肌纤维细、香味浓而持久，口感好。黑化雉鸡又名孔雀雉鸡。还有河北亚种雉鸡又称地产雉鸡等。根据实际情况决定选择的品种。不同品种的雉鸡都有其固有的一些特征，但优质种苗均应是：绒毛洁净有光泽，蛋黄吸收良好，腹部平坦，脐部愈合良好、干燥，而且背腹部有绒毛覆盖。雏雉站立稳健有力，叫声洪亮，对光线和声音反应敏感，体形匀称。如果雏鸡是弱雏或病雏，加上途中运输受冷或受热、挤压的应激，就会造成大量死亡，以及日后的大批生长发育不良。

207. 饲养山鸡应如何添加营养饲料？

根据山鸡不同饲养阶段对饲料的营养要求，适时更换饲料配方，饲喂优质全价的配合饲料，特别注意含硫氨基酸及微量元素、维生素的补充，选用有经济实力和技术实力、重质量守信誉的大型饲料厂的饲料产品。为保持山鸡的野味，日粮中经常补充蚯蚓等鲜活饲料及青草、蔬菜等青绿饲料。鲜活饲料的补充量以占日粮的5%～10%为宜，青绿饲料的补充量以20%～50%为宜，应根据饲料的价格和来源灵活掌握。

208. 饲养山鸡应如何做好日常管理工作？

山鸡是以植物性饲料为主的杂食性特禽。对饲料选择性不强，一般饲料均喜欢吃，但特别爱吃颗粒料。刚出壳两周内的山鸡，需要补充动物性蛋白质，这是在自然生态环境下形成的特点，在人工配合饲料时应加以注意。要密切注意温度变化，适时调整舍内温度。适当增加光照，提高鸡只的采食量。一日三次饲喂要定时定量。每天清扫一次鸡舍和周围环境。注意观察所排粪便的颜色和形

状，及时了解鸡群健康状况，对死亡的鸡只要及时解剖、分析查找原因。要保持鸡舍的安静，杜绝粗暴驱赶和大声喧哗，严禁狗、猫等小动物窜入。饲养员及所穿衣服的颜色要相对固定，以免鸡只因人员和服装颜色改变而发生应激。

209. 饲养山鸡应如何做好防疫消毒工作？

（1）防疫：雏鸡出壳后，皮下注射接种鸡马立克氏病疫苗；7～10日龄滴鼻接种鸡新城疫Ⅱ系或Ⅳ系疫苗；14～16日龄滴鼻接种法氏囊病疫苗；23～25日龄饮水接种法氏囊病疫苗；30～35日龄滴鼻或饮水接种新城疫Ⅳ系疫苗；60～65日龄肌肉注射接种鸡新城疫Ⅰ系疫苗或油佐灭活苗。

（2）消毒：要做到定期对鸡舍、用具和环境的清洁消毒，定期更换消毒池内的消毒液，定期灭鼠、灭蚊、灭蝇。严格控制人员特别是鸡贩、蛋贩和车辆随意出入鸡舍。妥善处理鸡粪、病死鸡、污水和垃圾。实行“全进全出”制度，长期坚持使用带鸡消毒。

210. 如何区分优质和劣质山鸡？

（1）体形的区别：优质品种的山鸡和一些退化、杂种山鸡在体形上主要有以下四点区别：

①斑点：优劣山鸡的颜色基本一样，区别不大，但优劣山鸡身上的黑白斑点大小却不同，优者大而稀疏，排列均匀，如同花生米大小。

②羽毛：优良山鸡的羽毛显得松软、丰厚，给人以其肉质脆软之感；而劣质羽毛显得紧凑、单薄，给人以肉质硬实之感。

③形状：同龄优劣山鸡在正常饲养下，优者体形大于劣者，售劣者往往以年龄小为由行骗。

④年龄大小、嘴、头、体、足、尾有异，年龄愈小头与体愈偏圆，嘴、足、尾愈短。

（2）公母比例：市场上一些卖种骗子往往以自然界中野生鸟禽成双配对为由，公母对半出售，极容易使人上当受骗。其实人工饲养的山鸡与其差别是很大的，科学的公母搭配比例为1∶3。公鸡过多，造成浪费，过少则受精率低，影响配种。

（3）年龄：在引种山鸡时，千万不可相信年龄愈大或愈小愈好的谎言。因为过小难以适应环境的变化，且还需增加饲养成本养大；过大则饲养年限短，老化早，二者均不经济。区别二者的最好方法是从头、嘴、体、足、尾部上观察。

211. 山鸡育雏应注意哪些事项？

（1）注意安全：扎牢装鸡箱子，以防2周龄以上的山鸡飞失；装箱密度要适当，防挤压伤亡；汽车运输应有篷布，防暴晒和雨淋；运输中注意保暖和输氧（空运时），防寒防窒息；避免人群围观和高声叫喊，防惊群碰撞；初生山鸡保暖运输应控制在36小时内，出栏商品山鸡和种山鸡应控制在24小时，以保证成活。

（2）注意装箱方式：雏山鸡采用肉用仔鸡运输纸箱装运，每箱装100只，注意不要让纸箱淋湿。商品山鸡采用笼箱运输，最合理的设计为：箱长0.8米，宽0.4米，高0.22米。每笼装10只。箱笼可用竹、木、塑料等材料制作，重叠4～5层使用。每次用后必须消毒。

（3）注意抗应激处理：凡是作为引种目的而经长、短途运输的山鸡，为了尽快消除疲劳，适应新环境，应在运输前用抗应激药物饮水，抵达目的地后采用先饮水后喂料、在饮水中加入维生素和电解质抗应激药物，饲料中增加动物性饲料1～2个百分点的方法，连续2天。同时应注意观察疫情，以便及时采取措施。

（4）温度：育雏舍应在接雏前2～3天预温。育雏舍温度第1日为33～36℃，以后每周下降1～2℃，直到降至自然温度。在保证温度的同时，必须注意通风换气，防止缺氧和有害气体中毒。保温的要求是：

看鸡施温：如果雏鸡缩颈藏头，拥挤扎堆，说明温度偏低，要提高温度；如果雏鸡张翅喘气，频繁饮水，说明温度偏高，要缓慢降温。温度适宜时，雏鸡精神活泼，活动自由，采食正常。

看天施温：即白天温度低，夜间温度高，晴天温度低，阴雨天温度高。

（5）湿度：第1周湿度最好控制在75%～80%，随着雏鸡日

龄的增大湿度逐渐降低，育雏后期为50%～60%。湿度大时，可在舍内放入生石灰吸湿。湿度小时，可在舍内挂湿麻袋或在加温炉上放水盆增加湿度。

（6）光照：育雏期间、光照时间应随着日龄的增加而逐渐缩短。一般前3天23～24小时光照，以后每天减少1小时，直到利用自然光照。

（7）饮水：新接雏鸡应先饮水，后开食。初次饮水要用温开水，水温18～20℃，水中可加入5%葡萄糖、电解多维和环丙沙星或恩诺沙星等抗菌药物。

（8）开食：饮水后2～3小时即可开食。开食料可用煮熟的蛋黄或开水润湿的雏鸡料，料中加入多种维生素，以后可全用雏鸡料，直至育雏结束。

（9）断喙：为防止红腹锦鸡啄癖发生，必须对雏鸡进行断喙。断喙日龄以7～10日龄为宜，可用断喙器或电烙铁等工具进行，要切去上喙1/2、下喙1/3。断喙前后2天，在料中加入维生素C、维生素K_3和电解多维等，以减轻应激。

212. 山鸡育成期饲养有哪些注意事项?

山鸡幼雏至性成熟前的这一阶段为山鸡的育成期，这一阶段是山鸡一生当中体重增长最快的时期，山鸡育成期的饲养和管理是否得当，将直接关系到山鸡能否早日作为商品上市或作为种用。

（1）饲养方式：简易平养饲养法，即舍内地面垫料，外有山鸡运动场，运动场与舍内门、窗均设网罩。以防山鸡外逃。

（2）饲养管理：5～10周龄的育成雏，日喂4次以上，11～18周龄每天饲喂3次，每天第一餐尽量安排早，最后一餐安排在黄昏前半小时至1小时。80～100日龄的山鸡采食量最大，应满足其对采食量的需要，若限量容易出现啄癖。

作种用的育成山鸡配合饲料中的能量和粗蛋白水平应比肉用山鸡略低，喂量也略受控制，喂肉用山鸡日喂量的90%即可。防止腹脂增多，以促使生殖系统的发育，有利于提高繁殖性能，并可防止公山鸡交配能力降低及母山鸡产蛋期推迟和发生难产现象。

在饲养过程中，一是设置沙砾盒，任其自由啄取，二是保证饮水的清洁、充分供应，特别是在采食干粉饲料的情况下，更应重视饮水供给，白天、晚间饮水器内都应加满水，做到饮水不断，一旦无水就需及时补充。

（3）温度：特别重视 30～60 日龄山鸡的环境温度，因脱温后，山鸡对较低的温度仍较敏感，对过高温度也不适应，所以低于 17～18 ℃时仍需加温，18～25 ℃可不必采取措施，高于 25 ℃则应减少密度，加强通风。

（4）密度：平养时，从 30 日龄的 15 只/米^2，按每周减少 5 只递减，直至 3 只/米^2 左右，网舍网底饲养时，5～10 周龄房舍内 6～8只/米^2，其群体以 300 只以内为宜，11 周龄时 3～4 只/米^2，把运动场计算在内则为 1.4～2.5 只/米^2，每群 11～200 只。散养时，放养密度在温度高于 17～18 ℃时，为 1 只/米^2，低于 17 ℃时，则从 40 日龄开始散养。立体笼养时，可按最初的 20～25 只/米^2，以后每 2 周密度减半，直至 2～3 只/米^2 为宜。

（5）湿度：以相对湿度 55%～60%为宜。梅雨季节可在舍内及运动场多设栖架（地面平养的情况下），让山鸡有更多的机会上栖架，避免潮湿对山鸡带来的不良影响。

（6）四季管理：四季管理的重点是夏季防暑，冬季防寒。冬季 10 ℃以下产蛋量急剧下降，5 ℃以下停产，故应关闭北窗、门和西窗门，并适当增加密度，以提高室温，冬季应减少湿度，增加饲料能量水平和饲喂量，饲料应干喂（粉料），不能用水拌。晚间增加一次喂料，最好喂粒料。

（7）及时出栏：公山鸡 1.25～1.3 千克出栏，因山鸡 0.75～1 千克即可出售或屠宰，如饲喂时间过长，则山鸡生长速度减慢，饲料转化率降低。

213. 成年山鸡养殖管理注意事项有哪些？

山鸡一般养至 20 周龄时，称为成鸡。其日常管理应注意以下几点：

（1）注意营养调控，增加动物性蛋白质喂量。

(2) 日粮配合：黄玉米50%，小麦粉4%，豆饼20%，鱼粉6%，麸皮6%，草粉5%，酵母粉3%，骨粉3%，贝壳粉2.1%，食盐0.4%，添加剂0.5%。

(3) 帮助种鸡群及早确立“王子雉”地位。山鸡进入繁殖期即可进行放对配种，待雄雌鸡合群后，雄鸡间出现强烈争偶，斗架胜利者即为“王子雉”。一旦“王子雉”确定后，这群山鸡就安定下来，最好人为地帮助确立“王子雉”的优势地位，使其早选王、早稳群，以减少死亡，有利交配。

(4) 设置产蛋屏障和安放产蛋箱。在种鸡舍内以红砖砌成王字形、高50厘米的屏障，一可为非王子公鸡提供与母鸡交尾场所，二可作栖架使用。其次是在鸡舍内四周安放产蛋箱，用木质箱、竹篓均可，在箱内放置稻草等作垫料，以减少产蛋的破损。发现破蛋应及时将蛋壳和内容物清理干净，不留痕迹，以免形成啄蛋癖。

(5) 有计划地对雄山鸡实行轮换制，提高种蛋受精率。

(6) 保持环境的相对稳定。做到定人员、定时间、定管理程序；出入鸡舍要轻，注意经常检查，修补鸡网，以防野生动物惊吓骚扰鸡群；注意关好门，防止跑鸡。

(7) 搞好舍内外环境卫生。严格防疫、消毒制度。按防疫、消毒制度要求进行各种日常操作，每日清扫一次鸡舍。山鸡有打洞的习性，在每天扫鸡舍时要修好，注意环境内外卫生，杂草要及时拔掉；定时杀灭蚊、蝇、鼠。按规定清洗并消毒饲料桶、饮水器。鸡舍门口设消毒池，消毒液每2天更换一次，出入鸡舍一定要走消毒池。

(8) 做好夏季防暑降温工作。山鸡虽然适应性很强，但6～7月份天气炎热，阳光直接照射，会影响种鸡的性活动，使蛋的受精率下降，因此必须采取搭凉棚、洒水等降温措施。

214. 山鸡孵化有哪些注意事项？

(1) 选蛋：尽量利用两周以内的种蛋，要求蛋形正常，大小适中，蛋壳厚薄均匀，颜色协调一致。

(2) 消毒：入孵前消毒孵具和种蛋，用每立方米空间用高锰酸钾 15 克，福尔马林 30 毫升，在 25～30 ℃的温度下熏蒸 20 分钟，可杀死种蛋上的病毒。

（3）温度：孵化温度要根据胚胎发育情况采取前期高、中间平、后期略低、出雏期稍高的施温方法。温度分别为：入孵前种蛋预热 6～8 小时，蛋温 36～38 ℃；孵化 1～7 天 38.8～39.2 ℃，8～14天 38.5～38.8 ℃，15～20 天 38～38.5 ℃，21～24 天（出壳）38.5～39 ℃。

（4）湿度：孵化前期相对湿度为 60%～65%，中期为 55%～60%，后期为 60%～68%，出雏期应为 70%～75%。

（5）翻蛋：为使种蛋受热均匀，必须进行人工或自动翻蛋，从入孵的第二天起，2～4 小时翻蛋 1 次，翻蛋的角度为 180°，孵化 20 天后停止翻蛋。

（6）晾蛋：一般从孵化 16 天开始每天晾 1 次。21～24 天，每天晾 2 次，晾蛋的时间长短不等，根据情况灵活掌握，当蛋温降至 35 ℃时继续孵化。

（7）喷水：在孵化 21～24 天时需每天喷水 1 次，水温 35 ℃左右，待干后继续孵化，在反复晾蛋、喷水的作用下，蛋壳由坚硬变松脆，有利于雏鸡破壳。

（8）照蛋：第一次照蛋在入孵后 6～8 天，主要检查种蛋受精情况，正常蛋可发现胚胎上的眼点，蛋内颜色发红并带有血丝，无精蛋却无任何变化，要及时取出无精蛋。照蛋的次数要根据具体情况而定，主要检查胚胎发育情况，并查出死胎蛋。

215. 种山鸡饲养管理注意事项有哪些？

（1）养殖方式：山鸡可散养也可笼养，散养必须用网子围住，防止飞逃，笼养可立体养殖，能充分利用养殖面积，每平方米可养 4～6 只，提高种蛋受精率。

（2）公母比例：产蛋期公母比例较应为 1∶3～4，以 1 公 3 母的比例较能充分发挥每只公鸡的交配能力和母鸡的产蛋率。也不存在公鸡因争夺配偶而相互殴斗、负伤，其种蛋受精率也会大大提高，种蛋的破损率也会相应减少。山鸡 6 个月左右性成熟，公山鸡表

现活泼好动、追赶母鸡。母鸡成熟后则主动靠近公鸡，接受交配。

(3) 光照控制：开产前公山鸡要提前3周光照，母山鸡要提前2周光照，光照强度为每平方米3～4瓦的灯泡，距地面1.8～2米为宜。光照每天16小时，灯距要适当，保证照明均匀，光线稳定，否则会使山鸡烦躁不安，影响产蛋。

(4) 饲料给予：根据山东曹县位湾镇山鸡养殖场的经验，产蛋期的饲料营养成分应全面。此期间的饲料配方为：玉米55%、小麦粉20%、豆饼12%、鱼粉8%、骨粉2%、贝壳粉2.1%、食盐0.4%、复合维生素0.5%，粉碎后混合均匀，每天定时饲喂，并保持有充足清洁的饮水。

(5) 饲养员工作每天必须按规律进行，强调时间要准确，绝对不能让外人进入产蛋种鸡场，必须保持鸡场清洁，做到空气新鲜，产蛋期间要注意不要乱用药物，以免造成产蛋量下降。

216. 如何能使山鸡多产蛋？

(1) 在产蛋高峰期，山鸡饲料的粗蛋白含量应达到23%～26%。比普通家鸡高，饲料以全价优质配合饲料为主，蛋白质含量的高低直接影响产蛋持续时间。

(2) 由于山鸡具有原有野性，应保证充足的青饲料，以补充其产蛋期间对维生素和微量元素的需要。

(3) 增加光照，产蛋期七彩山鸡每天应保证16～18小时光照，早晨开始，人工补充光照按每平方米3瓦灯泡，离地2米高，电源稳定。光刺激可促进母七彩山鸡多产蛋。

(4) 严禁惊吓鸡群，尽量减少转群操作，以免母七彩山鸡受惊影响产蛋。

(5) 增加饮水，产蛋期七彩山鸡对饮水的需要量要比平时多，特别是夏天决不可断水，鸡舍要保持凉爽。

(6) 有足够的产蛋箱，每3～4只母七彩山鸡应备一个产蛋箱，否则七彩山鸡到了产蛋时间，会因找不到产蛋场所而推迟，影响第二枚蛋的形成。

(7) 搞好卫生，可砍些树枝插在七彩山鸡舍内，既可改善舍内环境空气，又可供七彩山鸡栖息和取食松针，以补充粗纤维和维生素A等。饮水器、料槽等要勤洗、勤消毒。舒适优雅的卫生环境可使七彩山鸡提高10%～12%的产蛋率。

(8) 经多元杂交提纯复壮的良种，其产蛋率比其他山鸡高2倍，具有稳产高产特点。

(9) 加入一定量的中草药添加剂，处方：黄芩、白头翁、黄连、白术、川芎、柴胡、苍术、艾叶、神曲、茯苓、厚朴、仙茅、仙灵片各250克，甘草150克，桂枝、小茴香、花椒、细辛各50克。共研细末，按1%～2%的量加入饲料中搅拌均匀。山鸡不但产蛋率高而且极少患病，经济效益好。

217. 山鸡饲料如何配合？

(1) 雏山鸡日粮配方（%）：

①1～20日龄：熟鸡蛋65、玉米面8、黄豆面16.5、麸皮3、骨粉1、食盐0.5、酵母2、禽用生长素3.5、维生素合剂0.5。

②20～40日龄：熟鸡蛋30、熟鱼20、玉米面19.5、黄豆面15、麸皮8、骨粉2、食盐0.5、酵母2、禽用生长素2.5、维生素合剂0.5。

③40～60日龄：熟鱼50、玉米面19.5、黄豆面15、麸皮8、骨粉2、食盐0.5、酵母2、禽用生长素2.5、维生素合剂0.5。

(2) 青年鸡日粮配方（%）：熟鱼15、玉米41.5、豆饼15、小麦15、鱼粉5、矿物质添加剂8、盐0.5。另外，每百千克饲料添加5克维生素添加剂。

(3) 成鸡日粮配方（%）：在非繁殖期（11～2月份）：玉米61、麸皮14、豆饼粉12、鱼粉8、贝壳粉3、骨粉1.5、食盐0.5；在繁殖期（3～10月份）：玉米粉40、小麦粉20、高粱粉6.5、豆饼粉15、鱼粉10、矿物质添加剂8、食盐0.5。另外，每百千克饲料添加5克维生素添加剂。

218. 山鸡每天需要饲喂多少饲料？

饲料要定量：雏鸡阶段每日20～30克，青年鸡阶段30～40

克，成鸡阶段40～50克。饲喂要定时：出壳到4周龄，从早6点开始日喂5次；5～8周龄从早6点开始，日喂4次，成鸡从早6点开始日喂3次，自由清洁饮水。

第二节　山鸡常见疾病防治技术

219. 如何预防山鸡新城疫？

山鸡由于是野生驯化过来，抗病力较强，对许多疫病的易感性明显低于家鸡。该鸡的主要病害为新城疫，即鸡瘟。本病一旦在鸡场暴发，死亡率在60%以上，等于遭受毁灭性打击。预防本病，可于第7～10日龄用新城疫Ⅳ系＋传支H120疫苗点眼或滴鼻，1个月龄时用IV系＋传支H52疫苗加强免疫，2个月龄时注射Ⅰ系苗，种山鸡于产蛋前1个月再注射1次新减二联疫苗。也可根据新城疫抗体水平制订最佳的免疫时间。

220. 如何防治山鸡感染禽流感？

（1）主要症状：山鸡感染流感病毒后体温升高，精神沉郁；头肿，流眼水，羽毛松乱；鸡冠和肉髯边缘有紫黑色坏死斑点；脚鳞片间出现紫色出血斑；呼吸困难；胸肌、腿肌、心外膜、腺胃与肌胃黏膜、十二指肠黏膜等处有出血；胰、肝、脾和肾有灰黄色坏死灶；泄殖腔充血、出血和坏死；出现典型的腹膜炎，有大量的干酪样渗出物；卵巢、输卵管充血、出血和萎缩，产蛋量急剧下降。但要确诊本病需在实验室作进一步检验。

（2）防治措施：①杜绝从禽流感疫区进鸡，避免鸡与其他畜禽接触，防止病原入侵。②怀疑有本病发生应尽快送检，以便确诊。③进行带鸡消毒、鸡舍消毒，可使用菌毒杀、碘力杀和强力消毒灵等消毒剂。④接种用当地流行毒株制成的灭活油乳剂疫苗。⑤使用禽流感特效药“禽泰克”预防或早期治疗（100千克水加100～200克）。⑥肌注禽流感高免蛋黄抗体，大鸡2毫升，中鸡1.5毫升，小鸡1毫升，隔天再注射1次。⑦适当使用抗感染、抗应激药物：如普利健（50千克水加250克）。

221. 如何防治山鸡传染性法氏囊病?

(1) 临床症状：山鸡传染性法氏囊病是由传染性法氏囊病毒引起的一种急性、接触传染性疾病。以法氏囊发炎、坏死、萎缩和法氏囊内淋巴细胞严重受损为特征。雏鸡群突然大批发病，2～3天内可波及60%～70%的鸡，发病后3～4天死亡达到高峰，7～8天后死亡停止。病初精神沉郁，采食量减少，饮水增多，有些自啄肛门，排白色水样稀粪，重者脱水，卧地不起，极度虚弱，最后死亡。耐过雏鸡贫血消瘦，生长缓慢。

(2) 剖检变化：法氏囊发生特征性病变，呈黄色胶胨样水肿，质硬，黏膜上覆盖有奶油色纤维素性渗出物。有时法氏囊黏膜严重发炎，出血，坏死，萎缩。另外，病死鸡表现脱水，腿和胸部肌肉常有出血，颜色暗红。肾肿胀，肾小管和输尿管充满白色尿酸盐。脾脏及腺胃和肌胃交界处黏膜出血。

(3) 治疗：山鸡传染性法氏囊病高免蛋黄注射液，每千克体重1毫升肌肉注射，有较好的治疗作用。此法临床上较常用。也可用鸡传染性法氏囊病高免血清注射液。3～7周龄的山鸡，每只肌注0.4毫升；大鸡酌加剂量；成鸡注射0.6毫升，注射1次即可，疗效显著。

(4) 预防：无母源抗体或低母源抗体的雏山鸡，出生后用弱毒疫苗或用1/3～1/2中等毒力疫苗进行免疫，滴鼻、点眼2滴（约0.05毫升)，肌肉注射0.2毫升，饮水按需要量稀释，2～3周时，用中等毒力疫苗加强免疫。有母源抗体的雏山鸡，14～21日龄用弱毒疫苗或中等毒力疫苗首次免疫，必要时2～3周后加强免疫一次。种山鸡则在10～12周龄用中等毒力疫苗免疫一次，18～20周龄用灭活苗注射免疫。

222. 如何防治山鸡传染性支气管炎?

(1) 传染性支气管炎简称传支，所有年龄鸡均可感染，6周龄以下雏鸡有较高死亡率。成鸡发生时起产蛋率低下及蛋的质量降低。本病靠空气传播，故传染十分迅速，一年四季均可发生。

(2) 症状：①呼吸异常，咳嗽，流鼻涕，呼吸啰音，鼻、眼有

分泌物，成鸡的呼吸异常症状比较轻微。②水样下痢，肾型传支水样下痢十分突出。③产蛋率下降，蛋的质量降低，产沙壳蛋、畸形蛋等，出现水样蛋白。④腺胃型传支，腺胃肿大出血。⑤亚临床性支气管炎，仅见蛋壳不同程度褪色，而无任何临床症状。

（3）剖检病变：①气管及支气管充血、水肿、有黏液样分泌物，严重者形成干酪样栓子，气囊亦有黄色纤维状分泌物。②肾肿大，其表面及输尿管有多量的尿酸盐，特别是幼雏多见。③成鸡可发生坠卵性腹膜炎，卵泡变性、萎缩变形。④腺胃型传支者腺胃球形肿大，黏膜出血。

（4）防治：到目前为止，鸡传染性支气管炎还没有特效治疗药物，因此，应加强饲养管理，搞好卫生。

预防是控制本病流行的最有效措施。临床上，常在 7～10 日龄用新城疫、传染性支气管炎二联苗滴鼻或用传染性支气管炎病毒苗 H120 与新城疫Ⅳ系疫苗混合饮水，35 日龄再用传染性支气管炎病毒苗 H52 加强免疫，对本病有良好的预防作用。

223. 如何防治山鸡曲霉菌病？

山鸡尤其是雏山鸡 1～15 日龄最易感染，发病率较高，可造成大批死亡，一般发病鸡死亡率占 10%～30%，30～70 日龄的鸡也常发病，但死亡较少，成年鸡不易感染。山鸡在 4～7 月份产蛋育雏，正是夏季梅雨季节，因饲料垫草被曲霉菌污染或因密度过大拥挤，通风不良，圈舍潮湿，滋生曲霉菌致病。

防治办法：禁喂发霉饲料，禁用发霉垫草，注意通风换气，在夏季连绵阴雨天，最好使用火焰喷灯消毒。

治疗：用制霉菌素或克霉唑 100 只鸡 50 万单位，混入饲料连喂 5 次，也可用 0.1%硫酸铜液饮水。

224. 如何防治山鸡葡萄球菌病？

（1）临床症状及剖检变化：葡萄球菌病也是山鸡常见病之一。剖检可见胸腹部皮下充血，呈弥漫性紫红色，肝脏略肿，呈淡紫红色。关节肿大、充血或出血，关节囊内有较多浆液性渗出物，有脓汁和乳酪样物质。主要因密度过大、通风不良引起葡萄球菌感染。

主要感染雏鸡和育成鸡，临床表现主要是眼型：最初流泪，眼结膜红肿，有黏液性分泌物，眼睑肿胀，稍后发生头部肿大，精神不振，食欲明显减退，条件改善后，病鸡很快恢复正常，一般不引起死亡，但有时也会全身感染而致死亡，雏鸡患曲霉菌眼炎，也可引起异发葡萄球菌病；种鸡舍由于有铁丝网，山鸡又善于飞行，撞伤头部，也可因伤感染而引起葡萄球菌感染。

（2）防治办法：鸡群的密度要适当，注意舍内通风换气，经常检查网舍的钉钩，寻找舍内的铁丝异物，搞好环境卫生及消毒，及时断喙，可以预防其感染。一旦感染，可用卡那霉素、庆大霉素、磺胺等药物治疗，必要时应先做药敏试验，根据药敏试验结果用药。

225. 如何防治山鸡球虫病？

（1）临床症状及剖检病变：鸡精神沉郁，羽毛蓬乱；缩头、闭眼呆立；食欲减退甚至废绝；间隙性下痢，粪便中混有血液及黏液；消瘦、贫血；两脚无力，运动失调，最后衰竭死亡。小肠及直肠充血或有轻度出血。病变主要见于盲肠，盲肠高度肿大，比正常增大 2～3 倍，变硬；盲肠内充满白色干酪样物质，其中混有血液，肠壁肥厚，黏膜糜烂、弥散性出血。

（2）实验室检查：取 2 克粪便置于烧杯中，加入 20 倍饱和盐水进行搅拌，然后将粪液用铜网滤入另一烧杯中。将滤液倒入清洁试管中，使液面凸出管口。用清洁盖片覆盖液面。静置 15 分钟后，提起放于载片上镜检，发现有大量的椭圆形球虫卵囊。

（3）防治：①全群山鸡用 0.1%的球净（含 25%尼卡巴嗪）拌料饲喂，连续 5 天。②搞好鸡舍的环境卫生，防止舍内潮湿污浊，降低鸡群密度。③加强鸡舍的消毒工作：采用 0.3%的过氧乙酸和 1∶300 复合酚带鸡消毒，交替使用 2 次。经采取以上综合措施后，3 天控制病情，1 周后恢复正常。

226. 如何防治山鸡啄癖症？

山鸡啄癖症是指山鸡互相啄食身体个别部位，主要包括啄肛癖、啄毛癖、啄头癖、啄蛋癖等。本病不仅山鸡易发生，其他禽类也易发生，是禽类养殖中发生较普遍、危害较严重的一种疾病。其

主要发病原因是饲料中缺钙所致。因此，在防治上要采取“对症施治”的原则。其具体的是：

(1) 提供全价营养饲料：保证山鸡日粮的全价营养，避免饲料单一、营养单一，特别是要保证一些重要的蛋白质、矿物质、维生素、氨基酸等的供给，并严格按照标准添加，以满足其营养需要。

(2) 添加硫酸钙粉：山鸡啄毛癖的发生与日粮中硫化物不足密切相关。因此，可在山鸡日粮中添加硫酸钙粉（即天然石膏磨成的粉末），按每只山鸡每天 0.5～3 克的标准进行投喂，对预防和治疗山鸡啄毛癖有很好的效果。另外，在山鸡饲料中按 2%～3%剂量添加羽毛粉，对预防和治疗山鸡啄毛癖也有很好的效果。

(3) 定期断喙：断喙是防止啄蛋及其他啄癖的有效手段。幼雉 15～20 日龄断喙 1 次，70 日龄进行第 2 次断喙，开产前修喙 1 次。公雉断喙尖。

(4) 定期驱虫：对于体表与体内的寄生虫应定期用药物驱除，以防止啄羽。

(5) 控制密度：雉鸡饲养密度不超过 5 只/米^2，每群不超过 80 只。

(6) 沙浴池：种雉网室内铺垫 5 厘米厚的沙，运动场内设沙浴池。

(7) 设产蛋箱：繁殖期设置相应的产蛋箱和遮挡视线的屏障。

(8) 戴眼罩：应采用透明的红色眼罩，配以由尼龙或铁丝制成的鼻针，从而将眼罩架于喙上，别针则通过鼻腔以固定眼罩。

(9) 勤捡种蛋：每天至少捡蛋两次，产在运动场上的蛋更应及时收取，减少雉鸡对种蛋的接触机会，防止啄蛋。

(10) 放置假蛋：将仿生塑料雉鸡假蛋放于种雉舍内，在山鸡叼啄不破的情况下会逐渐改变啄癖。

(11) 装置鼻环：鼻环装配在雉鸡的上喙上，以鼻环针固定在鼻孔上，但勿钳入组织里。要选择适合于雉鸡年龄的鼻环。一般在 4 周龄便可佩戴，一直戴到 16 周龄出售时为止。凡留作种用的，至 16 周龄时用截断器将鼻环除掉，再装上成年的雉用鼻环。此环不影响采食和饮水等正常活动。

第八章　火鸡饲养管理与疾病防治技术

第一节　火鸡饲养管理技术

227. 火鸡有哪些生物学特性?

火鸡又名七面鸟，是体形最大的家禽之一。因生长快，肉质好、胆固醇低，出肉率高，饲料报酬高，耐粗饲，适应性广，抗病力强，是节粮型家禽。备受西方国家人们的青睐。商品代火鸡20周龄上市，公火鸡体重可达6.5千克，母火鸡体重4.5千克。该品种肉质优良，味道比较好。重中型火鸡成年体重公母火鸡分别为21千克和7.5千克。24周平均产蛋97.3枚，每羽母火鸡可提供56羽雏火鸡。商品代14～16周龄上市。

228. 火鸡品种主要有哪些?

（1）青铜火鸡：原产于美洲，是世界上最著名、分布最广的品种。公火鸡颈部、喉部、胸部、翅膀基部、腹下部羽毛红绿色并发青铜光泽。翅膀及翼绒下部及副翼羽有白边。母火鸡两侧、翼、尾及腹上部有明显的白条纹。喙端部为深黄色，基部为灰色。成年火鸡体重16千克，母火鸡9千克。年产蛋50～60枚，蛋重75～80克，蛋壳浅褐色带深褐色斑点。刚孵出的雏火鸡头顶上有3条互相平行的黑色条纹。雏火鸡胫为黑色，成年后为灰色。青铜火鸡性情活泼，成长迅速，体质强壮，体形肥满。

（2）荷兰白火鸡：原产于荷兰，全身羽毛白色，因而得名荷兰白火鸡。体形与加拿大海布里德中型品系相似，喙、胫、趾淡红色，皮肤纯白色或淡黄色。成年公火鸡体重15千克，母火鸡8千

克。雏火鸡毛色为黄色；公火鸡前胸有一束黑毛。

（3）波朋火鸡：波朋火鸡是肯塔基州对当地的塔斯卡惠雷红火鸡选育而成的。也可用青铜火鸡、浅黄色火鸡与荷兰白火鸡杂交选育出波朋火鸡。波朋火鸡羽毛深红色，公火鸡羽毛边缘略呈黑色，母火鸡羽毛边缘为白色条纹。小火鸡喙、胫、趾为红色，成年后呈浅玫瑰色。成年公火鸡平均体重15千克左右，母火鸡约8千克。

（4）黑火鸡：原产英国诺福克，又名诺福克火鸡。全身羽毛黑色，有绿色光泽。雏火鸡羽毛为黑色，翼部带有浅黄点，有时腹部绒毛也有浅黄点。胫和趾在成年火鸡为浅红色，年幼火鸡为深灰色。喙、眼为深灰色，胸前须毛束为黑色。成年公火鸡体重15千克，母火鸡8千克左右。

（5）石板青火鸡：石板青火鸡是个比较老的火鸡品种，可能是由野生火鸡不断选择而成。羽毛灰色，喙浅灰色，胫、趾淡红色，雏火鸡绒毛淡黄，背部有灰色条纹。成年公火鸡体重15千克，母火鸡8千克左右。

（6）贝兹维尔火鸡：该品种身体细长，步伐轻快，体态健美。胫和趾为粉红色，冠及肉髯红色。具有早熟、饲料适应性强、生长迅速、肉质鲜美、产蛋多等优点。成年公火鸡体重10千克，母火鸡5千克以上。平均产蛋率可达60%，平均蛋重76克。该品种商品火鸡14～16周龄上市，平均体重3.5～4.5千克。

（7）尼古拉火鸡：尼古拉火鸡是美国尼古拉火鸡育种公司培育出的商业品种。属重型品种，成年公火鸡体重22千克，母火鸡10千克左右。29～31周龄开产，22周产蛋量79～92枚，蛋重85～90克，受精率90%以上，孵化率70%～80%，商品代火鸡24周龄体重，公火鸡为14千克，母火鸡为8千克。

（8）巴特火鸡：巴特火鸡是英国巴特联合火鸡育种公司培育的品种。有巴特小、巴特中、巴特重三个类型。全是白羽品种。其中巴特-6重型成年公火鸡体重最高可达37千克，是目前世界上重型品种中最大的品种。

（9）贝蒂纳火鸡：贝蒂纳火鸡是由法国贝蒂纳火鸡育种公司培

育成的。有小型和重中型两种，小型品种适合于粗放饲养，重中型品种适合于工厂化饲养。贝蒂纳小型火鸡有白羽和黑羽2种，成年公火鸡体重9千克，母火鸡5千克左右。可自然交配，受精率高，25周平均产蛋93.69枚。

（10）海布里德白钻石火鸡：该品种由加拿大海布里德火鸡育种公司培育而成。有重型、重中型、中型和小型四种类型。中型和重中型是主要类型。32周龄开产，产蛋期24周，不同类型产蛋量有差别，由84～96枚不等。平均每羽母火鸡可提供商品代火鸡50～55羽。商品代火鸡的生产性能：小型火鸡公母混养的，12～14周龄屠宰体重4～4.9千克；中型公火鸡16～18周龄屠宰，体重7.4～8.5千克，母火鸡12～13周龄屠宰，体重3.9～4.4千克；重型和重中型火鸡，公火鸡16～24周龄屠宰，体重分别为10.1～13.5千克，8.3～10.1千克，母火鸡16～20周龄屠宰，体重分别为6.7～8.3千克和4.4～5.2千克。

229. 饲养火鸡需要哪些设施？

（1）场地：场地应选择地势高燥、平坦或稍有坡度的背风向阳处。

（2）火鸡舍：可采用开放式简易棚子或半开放式鸡舍。在冬季，应考虑采用全封闭式鸡舍，能保证温度调节、光照控制和通风换气等实施，也要本着经济实用、利于卫生消毒的原则。全封闭式鸡舍的建造要请专业人员设计。

（3）设备：火鸡场的设备主要包括供暖设备、给料设备、通风设备以及各生长阶段所需的特殊设备。

230. 火鸡的营养特点有哪些？

火鸡的营养需要同其他畜禽一样，也包括能量、蛋白质、维生素、矿物质和水五大类。不同品种、不同生理阶段的火鸡对各种营养物质的需求差异很大。为了提高火鸡生产效益，控制营养物质的供给很有必要。比如肉用火鸡必须高能量催肥上市，后备母火鸡则要限制饲养，以免过肥，影响产蛋。

（1）雏火鸡的营养需要：雏火鸡消化功能尚不健全，生长发育

又特别迅速。因此，要供给营养丰富、易消化的饲料。一般 0～4 周龄，每千克饲料代谢能应达到 11.72 兆焦，粗蛋白质 28%，粗纤维 3%～4%。5～8 周龄，每千克饲料代谢能 12.13 兆焦，粗蛋白质 26%，粗纤维 4%～5%。

(2) 生长火鸡的营养需要：生长阶段的火鸡，采食量很大，增重很快。这一阶段每千克饲料代谢能应为 12.55～13.39 兆焦，粗蛋白质 22%～16%，粗纤维 4%～8%。

(3) 限制生长阶段的营养需要：为了使火鸡在产蛋期间发挥最佳生产性能，保持种用价值，应喂给低能量、低蛋白、高纤维的饲料。代谢能 12.97～12.13 兆焦/千克，粗蛋白质 12%～15%，粗纤维 6%～10%。

(4) 种母火鸡的营养需要：为维持母火鸡良好的体况和最佳产蛋性能，必须提供平衡的营养成分。营养水平低，火鸡体况变差，产蛋减少。营养水平过高，可能短时间内产蛋会有所增加，但数周后，母火鸡因肥胖或其他代谢紊乱也会出现产蛋率下降。一般的标准为，代谢能 11.72～12.13 兆焦/千克，粗蛋白质 14%～15%，粗纤维 5%左右。另外，应特别注意钙、磷的平衡，否则会造成蛋壳质量问题。一般标准为钙含量 2.5%左右，有效磷 0.7%左右。

(5) 种公火鸡的营养需要：一般种公火鸡饲料，代谢能 11.72～12.13 兆焦/千克，粗蛋白质 16%，粗纤维 6%左右。钙 1.5%，磷 0.8%。

(6) 火鸡对维生素和矿物质的需要：维生素可以简单地定义为维持生命活动的要素。尽管火鸡对维生素的要求量很少，但任何一种维生素缺乏都会影响火鸡的生长发育和生产性能，甚至直接造成疾病的发生。维生素 A 能促进火鸡生长发育，增强抗病力和提高繁殖能力，缺乏时，火鸡易患眼病和呼吸道疾病。维生素 B 族缺乏，雏火鸡生长发育不良，腿不能直立，趾弯曲变形。种火鸡缺乏维生素 B 族，则种蛋孵化中期死胚胎增多。维生素 D 与体内钙、磷及锰的代谢有关，缺乏维生素 D，雏火鸡出现软脚、瘫痪，种火鸡蛋壳质量下降，也有瘫痪发生。维生素E与生殖有关，充足的维生素E能保证种蛋有较高的孵化率，又能弥补饲料硒的不足。火鸡在繁殖期对维生素E的需要量高于其他家禽。火鸡的生长发育和生产也离不开矿物质元素。矿物质元素主要指钙、磷、氯、钠、钾、镁、铁、锰、锌、铜、硫、钴、硒等。矿物质元素的生理功能包括组成骨骼、蛋壳、羽毛等复杂的物质，参与营养物质的消化吸收，参与生殖等生理活动。如果火鸡不能摄入足够的矿物质元素，就会影响生长发育，出现疾病，甚至死亡。因此，饲养火鸡，特别是规模化舍饲火鸡必须按饲养标准添加各种矿物质，以达到最佳的饲养效果。

231. 火鸡需要饲喂哪些饲料？

火鸡的饲喂方法有放牧加干饲料、鲜牧草加干饲料、草粉加干饲料和完全干饲料几种。无论是放牧还是舍饲投喂牧草，在促进火鸡增重，提高生产能力和提高饲料利用率方面都有一定的效果。但也存在着劳动量较大、场地限制等缺陷，不适宜现代化火鸡生产。目前，饲喂方法主要是使用全价饲料。组成全价饲料的原料有玉米、大麦、小麦、碎米、豆饼、鱼粉、苜蓿粉、麸皮、石粉、维生素和矿物质等。

232. 设计饲料配方必须考虑哪些原则？

本地饲料资源和价格，尽可能选用质优价廉的原料，以降低成本。

不同品种或同一品种不同生理阶段的火鸡，其饲料配方都有差别，在使用中也要注意适当调整，以缓解气候、疾病和其他应激带来的影响。饲料配方变化时，要逐渐变动。

饲料配方的设计可采用试差法、公式法、方形法、画线法和电子计算机法。无论什么方法，其基本原则就是通过调整各类饲料原料的含量，来平衡饲料中营养物质含量并满足火鸡的营养需要。需要能量较高的饲料时，配方中就应提高谷物类的比例，需要高蛋白饲料，则提高鱼粉、豆饼等植物或动物性蛋白原料的比例。实际使用的饲料配方，应因时因地制宜，不可生搬硬套。

233. 火鸡繁育技术有哪些要求？

由于尼古拉大型火鸡体重悬殊，必须实行人工授精术，方能确保种蛋的高度受精率。

234. 如何做好繁育火鸡群的准备工作？

公火鸡的准备：公火鸡通过16～18周龄和29～30周龄两次选留之后，在繁殖季节前1～2周进行采精训练。如发现生殖突起不明显、精液颜色不正常、精液量少于0.1毫升的公火鸡，则应做记号，以便下次采精时再作观察，根据具体情况决定选留或淘汰。公火鸡在第1次、第2次采精时性反应良好，精液密度好，颜色呈乳白色，排精量在0.2～0.4毫升，这时应该对其作精液检查。

母火鸡的准备：母火鸡于28周龄转入种火鸡舍饲养，光照时间在原来的8小时基础上每周增加0.5～1小时，延长至16小时为止，饲料中的蛋白质和钙的含量分别增加到16%和2.25%。由于光照时间的增加，母火鸡有开始下蹲行为表现，个别母火鸡已开产，故此时要及时做好人工授精准备。

235. 如何做好公火鸡的采精工作？

采精方法以按摩法使用最为普遍，并且安全、简便，也易掌握。

按摩法采精，需要3人合作完成。1人是主要采精者，另2人是助手，负责公火鸡保定和手持集精杯收集精液。采精者坐在一条长木凳上（凳子长约1.2米，宽0.35米，高0.4米），两腿跨骑在木凳的两侧。凳面用软布或麻袋之类的柔软物包紧，以防擦伤火鸡胸部皮肤。采精者和保定者分别抓住公火鸡的腰部和双腿，将其胸部放到木凳上，两腿自然下垂。待公火鸡固定后，采精者用左手托起公火鸡尾根部，右手轻轻按摩尾部，两手合作3～4次，然后右手从背部向尾根部推动按摩数次，这时公火鸡的生殖突起有节奏地用力向外突出。此时，采精者右手拇指和其他四指分开卡住肛门环两侧，形成一个压挤动作，左手放在公火鸡的腹部使其形成反射性勃起，精液就沿着两侧生殖褶中间的纵沟排出，此时应迅速将精液收集到集精杯中。

236. 如何做好母火鸡的输精工作?

(1) 母火鸡的输精准备：在输精前，将一定量的精液分装在每支输精管中，内装 0.025～0.03 毫升精液，或直接用玻璃吸管将精液注入母火鸡阴道内，也可取得同样效果。

如果用有刻度的玻璃吸管输精时，需要两人合作。翻肛者用右手倒提母火鸡双脚（胫部），头向下，尾向上，胸部向里夹在翻肛者的双膝之间，并用左腿对母火鸡左腹部施加一定的压力，使泄殖腔张开，左侧上方的输卵管口翻出。

(2) 输精深度：母火鸡阴道部有一长 8～10 厘米的 V 字形弯曲，而且子宫与阴道联合处又有较强的括约肌。所以，在生产中应采用输卵管浅部输精方法，以 2 厘米深度为宜，即可收到很好的效果。

(3) 输精量与输精次数：输精量与输精次数应根据精液品质而定。精子活力高、密度大，输精量可以少些，可稀释后输精。若用原精液输精，则其用量为 0.025 毫升，但生产中实际输精量一般都超过 0.025 毫升。火鸡精液的精子密度较高，一般每毫升精液精子数达 70 亿～80 亿，因此每次输入有效精子数大约为 7 000 万～9 000 万或 1 亿。

当火鸡群产蛋率达 5%时，开始第 1 次输精，之后第 4 天进行第 2 次输精，以后每周输精 1 次。随着火鸡年龄的增长，产蛋量、受精率均随之下降，因此在母火鸡产蛋后期（产蛋 18 周以后），应增加输精次数，以保持较高的受精率。

(4) 输精时间：母火鸡输精时间应在产蛋后进行，即下午 3～4 时。试验证明，给输卵管内有硬壳蛋的母火鸡输精，受精率低。

237. 火鸡育雏期的饲养管理有哪些要求?

(1) 饮水：雏火鸡进入育雏室后，应立即给予清洁卫生的饮水。1～3 日龄，可将青霉素、链霉素加入冷开水中，剂量为每只每天青霉素 2 000 单位，每日饮 2 次，这对预防雏火鸡的葡萄球菌病和白痢病效果都很好。饮水器或水槽数量要充足，分布均匀，高度适中，便于雏火鸡应用。

(2) 开食：据各地的实践经验，第 1 次喂食的适宜时间为出壳

后的12～24小时。开食的饲料应新鲜，颗粒大小适中，易于啄食，营养丰富，易于消化，常用的有玉米碴、小米、碎米，1～2天后改喂配合饲粮。雏火鸡喜食洋葱、蒜苗、莴苣、韭菜等辛辣食物，可将其切碎后取少量拌入饲料内，训练雏火鸡啄食，这类饲料中含有雏火鸡生长发育所必需的微量元素钛。

饲养大型尼古拉火鸡，每只雏火鸡1～8周龄平均耗料5.41千克，饲料转化率2.04∶1。但是实际耗料量与雏火鸡出壳季节、饲粮能量水平、食槽结构、喂料方法和火鸡群健康状态等有关系。

开食采用浅平食槽，或将饲料撒在已消过毒的纸上，育雏室内应有一定的光照亮度和温度，以便于火鸡采食。

（3）通风：雏火鸡新陈代谢特别旺盛，呼吸快，因此室内空气必须新鲜。室内的粪便、垫料因潮湿腐烂，常会散发出大量有害气体，污染空气，对雏火鸡生长发育极为不利。当室内二氧化碳浓度达7%～8%时，会引起雏火鸡窒息。雏火鸡对氨较敏感，室内氨浓度不应高于2×10^{-5}，否则会降低抗病能力，发生呼吸道疾病。硫化氢毒性较大，浓度不应超过1×10^{-5}。

238. 火鸡育成期的饲养管理有哪些要求?

育成期大致指9～30周龄（开产前）这段时期，其饲养管理将决定火鸡性成熟后的体质、产蛋状况和种用价值。

（1）育成期火鸡的营养特点：根据育成期火鸡的发育特点，饲粮中各种营养成分的含量要相应减少，尤其是饲粮中粗蛋白质水平应随火鸡的体重增加而减少，但火鸡的采食量随日龄增加而递增。因此，日粮中应降低代谢能水平，以防体内大量沉积脂肪而过肥。

（2）限制饲养：采取隔日饲喂的方法效果较好。即把2天的饲料量合并成1天饲喂。由于饲料量多，每只火鸡都有采食的机会，使火鸡群生长发育较均匀，体重差异小，但停料日不能断水。在生产实践中，测定火鸡群发育均匀度，是以火鸡群中80%个体体重达到全群平均体重为标准。

（3）添加微量元素：火鸡育成期，常见有火鸡踝关节肿大、脚爪生长异常、瘫脚、拐脚、肌腱滑脱、羽毛蓬乱、无光泽等症状。

发生的原因主要是饲料品种单一，特别是缺乏动物性蛋白质饲料和微量元素及维生素；或者是饲粮配合不当，营养成分含量不平衡；或者是饲料管理不善，营养成分受到破坏等。另外，有些病毒、细菌也直接侵害关节部位，要注意区别对待。

239. 种母火鸡的饲养管理有哪些要求?

开产前的准备工作：火鸡开产日龄一般为 30 周龄，各品种开产日龄略有差异。母火鸡开产前应再次选择留种，配备足够的产蛋箱，提前 10 天左右将产蛋箱放置在火鸡舍内。大型火鸡在 28～29 周龄可酌情限制饲养，并开始提高饲粮中能量、粗蛋白质、钙和磷，以及多种维生素、微量元素添加剂的含量。

240. 种母火鸡产蛋高峰期饲养管理要点有哪些?

火鸡开产后每周产蛋率不断增长。如上海农学院火鸡场饲养尼古拉种火鸡开产日龄为 229±0.43 天，产蛋 22 周与 30 周平均产蛋量分别为 74 个和 90 个，于 38 周龄达产蛋高峰。因此，自开产至产蛋高峰要饲喂营养完善而品质优良的饲料，并保持饲料中各种营养成分与配合比例的稳定。同时要保持环境安静小气候适宜，使种火鸡达到应有的产蛋高峰。必须创造条件，保持火鸡群的健康与高产、稳产，延长产蛋高峰的持续时间。

241. 种母火鸡的日常管理包括哪些工作?

做好生产记录是日常管理的重要内容之一。记录内容包括产蛋量、蛋重、体重、存活率、死亡与淘汰数、饲料消耗等。管理人员要经常检查实际生产记录，发现问题及时解决。

经常观察鸡群，是为了了解火鸡群的健康与采食情况，隔离检查病火鸡、停产火鸡，及时淘汰或醒抱，达到提高全年产蛋量和饲料转化率、预防疾病和降低死亡率的目的。还要保持良好而稳定的环境条件，保持环境安静，正确使用光照，火鸡舍内温度、湿度应符合要求。一般 4～5 只母火鸡配置 1 只产蛋箱，产蛋箱内的垫料应柔软舒适，并经常更换。最后要严格按照防疫制度要求进行各项操作，保持环境卫生，食槽、水槽要定期清洗和消毒，防止饲喂霉变饲料。

242. 种公火鸡的特殊管理包括哪些内容？

雏火鸡1～2日龄时应剪去头顶上的肉锥，以防成年后影响视力和采食。9～10日龄时断喙。种火鸡公母比例，实行人工授精的可按1∶15～20选留。

公火鸡的选择应在育成阶段开始，即16～18周龄开始对生长发育、增重、外貌等性状进行选择。如尼古拉公火鸡外貌上选留的标准是：体重在群体平均值以上，体形匀称，头宽广，大小适中，颈直，胸宽而深，胸骨直，背宽平，腿健壮而结实，脚趾平直无弯曲，雄性特征强，行动灵活，反应机敏。待公火鸡达到性成熟后（30周龄左右），再根据精液的质和量进行综合评定。

第二节　火鸡常见疾病防治技术

243. 如何防治火鸡新城疫？

（1）主要症状：新城疫是副黏病毒感染禽类而呈毁灭性流行的一种败血性传染病，主要症状为神经机能紊乱，如运动失调、头向后仰、盲目后退、转圈及角弓反张等。特征性病理变化是腺胃乳头及乳头间常见出血点，嗉囊积液及呼吸道出血。神经症状典型病例脑膜充血、出血。病程短者仅4小时，长者也不足24小时，死亡率100%。

（2）防治方法：目前尚无特效治疗药物，主要依赖疫苗免疫。参考免疫程序为：7日龄用Ⅱ系苗滴鼻点眼；22日龄用Ⅳ系疫苗加强免疫一次；2月龄后以Ⅰ系苗肌肉注射。为避免卵黄抗体的干扰，3日龄内用4倍剂量的Ⅱ系苗滴鼻，效果很好。已发生新城疫时，一次注射含新城疫抗体的高免卵黄液，每只1毫升，经反复试验，证明效果十分理想。

244. 如何防治火鸡禽霍乱？

（1）主要症状：禽霍乱是由多杀性巴氏杆菌引起的多种家禽急件、热性、败血性传染病，成年火鸡最易感。火鸡多呈最急性经过，难以见到症状而突然死亡。随后表现精神沉郁，羽毛松乱，翅下垂，腹泻和严重的呼吸困难，口、鼻流出多量的黏液等急性期症状，经1～2小时死亡。病死的火鸡口腔、咽喉积聚黏液，全身黏膜、浆膜及脏器出血，十二指肠更显著。肺严重淤血水肿。所有病例均可见肝脏表面及深层布满多量粟粒大小的灰白色坏死灶。

（2）防治方法：可肌注青霉素5万～8万单位/只，每天2次。免疫可选用禽霍乱氢氧化铝甲醛苗或833禽霍乱弱毒苗，无论大、小火鸡一律注射2毫升/只，后者用生理盐水稀释，皮下注射0.1亿～0.2亿菌/只，均有较好的免疫效果。

245. 如何防治火鸡的曲霉菌病?

曲霉菌病是育雏期火鸡多发病之一，本病由曲霉菌侵害呼吸器官，并形成特殊肉芽结节的一种真菌性疾病，幼火鸡发病率高，死亡严重，特别是天气寒冷的早春，若饲养密度大，垫草长期未换，室内通风不良，往往在孵化室或育雏室内呈暴发式发生。

患曲霉菌病雏火鸡多呈急性经过。主要症状为食欲减少或废绝，体温升高，呼吸极度困难，下痢，并很快呈麻痹而死亡，部分病雏还出现脑炎或眼炎，说明火鸡曲霉菌病脑炎型较为常见。剖检可见气管、气囊、肺出现白色绒毛状纳菌斑，肺实质内形成大小不等的橡皮样结节，结节中央有一小团干酪样坏死物，镜检可观察到曲霉菌的菌丝与孢子，发生脑炎者，脑膜充血水肿，脑实质有绿色细小坏死灶。

防治本病的主要措施是：改善通风条件，降低饲养密度，发生疫情时用1∶2 000的硫酸铜或0.5%的碘化钾饮水。治疗常用制霉菌素拌入饲料，剂量为每100只鸡50万～100万单位，连用1周。克霉唑200～300毫克/只，每天2次，连用3天即可。

246. 如何防治火鸡鼻炎?

（1）火鸡鼻炎又名波氏杆菌病，是由波氏杆菌引起的具有高度传染性的上呼吸道疾病。其特征为突然打喷嚏，眼、鼻流出清亮液体，张口呼吸，颌下水肿，气管萎陷。

（2）症状：患病雏火鸡打喷嚏，流泪，轻轻按压鼻部有多量清亮液体流出。随着病情延长，病雏频频摇头，加上大量的分泌物从

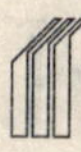

鼻内流出，使鼻孔周围、头部、翅膀处羽毛覆盖一层干涸的分泌物。鼻腔、气管阻塞，呼吸困难，少数病例颌下水肿。病程1～3周，发病率及死亡率均达100%。病初鼻腔、气管分泌物增多，气管软化，软骨环变形，背、腹部下陷。典型病例在紧接喉部的气管背部折入管腔，横切气管可见软骨环增厚，管腔狭小，此乃本病的特征性病变。

（3）防治方法：加强饲养管理，改善卫生条件，隔离病雏，同时采用盐酸四环素加青霉素饮水。治疗量：每100毫升水含四环素0.25克，青霉素200万单位；预防量减半，据报道能有效降低雏火鸡的死亡率。病情严重的病雏，无论以饮水、注射还是口服等途径使用抗生素，均收效甚微。因此，加强平时的消毒，提高雏火鸡的抵抗力，是防制疾病发生的关键。

247. 如何防治火鸡大肠杆菌病?

（1）主要症状：火鸡大肠杆菌病是由特定血清型致病大肠杆菌引起的火鸡的一种传染病，其临床特征为心包炎、肝炎、气囊炎及败血症。病鸡主要表现为精神沉郁，食欲下降，羽毛松乱，腹泻，少数重病例出现败血症而死亡。剖检可见全身黏膜、浆膜出血，心包积液，并可见纤维素漂浮在心包液中，心冠脂肪及心外膜出血。慢性病例纤维素沉积在心外膜表面（绒毛心），肝脏见包膜增厚，实质有大小不一的坏死灶。胸、腹气囊壁混浊，表面粗糙并有多量蛋花样纤维素附着。

（2）防治方法：治疗可用土霉素、痢菌净及氟哌酸等。痢菌净，肌注2～3毫克/只，每天2次，连续3天；氟哌酸按0.05%的浓度饮水，重病例口服0.1克/只·天。

248. 如何防治火鸡的组织滴虫病?

（1）主要症状：组织滴虫病又名黑头病，3～12周龄的火鸡最易感染，国外曾有发病率89%、死亡率70%的报道。调查结果表明，火鸡自然感染时，平均发病率在30%左右，最高为68%，致死率达20%～56%。人工感染时，发病率100%，致死率高达95%。火鸡最早的症状是粪便中出现砖红色黏液丝，长度达5～10

厘米，随后转为硫黄色或褐色粪便的腹泻，有时伴有血液。此时病鸡精神沉郁，体温升高到41.8～42.4℃，食欲减少，体重急剧减轻，消瘦，翅下垂、缩头、嗜睡，多在1周内死亡。主要病变局限于盲肠与肝脏，盲肠肿大，肠壁肥厚硬实，肠腔充满干酪样物。肝脏有圆形或不整圆形的坏死灶，病灶内常见许多细小的颗粒，呈放射状分布，眼观似菊花，因此也称“菊花样”病灶。

（2）防治方法：预防火鸡组织滴虫病基本对策是火鸡与鸡分开饲养，定期驱虫。驱虫选用盐酸左旋咪唑口服，100～150毫克/只，噻苯唑0.1%～0.15%混入饲料，连续1周。抗组织滴虫－50，以0.02%的浓度拌入饲料或饮水，每天2次，疗效更佳。

第九章　鹧鸪饲养管理与疾病防治技术

第一节　鹧鸪饲养管理技术

249. 鹧鸪有哪些特点？

鹧鸪的外形特征：成鹧鸪的外形与肉鸽大小相似。体羽艳丽，头顶灰白色，从前额、双眼一直向下到颈部，连接喉下，有一条围兜状的黑色带，体侧有深黑色斑条。翼基部灰羽，翼尖则有两条黑色条纹，体侧双翼有多条黑纹，嘴、脚均为红色。鹧鸪又称石鸡、红腿小竹鸡，是一种集观赏、食用、药用于一身的名贵野味珍禽。鹧鸪肉是一种很好的滋补营养品。鹧鸪骨细肉厚，肉嫩味鲜，营养丰富。鹧鸪肉蛋白质含量为30.1%，比珍珠鸡、鹌鹑均高6.8%，比肉鸡高10.6%。脂肪含量为3.6%；比珍珠鸡低4.1%，比肉鸡低4.2%。并含人体所必需的18种氨基酸。具有高蛋白、低脂肪、低胆固醇的营养特性。尤其值得称道的是，其富有其他禽肉所不含的牛磺酸，在妇女怀孕、哺乳期间食用，对胎儿、婴儿的生长发育和增强智力有着极好的滋补作用，被喻为禽中极品、动物人参。

250. 鹧鸪品种主要有哪些？

鹧鸪产于我国云南、贵州南部、广东、广西、海南、福建，浙江及安徽黄山也有分布。当前鹧鸪在世界上的品种与分布大致如下：

（1）法国和西班牙红腿鹧鸪：分布于法国和西班牙。

（2）岩鹧鸪：分布在意大利、南斯拉夫、罗马尼亚、保加利亚、希腊、阿尔巴尼亚等地中海国家。

（3）野鹧鸪：分布在土耳其、叙利亚、伊拉克、黎巴嫩、塞浦路斯、伊朗、尼泊尔、印度、俄罗斯、蒙古和中国的内蒙古、西藏。

（4）巴勃雷鹧鸪：分布在阿尔及利亚。

（5）大红腿鹧鸪：分布在中国西南部。

（6）阿拉伯红腿鹧鸪：分布在沙特阿拉伯南部和也门。

（7）菲尔比红腿鹧鸪：分布在沙特阿拉伯中部。

251. 鹧鸪的饲养前景如何？

由于鹧鸪为野生鸟种，且数量稀少，已往有幸亲尝其味的食者不多，故知之者更少。现在，鹧鸪已由国外科研机构驯养成功并引种国内，现已形成一定育种孵化、饲养和成品加工的生产规模。市场上的鹧鸪系列产品，有开袋即食、携带方便的即时产品，也有配料齐全的半成品。更有味美精致的佐餐调料制品，从礼盒包装到简易包装种类繁多，可以分别满足各类消费者的不同需要。有人在品尝鹧鸪制品之后惊叹“一匙鹧羹经唇过，满筵珍馐不觉香”。赞誉虽有夸张，却也足以道出其味道之美妙。随着社会的发展，人们生活水平的日益提高，鹧鸪的需求量将与日俱增。

252. 鹧鸪对饲养设备主要有哪些要求？

鹧鸪会飞翔，因此平养种鸪应设网室；平养育雏，门窗均要加铁丝网防止其逃脱。目前饲养鹧鸪以室内笼养为主，各生长期笼具结构、规格如下：

育雏笼：有单层或3层的铁笼，每层高64厘米，宽66厘米，长200厘米，中间分为两格，每格660厘米^2，可养雏鹧鸪100只，每层承粪板高13厘米，脚高42厘米。底网网眼为2厘米，两侧用榄核形硬网，网眼为1.5厘米×1.5厘米。

中鹧鸪笼：单笼笼长125厘米，高50厘米，宽130厘米，铁丝网眼为1.5厘米×1.5厘米。鹧鸪50～60日龄后，笼的前后网眼改为宽2.5厘米，用16号铁丝制成栏栅，方便中鹧鸪伸出头饮水与采食。

种鹧鸪笼：自制分层铁笼，一般为3层，每层有承粪板。养蛋鹧鸪的笼子底部结构应稍向外倾斜，产蛋后，种蛋滑落网底边沿，便于捡蛋。每层笼一般分为3～4格，每格规格为长40厘米，宽40厘米，高35厘米，养鹧鸪4只，即1公3母。另一种规格是长

90厘米，宽40厘米，高35厘米，养鹧鸪8～10只，公母比为1∶4～5。

253. 鹧鸪的饲养方法与饲料配方如何？

鹧鸪喂养方法与商品鸟喂养相同，保证全天供应饲料，配合饲料，以玉米、豆粕、麦麸等为主。

小鹧鸪：黄玉米48%、小麦粉3%、豆饼34%、进口鱼粉12%、骨粉1%、贝壳粉1.1%、食盐0.4%、添加剂0.5%。

中鹧鸪：黄玉米50%、小麦粉5%、豆饼28%、麸皮5%、进口鱼粉8%、骨粉1.5%、贝壳粉1.6%、食盐0.4%、添加剂0.5%。

成鹧鸪：黄玉米53%、小麦粉11%、豆饼16%、麸皮9%、进口鱼粉5%、骨粉3%、贝壳粉2.1%、食盐0.4%、添加剂0.5%。

鹧鸪所需微量元素与维生素添加剂应比鸡用量高0.5～1倍。如果小规模饲养鹧鸪，可选用鸡全价粒状饲料，另应在50千克饲料中添加多维素5～10克，微量元素按厂方说明另外添加。幼鹧鸪要求早期加入熟蛋以增加蛋白质。

254. 饲养鹧鸪对场舍建设设计有哪些要求？

鹧鸪喜温怕湿，喜安静怕惊吓，场地宜选择在通风好、光线足、交通方便、无污染、无噪声的地方，朝向最好向南或朝东南，在环境幽静的干燥坡地建舍。肉用鹧鸪最好采用网上平养，种用鹧鸪宜用笼养，笼长0.7米，宽0.35米，高0.45米。

鹧鸪笼材料可用镀锌网，也可其他网具。设备有食槽、水杯、保温炉、孵化设备等。

255. 鹧鸪育雏期饲养管理有哪些要求？

（1）育雏前先用2%烧碱或百毒杀等消毒栏舍，育雏室每立方米空间用福尔马林28毫升，加高锰酸钾14克熏蒸消毒24小时。

（2）雏鸪保温是成败的关键，要求1周龄38～37℃，2周龄35～32℃，3周龄31～29℃，4周龄28～25℃，光照头周23小时，以后18小时。

（3）密度过大，其活动场地受限制而相互打斗，伤亡量增大；

密度过小，浪费有效场地，使养殖成本提高。一般出壳至 10 日龄每平方米平均可放 80 只左右，10～28 日龄可放 50 只左右，4～10 周龄可放 30 只，10 周后可入 15 只左右。

（4）湿度过大易感染真菌；湿度过小，易得呼吸道疾病。一般 1 周龄相对湿度为 60%～70%，1 周龄以后相对湿度为 55%～60%。

（5）在保证温度的前提下，要进行适当的通风换气，以增加氧气，排出二氧化碳，有利于雏鸪的新陈代谢正常进行。

（6）光照：出壳后 20 小时至 1 周期间需全日光照，1 周后为每天 16 小时。

（7）饮水：鹧鸪在出壳 24 小时内，将 0.02%的土霉素加入 36 ℃的凉开水中，让雏鸪饮用。如果雏鸪是从外地引进的，可在饮水中加 B 族维生素。

（8）开食：鹧鸪饮水后即可开食。将饲料用少量的水拌成潮湿状，用手将颗粒搓细，少量的撒在纸上，让雏鸪自由采食。头 3 天以不断料为好，3 天后改用食槽，槽要放在灯光下，食槽要错开，相距不要超过 1 米，饲喂时要少喂多餐，每次添料时以上次饲料吃净为好。

（9）要保持环境与卫生。水槽每天清洗两次，2 天消毒 1 次（用 0.01%的高锰酸钾溶液）。每天上、下午各清扫粪便 1 次，室内消毒要每周 2 次，夏季每天消毒 3 次。

（10）1～7 日龄可在饮水中加入复合维生素 B 及水溶性多种维生素，如速补 14 或 20，同时可在饮水中加入氟哌酸类药物，以防白痢病等。

256. 育成期鹧鸪饲养管理应注意哪些？

雏鹧鸪最迟于 9 周龄转入育成舍，可实行平养、网养与笼养，为防治黑头病、球虫病及寄生虫病，建议实行网养与笼养。

鉴于鹧鸪有较强的飞翔能力，可在舍外设置飞翔栏。

饲养密度：4～6 周龄每只占 0.03 米^2，或 35 只/米^2，6～10 周龄每只 0.06 米^2，或 15 只/米^2。

光照为每昼夜 14～16 小时（低强度），采用 0.5～1 瓦/米^2。红光效果好。

每天喂料 3～4 次，饮水不可中断，注意环境卫生，加强观察护理。

对于肉用仔鸪，从一开始到上市固定光照 20 个小时，至 16 周龄时可达到成年体重的 92%，公仔鸪达到 0.6 千克，母仔鸪平均 0.5 千克，即可上市。饲料转化率约为 2.04:1。

饲养猎用鹧鸪，应在 16～20 周龄时上市，在经济上效益较高。

257. 肉用鹧鸪的饲养管理注意事项有哪些？

肉用鹧鸪的主要来源：初生蛋（初产 1 周内的蛋）所孵出的雏鸪。一般只做商品鹧鸪饲养；1 周龄及 2 周龄选择种鹧鸪时，选出的不合格雌鹧鸪及多余的雄鹧鸪，在种鹧鸪需求量已饱和的情况下，多余的鹧鸪可做肉用雏鹧鸪饲养。

饲养特点：饲养商品肉用鹧鸪，根据不同的种源，采取不同的饲养方式及处理方法。淘汰的鹧鸪，不宜再延长饲养期，应立即按商品肉用鹧鸪处理。1 周龄淘汰的鹧鸪，宜用中鹧鸪料或小鹧鸪料，笼养至 15 周龄，然后出售。肉用鹧鸪的饲养，应以促进快速生长、提高饲料转化率、缩短饲养期、获得高商品合格率为主。

同笼饲养：商品肉用鹧鸪，从出壳至出售，应在同一笼中饲养。

饲料：出壳至周龄，饲喂雏鹧鸪料；周龄至出售，饲喂鹧鸪料。

饲喂次数：充分供料或每天给 3 次料，即上、下午及晚上各 1 次。

光照：周龄内，供给全日光照，周龄后，供给 2 小时光照。光照强度为每平方米 3 瓦。

温度：不同的生长阶段，要求不同的温度。

湿度：室内要求相对湿度为 62%。

密度：笼中网上饲养，可用单层笼、双层笼或三层笼，笼的尺寸为 166 厘米×646 厘米×636 厘米。每笼从出壳至出售可饲养 4 只雏鹧鸪。

饮水：不断供给充足而清洁的饮水。水槽应每天清洗消毒一次。

清洁：离笼底 16 厘米设承粪板，这样即卫生又可起保温作用。

粪便在周龄内，每周清扫13次，以后每周清扫3次。

通风：根据天气变化情况，适当开窗，窗开多大和多久，应随鹧鸪的日增重大小而定。

减少应激因素：尽量减少和避免对鹧鸪有干扰的各种因素，包括污浊的空气，不适宜的温度、湿度，过强的光照，刺激性气味、响声和噪声，不规则的冲击声、碰撞声，过量的药物、打针，抓鹧鸪，未见过的异物等，这些因素，都会使鹧鸪恐惧，影响食欲，从而影响生长和体重。坚持“全进全出”制度：商品肉用鹧鸪，必须严格执行“全进全出”制，每次全进同龄鹧鸪，出售时，应在1周内全部出栏，绝不允许留下个别生长缓慢的鹧鸪再合并饲养。

最适宜出售鹧鸪体重：中鹧鸪平均体重达6～8千克时，最适宜出售，这时鹧鸪生长速度最快，饲料报酬最高。中鹧鸪在1周龄时，平均体重达6～8千克，若饲养管理不当，则需要延长饲养期。但在加拿大和美国不少鹧鸪养殖场，将鹧鸪养至15周龄才售出，这样可使鹧鸪屠体达6千克，适合消费者需要。

258. 鹧鸪的繁殖与孵化应注意哪些？

鹧鸪26周龄时，选择健壮的个体，按1公3母为1组分笼饲养。在笼内阴暗的一角设1～2排产蛋箱，箱高、宽分别为40厘米和45厘米，长度不限。箱内铺垫草，外侧设一洞口供鹧鸪进出，用布帘罩住产蛋箱。

种鸪开产日龄为31～32周，此时应改用产蛋鸪饲料，产蛋前4周补充光照到17小时。每平方米可用3瓦灯泡，灯高离地2米，灯光分布均匀。产蛋期每日喂3次，种鸪使用期为2年。

产蛋期应注意减少干扰，保持环境安静。每只母鸪年产蛋80～100枚，个别高达150枚。

种蛋受精率92%～96%，孵化率达84%～91%，孵化期为24天。电控自动孵化机的温度设定为37.5℃，相对湿度为55%～60%，后期增至75%～80%。入孵第5天照蛋，剔除未受精蛋；第21天转入出雏机时再照蛋，剔除死胎蛋。每天翻蛋2～3次，其操作与孵鸡蛋大致相同。种蛋保存不超过1周。

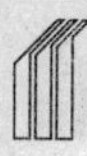

幼雏出壳后，应在出雏机内停留 8～12 小时，待绒毛干后再转入育雏器保温饲养。

259. 如何养好鹧鸪？

鹧鸪的生活力强，疾病较少，但出生后至 2 月龄这个阶段，尤其是 1 月龄之内死亡率最高，严重影响到成活率。因此，一定要做好疾病的防治工作，采取综合预防措施，包括经常保持房舍、用具及饲养环境的清洁卫生；从外地购入的雏鸪或成鸪，至少先进行 30 天的隔离检疫；周围不饲养其他禽类，也不与其他禽类同场饲养；不同龄期的鹧鸪，供应足够其生长发育和生产所需的营养，以增强抵抗力；不喂发霉变质饲料；及时接种疫苗，搞好定期消毒；发现病鸪应及时隔离治疗，死尸要焚化或作深埋处理。

第二节 鹧鸪常见疾病防治技术

260. 如何防治鹧鸪新城疫？

鹧鸪新城疫主要症状是不食、腹泻、脚软、麻痹、震颤，颈异常扭曲，口腔黏液增多，呼吸困难，产蛋停止。剖检腺胃、肠道有明显出血点。本病无特效药物治疗。防治本病要求定期消毒及免疫接种，鹧鸪出壳后 9～12 日龄用鸡新城疫苗Ⅱ系苗 1∶1 000 饮水免疫，也可以在 35 日龄重复饮水免疫 1 次，150 日龄用鸡新城疫苗Ⅰ系苗 1∶500 稀释，每只肌注 0.5 毫升。

261. 如何防治鹧鸪副伤寒？

鹧鸪副伤寒由沙门氏杆菌引起，病鸪翅膀下垂，拉黄色稀粪，急性的 2～3 天死亡。剖检发现，肝肿大、呈古铜色，肝表面有大小不等、灰白色坏死点，小肠有出血性炎症。防治刚出壳的幼雏，用氟派酸饮水预防。治疗常用氟本尼考等拌料，连用 3～5 天。

262. 如何防治鹧鸪霉形体病（慢性呼吸道病）？

鹧鸪感染本病后咳嗽、喘气，呼吸困难。剖检肺鼻腔、气管，有黏性渗出物。防治：在饲料中拌北里霉素或强力霉素，也可在饮水中加入红霉素或支原净等，连用 5 天。

263. 如何防治鹧鸪球虫病?

鹧鸪的球虫病是肠道寄生虫病，病鹧鸪起初羽毛蓬松无光，翅膀下垂，精神不振，吃食减少，缩颈呆立于光线较暗的墙角，挤堆打垛，地面可见黄褐色或黄色稀便，病情较重的1～2天死亡，较轻的3～4天逐渐好转。患盲肠球虫病鸪排血便，呈棕红色或鲜红色：患小肠球虫病鸪不排血粪，只拉黄白色稀粪，感染后5～7天内死亡：剖检盲肠红肿，肠壁增厚发炎。

防治：用氨丙啉等抗球虫药治疗，同时在饲料中加入磺胺5-甲氧嘧啶或复方新诺明；饮水加青霉素，连用3～5天；也可先用球敌克（含1%马杜霉素）拌料，每100千克饲料用药50克，同时用杀球灵，每100克兑水100千克饮水，连用5天，接着再用克球粉按0.2%比例拌料，巩固治疗5天。治疗同时，料中拌入维生素K_3用于防止肠道出血。另外，用速补14或电解多维饮水，增强鹧鸪抗病能力。

264. 如何防治鹧鸪组织滴虫病?

本病属急性原虫病，又称黑头病或盲肠肝炎。病鸪下痢，粪便呈淡黄色或淡绿色，剖检可见盲肠肿大，肝表面黄色或黄绿色。防治可用二甲硝哒唑拌料，或用中药仙鹤草50克煎水150毫升，按每只1～2毫升灌服。

265. 如何防治鹧鸪大肠杆菌病?

鹧鸪的大肠杆菌病一年四季均可发生，由致病性大肠杆菌引起。病鸪食欲减少，精神不振，翅膀下垂，闭眼昏睡，下痢，粪便成白色水样或呈糊状并带大量黏液。可用金丰Ⅰ号疗效较好，也可用2.5%的恩诺沙星注射液肌肉注射，每千克体重注射0.2～0.4毫升，每天1次，连用3天，同时应配合应用硫酸新霉素按0.01%～0.015%混饲给药。

266. 如何防治鹧鸪传染性支气管炎?

本病由病毒引起，发病率高，雏鸪死亡率大，主要症状为流鼻涕、咳嗽、气管啰音和张口呼吸等呼吸道症状。可用弱毒疫苗预防，2～3周龄时用H120＋La系免疫接种，每只从鼻孔滴入1～2滴。22周龄时用H52弱毒疫苗作第二次滴鼻或饮水。

第十章　珍珠鸡饲养管理与疾病防治技术

第一节　珍珠鸡饲养管理技术

267. 珍珠鸡的形态特征有哪些?

珍珠鸡外观似雌孔雀，头很小，面部淡青紫色，喙强而尖，喙尖端淡黄色，后部红色，在喙的后下方左右各有一个心状肉垂。眼部四周无毛，有一圈白色斑纹直延至颈上部。颈细长，披一圈紫蓝色针状羽毛。脚短，小时脚红色，成年后呈灰黑色。行走迅速。珍珠鸡全身羽毛灰色，并有规则的圆形白点，形如珍珠，故有珍珠鸡之美称。珍珠鸡体型圆矮，没有鸡冠，头顶部无毛，而有角质化突起，称之头盔，尾部羽毛较硬、略垂。

268. 珍珠鸡品种有哪几类?

主要有三类：一是分布在索马里、坦桑尼亚的“大珠鸡”，其主要特征是只在其背部有几根羽毛。二是分布在非洲热带森林的“羽冠珠鸡”。三是“灰顶珠鸡”，它包括带有蓝色肉髯和红色肉髯两种类型。灰顶珠鸡已培育出灰色珠鸡、白珠鸡、淡紫色珠鸡及它们之间的杂交鸡种等许多品种，其中灰色珠鸡是饲养量最大的品种，我国通常所说的珍珠鸡主要是指灰色珠鸡类型，如法国伊莎珠鸡。该鸡成年体重2.2～2.5千克，12周龄体重1.2千克，28周龄体重1.9千克；母珠鸡28～30周龄开产，产蛋35周可获种蛋165～185枚，蛋重42～50克，壳褐色，有少许斑点。

269. 珍珠鸡的生活习性有哪些?

(1) 适应性：成年珍珠鸡喜干厌湿，耐高温，抗寒冷，抵抗疾病能力强。在－20～40 ℃时仍能生活。但出壳后的雏珠鸡若温度稍低，则易受凉、拉稀或死亡。

（2）野性尚存，胆小易惊：珍珠鸡仍保留野生特性，喜登高栖息，晚上亦能看到它的活动。尤其是雏鸡有较大活性，常到处乱钻而引起死亡。饲养中应对此习性给予足够重视。珍珠鸡性情温和、胆小、机警，环境一有异常或动静，均可引起其整群惊慌，母鸡发出刺耳的叫声，鸡群会发生连锁反应，叫声此起彼伏。若把红色饮水器换成黄色饮水器，鸡群会较长时间不敢靠近饮水器。

（3）群居性和归巢性：珍珠鸡通常30～50只一群生活在一起，决不单独离散，人工驯养后，仍喜群体活动，遇惊后亦成群逃窜和躲藏，故珍珠鸡适宜大群饲养，另外，珍珠鸡具有较强的归巢性，傍晚归巢时，往往各回其舍，偶尔失散也能归群归巢。

（4）善飞翔、爱攀登、好活动：珍珠鸡两翼发达有力，1日龄就有一定的飞跃能力。一天中几乎能不停地走动。休息时或夜间爱攀登高处栖息。

（5）喜沙浴，爱鸣叫：珍珠鸡散养于土地面上，常常会在地面上刨出一个个土坑，为自己提供沙浴条件。沙浴时，将沙子均匀地撒于羽毛和皮肤之间。珍珠鸡有节奏而连贯的刺耳鸣声，实为一大特点，这种鸣声对人的休息干扰很大，但也有几个作用，一是夜间此鸣声强烈骤起有报警作用，二是这种鸣声一旦减少，或者声音强度一旦减弱，可能是疾病的预兆。

（6）择偶性：珍珠鸡对异性有选择性，这是造成珍珠鸡在自然交配时受精率低的原因之一。当然易受惊吓也是大群珍珠鸡受精率低的主要原因。采用人工授精，就可以从根本上解决受精率过低的问题。

（7）食性广，耐粗饲：一般谷类、糠麸类、饼类、鱼骨粉类等都可用来配合食用。另外，特别喜食草、菜、叶、果等青绿植物。

270. 珍珠鸡育雏期饲养管理有哪些要点？

育雏期为0～21日龄，由于雏鸡体温调节、消化等能力还不完善，对外界环境和疾病抵抗力较差，易生病死亡，所以要精心饲

养，认真管理。

（1）育雏前的准备工作：

①育雏舍：育雏舍要饲养同一大小、品种的雏鸡。要求育雏舍密封性能好，以利于鸡舍保温。育雏舍可铺水泥地面，能排水，有利于鸡舍清扫、冲洗和消毒。鸡舍门口应设消毒池，进舍前鞋要消毒后才可进入育雏舍。进雏前首先对育雏舍及所有设备用具彻底清扫，再用2%烧碱溶液消毒；最后在进雏前1周对育雏舍及用具用福尔马林熏蒸消毒，每立方米空间用福尔马林28毫升，高锰酸钾14克。先把高锰酸钾放入非金属容器内，倒入福尔马林溶液，然后迅速离开，密封育雏舍，24～48小时后打开门窗备用。

②饲养方式：育雏方式可分为地面散养、地板网平养和笼养。当地面散养时，冬春季应铺以5～7厘米厚的垫草，夏季地面铺沙土再加薄薄的一层垫草。垫草应清洁、干燥、无霉变，并铡成约10厘米长。垫草经一次育雏后，应清出舍外与粪便一起堆肥，不能再次使用。当采用地板网平养时，网面可以用铁丝或木、竹制成。一般用网眼为1.2厘米见方的金属网或塑料网，网面高度60～70厘米，整个网面以活动的为好，以便鸡群转出后，揭开网面清除粪便和清扫鸡舍。采用地面散养或地板网平养时，要按鸡的数量均匀放置水槽及食槽。保温伞供暖。在房舍面积小、用电较方便的地方，可采用层叠式电热育雏笼育雏，每笼4层，共可育雏1 200～1 600只。

（2）育雏的环境控制：

①育雏密度要求：饲养面积应随着雏鸡生长而加大。1周龄每平方米饲养50～60只，2周龄30～40只，3周龄20～30只。

②育雏温度要求：刚出壳的雏鸡适宜温度为34～36℃，以后每周下降2～3℃，至21℃为止，6周龄后为室温。鸡舍温度是否适宜，可观察鸡群的表现：太冷，鸡群扎堆；太热，鸡张口喘气；适宜温度下精神活泼，表现舒适。一般育雏以小群为宜，每群100～300只，饲养密度每平方米50只，以后随雏鸡的生长，逐步降低饲养密度。育雏3周内，鸡舍里的温度适宜与否，是育雏工作

成败的关键，既不能过高，也不能过低。在育雏过程中，要注意调整鸡群。要把体弱、矮小、站立不稳的单独组成小群，给予特殊照顾，离热源近些，密度小些，饲料饮水充足，添加维生素，以促进恢复健康。其次，要注意室内卫生，垫料要勤换，饮水器、食槽等用具要经常清洗消毒。为防止鸡舍内的粪便、垫料发酵产生有害气体，必须通风换气，排除室内污浊空气，促使雏鸡健康生长。

③育雏湿度要求：育雏室内温度高，常导致湿度偏低，空气干燥，雏鸡因失去水分太多而影响健康，严重时造成脱水。当育雏舍湿度低时，可在地面洒水，育雏室应保持60%～65%的相对湿度。可在室内悬挂干湿球温度计测定湿度。育雏后期对湿度要求不严，保持正常湿度即可。

④育雏通风要求：雏鸡体温高，呼吸快，新陈代谢旺盛。饲养密度大，需要氧气较多。同时，如果室内通风不良，使得大量二氧化碳、氨气、多余的水分和羽毛屑在室内排不出去，雏鸡大量吸入，可使中枢神经系统受到强烈刺激，轻者易患呼吸道疾病，饲料报酬降低，性成熟延迟，抵抗力降低，疾病发生率增高。一般要求育雏室中二氧化碳含量不能超过0.15%，氨气浓度不应高于20克/米^3。在育雏的头1周内，鸡舍内基本不需要增加通风量。在以后的几周，应根据鸡舍内湿度、空气污浊度，逐渐增加通风量。但必须注意室外气温变化，随时调整通风量。换气要严防穿堂风（贼风）。

在保证育雏温度的前提下，育雏舍只要控制好饲养密度、勤清粪，只需自然通风装置即可，一般门、窗和屋顶风帽足以满足雏鸡对通风的需求。

⑤育雏光照要求：雏鸡需要一定的光照时间和光照强度。在密闭式鸡舍，1～2日龄的雏鸡需光照23小时，3～7日龄需20小时，2周龄需16小时，3周龄公雏需12小时，母雏14小时。光照设计为0～10日龄为每平方米3瓦，11～21日龄为每平方米2瓦，要注意使全舍的光照均匀一致。

⑥育雏饲料：出壳雏鸡体重小，耗料少，增重快，因此要求饲

料质量好，营养水平高，符合卫生标准。可参考的饲料配方如：玉米 50%、麦粉 3%、麦麸 2%、豆饼 31%、鱼粉 12%、骨粉 1.1%、食盐 0.4%，微量元素、多种维生素、氨基酸、促生长素、抗生素药物等添加剂 0.5%。

（3）雏鸡饲喂与饮水：开食的早晚可直接影响到初生雏的食欲、消化及今后的生长发育。初生雏的消化器官在出壳后 36 小时才能完全具备消化功能，过早开食会损伤消化器官，对以后生长发育不利。过晚开食，会消耗雏鸡体力，使雏鸡虚弱，影响生长及成活。可在出壳 16～24 小时后饮水开食，一般先饮水，让雏鸡饮 5%的葡萄糖水，水温 36～38 ℃。2～3 小时后可开食，开食料可用浸软晾干的碎米或玉米粉。1～2 天后可喂给配合料，配合料可参考的饲料配方见育雏饲料。饲喂次数：1 周龄 6～8 次/昼夜，2 周龄 5～6 次/昼夜，3 周龄 4～5 次/昼夜。开食后可自由饮用水质好、水温 20～25 ℃的饮水。育雏期所用长形料槽、水槽的数目和长短，依据饲养数量而定，原则上保证每只鸡拥有的料槽长度为 2.5 厘米。

（4）雏鸡的合理化管理：

①严格坚持消毒检疫和疫苗接种：除进出车辆、人员消毒外，应定期对鸡舍、笼具及环境进行预防消毒。定期投药驱除体内外寄生虫，根据本地区疾病流行情况及本场具体情况制订免疫程序，按时进行疫苗接种。水槽 0.6 厘米。对病弱者应添加维生素，以促进其恢复健康。

②观察鸡群：育雏期间应经常观察鸡群的精神、饮食和粪便等状况，发现异常及时查明原因，确认病情，及时隔离、治疗或淘汰，视具体情况对鸡群有针对性地投药预防。

③雏鸡断翅：为防止啄癖、降低飞行能力，可在 10 日龄内断喙和切去左或右侧翅膀最后一个关节。

271. 珍珠鸡育成鸡的饲养管理有哪几方面？

珍珠鸡的育成期分为育成前期和育成后期，前者为 21～56 日龄，后者为 57 日龄至 26 周龄。

（1）育成鸡舍：在四季温差较大的地方育成鸡采用密闭式鸡舍，鸡舍可为水泥地面，方便冲洗消毒。育成鸡舍应设有自然通风和机械通风设备：进风口、风机、风帽、应急窗。所有透光部分应有遮光帘，进口处要有铁丝网，防止鸟兽进入和珍珠鸡飞出舍外。育成鸡可地面散养，天冷时地面铺垫草，天热时铺以沙子，也可采用全地板网、2/3 地板网或 1/2 地板网养，其余部分地面铺垫草。地面散养时，鸡舍内要有高栖架，供鸡栖息。

在比较冷的地方，育成前期，特别是从育雏舍转来时仍需有一定设备供暖，可以将这些鸡集中在一个比较小的饲养面积上集中供暖，以防雏鸡进育成舍初期因受凉而得病。供暖设备因地制宜，可以采用保温伞、电热风、火炉炕道、火墙等。育成鸡可按每只鸡 7 厘米长形料槽和 1 厘米长形水槽标准设置采食、饮水设备。栖架可按每 15 只需 1 米长计算，离地面 1～1.5 米，要注意木条光滑，以防刺伤鸡脚。采用地板网养，则不必再设栖架。栖架可以用木条自制，可以钉成梯状，两根栖木间距离 30～35 厘米，栖架最高离地面 100 厘米。抓鸡时（如称重、防疫、转群）需要准备专用捕鸡用具，用 1.8 米长细木杆或竹竿，一端固定一铁圈，直径 40 厘米，铁圈上系 1 个渔网缝制的深 40～50 厘米的网兜，网眼大小为 2～3 厘米。

（2）育成鸡的密度：育成前期每平方米 15～20 只，育成后期每平方米 6～15 只。饲养前期育成鸡可占用鸡舍 1/3 地面，以后随着鸡的长大，再逐渐增加占地面积，直到占据整幢鸡舍。上述饲养密度是指舍温 20～25 ℃、相对湿度 65%～70%时的标准。平时可根据舍内温、湿度高低，适当减、增饲养密度。

（3）育成鸡的光照：育成公母鸡应分开饲养，给予不同的光照。育成前期保持光照 8～9 小时，育成后期逐渐增加光照至 14 小时。光照强度为每平方米 0.5～1.0 瓦均匀光照，育成后期公鸡要比母鸡提早增加光照时间，因为珍珠鸡公鸡要比母鸡晚熟 1 个多月，提前增加光照可以加速公鸡性成熟。

（4）育成期的饲料：育成前期代谢能和粗蛋白比育成后期高，

粗纤维比后期低。育成前期（21～56 日龄）粗蛋白 20%，育成后期（56 日龄～26 周龄）粗蛋白为 15.50%。前期粗纤维为 4.00%，后期为 6.50%。平均每只每天耗料 40 克，饮水量是采食量的 2.5 倍，每天可给料 2～4 次，充足饮水，上料要定时、均匀，让强弱鸡都能吃饱。育成期的前期和后期珍珠鸡对营养需求不同。可用谷物饲料（如玉米、碎米、大麦）57%，糠麸类（如米糠，麸皮）10%，植物性蛋白饲料（如豆饼、菜籽饼）13%，动物性蛋白饲料（如鱼粉、蚕蛹粉）15%，矿物质 4.2%（其中石灰粉 2%、骨粉 1.7%、食盐 0.5%），维生素和微量元素等添加剂 0.8%（如蛋氨酸 0.1%、赖氨酸 0.32%、多维素 0.085%、土霉素粉 0.025%、微量元素补添剂 0.27%），适当喂些干草粉或青绿饲料（如杂草、树叶）。各场可根据具体饲料来源和价格情况，制订价格合理、营养全面的饲料配方。

（5）育成期的合理化管理：①饲养员要穿同一种颜色的工作服，不要乱换。进鸡舍要又轻又稳，防止鸡群受惊挤在墙角受伤。②每天进鸡舍时，注意观察鸡的精神、食欲、饮水、排粪等情况，挑出病弱鸡，隔离饲养。③每天清洗水槽、食槽，注意是否有漏水和撒料现象，防止饲料和水的浪费；根据鸡的生长速度及时添加水槽、食槽。注意环境卫生。④每 2 周抽测 1 次体重，取样数按全群的 5%，称空腹体重。⑤育成期的珍珠鸡易患肠道疾病，应定期进行药物预防。

272. 珍珠鸡产蛋期的饲养管理要点是什么？

育成鸡饲养到 26 周龄左右，其生殖器官已发育成熟，逐步开始产蛋。为更好地发挥生产潜力，获得更多的合格种蛋，在做好日常饲养管理的同时，应结合珍珠鸡的某些生理特点采取相应措施。

（1）生产实践表明，珍珠种鸡采取笼养和人工授精是必不可少的，这对于提高种蛋受精率、充分利用种公鸡的种用价值、降低饲养成本、减少抓鸡应激及其对产蛋量的影响都有着重要作用。珍珠种鸡公母要分开饲养。一般笼养可按每平方米 8～10 只为宜。珍珠种鸡笼尺寸应比普通鸡大，一般采用 2 或 3 层全阶梯笼，每笼养 2 只鸡。

（2）温度变化对种用母珠鸡的产蛋率和公珠鸡的精液品质都有较大影响，种珠鸡舍温度以 20 ℃时最适合种鸡繁殖需要，为了提高产蛋率和种蛋质量，天冷时要加强保温，天热时要将舍温控制在 15～28 ℃，相对湿度为 50%～60%。鸡舍内应设有自然通风和机械通风，同时要注意鸡舍光照，开产前当处于自然光照渐减时，可采用自然光照，当处于自然光照渐增时，则应控制为恒定光照。待有 5%的鸡开始产蛋（28～30 周龄）后 2 个月内，光照逐渐增加到 17 小时，以后保持恒定。鸡舍要保持干燥，清洁卫生。

（3）为了保证营养需要，产蛋期的种鸡应改喂产蛋饲料，目前有市售的成品料，也可根据原料来源进行配制，参考配方比例如：玉米 52%、麦粉 8%、麸皮 10%、草粉 6%、豆饼类 14%，鱼粉 5%、骨粉 2.5%、贝壳粉 1.5%、食盐 0.5%，微量元素、多种维生素、氨基酸、促生长素、抗生素药物等添加剂 0.5%。产蛋期尤其要注意添加锰、烟酸、维生素 E 等。此外，还应补充喂钙质饲料和增加青绿饲料。要保证每只鸡占有 10 厘米长形食槽，并设有饮水槽，让鸡自由饮水。由于珠鸡对真菌、霉菌特别敏感，因此一定要注意饮水卫生，饮水要勤换，水槽要经常洗刷，每周可用高锰酸钾等消毒药消毒水槽 1 次。

（4）需要特别强调的是，上面所提到的饲料、光照、温度、卫生等各项环境条件，对珠鸡产蛋率有着很大的影响。我们应严格按照上述要求，努力创造良好的环境条件，以利于珠鸡产蛋性能的最佳发挥，提高经济效益。

（5）在种鸡产蛋期仍要注意饲料的限制饲喂，若敞开饲喂，则易导致过肥，极大影响产蛋率和受精率。一般在产蛋率达 10%时可适当增加饲料量，产蛋高峰期后，可逐渐控制饲喂。珠鸡在产蛋期的平均日耗料约 115 克（105～120 克）。应坚持每 2 周随机抽测鸡群 5%的鸡只体重，以平均体重与标准体重对照而采取相应饲喂措施。

（6）珍珠鸡有沙浴的习惯，因此必须在栏舍内放一个装有沙砾的容器，让其自由沙浴和啄食。每 100 只种鸡设置一个 2 米^{2}的沙

池。栖息架可用竹、木制作，架高60～80厘米，架长以每只鸡占用15～20厘米即可。

273. 商品肉用珍珠鸡的饲养管理工作有哪些?

珍珠鸡是一种高蛋白、低脂肪的野味禽种，一般养到12～13周龄、平均体重1.5千克左右就可以上市，可根据消费者的需要、商品雏的价格和饲料价格，决定最佳屠宰日期。在良好的饲养管理和饲料营养条件下，肉用珍珠鸡的出栏率可达95%～97%。肉珠鸡采用高温育雏、自由采食和饮水。光照0～3周龄为每平方米3瓦，4～12周龄0.5瓦，开放式鸡舍采用自然光照，夜间补充一次光照。

饲养密度0～3周龄为每平方米40只，4～12周龄10～6只。鸡舍通风同样有其重要意义，如通风不良，鸡体健康状况下降，死亡率显著增加。在气温较高的地方和季节，3周龄以后的雏鸡就可放在带运动场的鸡舍内进行地面散养，散养时舍内要设有垫料及栖架。肉用珍珠鸡对饲料和蛋白质的要求较高，应按肉用珍珠鸡的营养需要和标准配制日粮（表1）。用料桶喂料，任其自由采食。有条件的地方用颗粒料最好。每天投入一些切碎的青饲料，用量为15%左右。每3天喂砂粒1次，保证清洁卫生饮水。保持环境的安静，防止各种不利于肉用珍珠鸡的应激因素出现。

表1　肉用珍珠鸡营养标准

营养成分	0～4周龄（粉料）	4～8周龄（粉料）	8周龄至屠宰（粉料或颗粒料）
代谢能（焦兆/千克）	12.95	13.37	13.58
粗蛋白质（%）	24	22	20～18
蛋氨酸（%）	0.60	0.57	0.56
蛋氨酸+胱氨酸（%）	1.00	0.94	0.85
氨基酸（%）	1.35	1.0	0.90
钙（%）	1.20	1.00	0.90
有效磷（%）	0.50	0.4	0.40
钠（%）	0.17	0.17	0.17

珠鸡的皮肤呈灰色，若在其饲料中加入适量的天然色素（黄玉米、玉米谷蛋白、苜蓿粉、红辣椒等）或胡萝卜素脂、斑蝥黄等人工色素，可使皮肤出现橙黄色，而受到消费者的喜爱。

274. 珍珠鸡疾病综合防治要点有哪些？

珍珠鸡是禽类的一种，与其他家禽相比，抗病力较强，发病率和死亡率相对低些。但随着养禽业的迅速发展，饲养规模和数量的不断扩大，许多疾病也随之而来并趋于复杂多样化。特别是有些疾病目前还无有效治疗药物。所以，防治珍珠鸡疾病应坚持预防为主、养防并重的原则，只有这样，才能保证珠鸡生产实现低风险、高效益。针对珠鸡场而言，防治疾病的措施主要从三个方面来考虑：一是如何阻止病原体进入鸡场。二是如何消灭已存在鸡场中的病原体。三是如何提高鸡体抵抗疾病的能力。

（1）综合卫生防疫措施：为了使鸡群健康生长，减少和预防疾病，必须对鸡群采取综合的卫生防疫措施。

①加强饲养管理，搞好环境卫生：鸡舍要保持合理的饲养密度，适宜的温度和湿度，避免不良的应激刺激，保证充足且优质的饲料和饮水，各种养鸡用具应保持卫生，每天清洗水、食槽，打扫地面，定期清除粪便，及时更换脏湿垫草，最好实行自繁自养，若从外场引进雏鸡或种蛋，应了解产地疫情。工作人员进鸡舍时要换衣、鞋及洗手，各鸡舍的用具应分别固定使用。定期杀灭鼠类及蚊蝇。

②严格坚持消毒检疫和疫苗接种：在鸡场、鸡舍门口应设消毒池（应定期更换消毒药），进出车辆、人员必须在此进行消毒，有条件时可在门口设人员更衣室、紫外线消毒室。应经常或定期对鸡舍、笼具及其环境进行预防性消毒。定期投药驱除鸡体内外寄生虫。应根据本地区疾病流行情况及本场具体情况制订免疫程序，按时进行疫苗接种。

③及早发现疾病，及时采取措施：每天应深入鸡舍观察鸡群的饮食、精神、粪便等有无异常，有明显异常或症状的鸡只应及时隔离、观察和治疗，死鸡应捡出作进一步检查。一旦有某种传染病暴

发，应立即进行严格封锁、隔离和紧急消毒，暂停鸡只的调出或调入，直到按兽医要求，将传染病已完全扑灭、彻底消毒病区后，方能解除封锁。病死鸡及其产品要在兽医指导下进行无害化加工处理，不准利用的要焚烧及深埋。

（2）珍珠鸡的免疫程序：在制订免疫程序时，要结合实际情况，制订适合于本场、本地区的免疫程序，切忌生搬硬套。表2介绍了珍珠鸡的免疫程序，供参考。

表2 珍珠鸡的免疫程序

序号	珍珠鸡日龄	免疫项目	疫苗名称	用法用量
1	12	新城疫	Ⅵ系苗	滴鼻或饮水
2	18	法氏囊病	法氏囊病弱毒苗	滴鼻或饮水
3	28	法氏囊病	法氏囊病弱毒苗	滴鼻或饮水
4	40	新城疫	油剂灭活苗	皮下注射
5	70	禽霍乱	油剂灭活苗	皮下注射
6	120	新城疫	油剂灭活苗	皮下注射

注：5、6为种禽使用。

第二节 珍珠鸡常见疾病防治技术

275. 如何防治珍珠鸡新城疫？

本病是由病毒引起的一种急性败血性传染病。本病发生不分年龄和季节。强毒型发病急、死亡率高，中毒型对幼鸡危害大，弱毒型可不致死亡。

（1）症状：鸡群常突然发病，羽毛松乱，头颈缩起，翅尾下垂，肉垂和肉锥呈青紫或紫黑色，张口呼吸或呼吸困难，常发出特殊的“咕噜”声，嗉囊内充满臭液状物，倒提时常从口内流出，出现下痢、排黄绿色或灰白色恶臭稀粪，有的病鸡出现神经症状：如腿翅麻痹，行走或站立不稳，头颈后仰或向一侧扭曲，最后瘫痪死亡。剖检可见腺胃、小肠等黏膜及浆膜出血。

（2）防治：本病发生时用药物治疗无效，反而会延误时间，在发病前3天用抗鸡新城疫血清有一定疗效。对中后期病鸡应全部淘汰，深埋或高温处理。对只有少数发病的鸡群或其他尚未发病的鸡群，可用Ⅰ系或克隆30弱毒疫苗进行紧急接种。发生本病后应禁止鸡只买卖，人员进出，鸡舍、用具可用0.2%～0.4%新洁尔灭液喷雾消毒，运输工具可用1%～2%烧碱溶液消毒。平时采取综合性防治措施是预防本病的关键，可在12日龄接种Ⅳ系苗，40日龄和120日龄注射新城疫油苗。新引进的鸡必须单独饲养2周以上，并按时接种疫苗，平时应加强鸡舍的卫生消毒。

276. 如何防治珍珠鸡传染性法氏囊病?

法氏囊又称腔上囊，是鸟类特有的免疫器官，位于泄殖腔上方。本病是由病毒引起的一种损害鸡法氏囊的特殊疾病。本病直接致死率不高，但因法氏囊受损，免疫功能降低，而严重继发新城疫等传染病，造成很大损失。

（1）症状：本病的发生无明显季节性，3～5周龄的鸡易感。病鸡精神沉郁，饮水增多，食欲大减，羽毛蓬乱，闭眼昏睡，排白色水样稀粪，肛门周围羽毛黏有粪便，步态摇晃，发抖，虚弱而死亡，不死病鸡表现消瘦，生长缓慢。剖检可见法氏囊初期高度肿胀，后期萎缩，囊内黏膜水肿、出血，有奶油样黏性分泌物。腺胃与肌胃交界处黏膜有出血点。

（2）防治：预防本病的根本措施是加强饲养管理，按免疫程序要求及时进行免疫注射。可在18日龄及28日龄分别应用法氏囊弱毒苗接种1次，种鸡可在18～20周龄注射法氏囊油苗1次。发生本病时可试用法氏囊高免血清或高免卵黄抗体注射，也可应用“管囊散”等中药制剂。同时加强对病鸡的护理，添加多种维生素等。

277. 如何防治珍珠鸡伤寒病?

本病是由鸡伤寒沙门氏菌引起的一种急性败血性传染病。12周龄以上的青年鸡发病率高，死亡率为5%～50%，带菌的种母鸡是主要的传染源，可通过种蛋传染给雏鸡。

（1）症状：病鸡表现精神萎靡，离群独处，不食，口渴，体温

升高，呼吸急促，排黄绿色稀粪，肉垂呈暗紫或苍白色，急性时死亡率高，慢性死亡较少，但康复后成为带菌者。剖检时，急性时病变不明显，病程稍长或慢性时可见肝脾、肾充血肿大，肝呈绿棕色或古铜色，有白色病灶。胆囊、心包及小肠炎症。

（2）防治：预防本病主要从种鸡着手，要剔除带菌鸡，净化种鸡群。平时要加强各饲养环节的卫生消毒工作，如孵化舍、孵化设备及用具、人员衣服鞋帽、手指等。此外，还要随时灭鼠灭蝇，防止犬猫进入鸡舍，加强饮水和饲料管理，以防污染。治疗可用青霉素或链霉素0.1%～0.2%饮水，连用3～5天；土霉素0.5%拌料，连用5天。

278. 如何防治珍珠鸡白痢?

本病是一种由沙门氏菌引起的急性或慢性传染病。多发生于3周龄以内的雏鸡，发病率和死亡率很高，成年鸡也可感染，但多呈慢性或隐性经过。常因饲养环境卫生差、密度大、过冷过热、潮湿、饲料粗劣等而促使本病的暴发。本病传染途径为：母鸡→种蛋→雏鸡→母鸡。

（1）症状：病鸡表现精神萎靡，羽毛松乱，两翼下垂，怕冷扎堆，闭眼昏睡，呼吸急促，排白色糊状稀粪并发出痛苦的叫声，肛门周围羽毛被稀粪黏结、堵塞肛门。3周龄以上病鸡死亡较少，成年鸡主要表现消瘦、产蛋下降。剖检肝脏呈土黄色，心、肝、肺、肌胃或大肠有灰白色结节坏死。

（2）防治：鸡场应定期对白痢病进行检疫。对检出阳性病鸡应隔离治疗，但种鸡必须淘汰。其他内容可参考鸡伤寒。发病鸡与未发病鸡严格隔离，对鸡舍用0.3%的过氧乙酸带鸡消毒。饲槽及饮水器每天清洁1次，防止鸡粪便污染，注意通风换气，避免过于拥挤。治疗鸡白痢的药物较多，选用时应注意细菌的耐药性问题，最好先做药敏试验，选择有效药物。常用的有：土霉素、金霉素或四环素，按0.2%拌料，0.1%～0.2%庆大霉素饮水，连用3～5天。氟哌酸每千克饲料添加0.05～0.1克，连用3～5天。磺胺嘧啶（0.1克/片）鸡按25毫克/只拌料饲喂，先锋霉素（10克/袋）鸡

按0.25克/只拌料饲喂，2次/天，连用6天后痊愈。也可使用链霉素、卡那霉素和敌菌净等。

279. 如何防治珍珠鸡马立克氏病?

本病是由病毒引起的一种具有高度传染性的肿瘤疾病。本病无明显季节性，日龄越小易感性越高。病毒通过病鸡的分泌物、排泄物、羽毛、皮屑等传播。病鸡很少康复，大多以死亡告终。

（1）症状：病鸡的特征表现为运动障碍，常单只或两只脚出现完全或不完全性麻痹，步态不稳，一只脚向前，另只脚向后，瘫痪卧地，有时翅膀下垂，失明，病鸡表现消瘦、贫血或下痢。剖检可见肿瘤，肿瘤常出现在卵巢、心、肝、脾、肺、肾等组织器官。

（2）防治：本病无有效治疗方法，主要是认真做好鸡场综合性防疫、检疫及消毒工作，发现病鸡立即淘汰。平时雏鸡与成鸡应分开饲养，从健康鸡场引种，雏鸡1日龄可接种马立克疫苗（常在孵化单位进行）。

280. 如何防治珍珠鸡禽流感?

本病是由病毒引起的一种严重疾病。不同种类的家禽易感性不同，可互相传播。死亡率从0～100%不等。

（1）症状：症状表现不一，常无特征性症状，急性暴发时，病鸡无明显症状即死亡。但一般表现呼吸道、消化道、生殖道及神经系统症状，如体温升高，沉郁，食少，消瘦，母鸡产蛋量下降，咳嗽等慢性呼吸道症状。此外，还可见流泪、头面部水肿、肉垂蓝紫色、下痢及神经症状等。上述症状可单独出现，也同时出现。

（2）防治：无特异治疗方法，发生时应严格控制、封锁疫情，捕杀病鸡，彻底消毒，平时要加强卫生管理，按照常规的卫生防疫措施进行，辅之以适当的疫苗免疫接种，目前疫苗有H5N1－R1、H5N1－R4、H5N2、H9等油佐剂灭活苗。购鸡时要严格检疫。

281. 如何防治珍珠鸡组织滴虫病?

本病又称黑头病或传染性盲肠肝炎，是由组织滴虫寄生于鸡的盲肠和肝脏引起的疾病。主要发生于雏鸡和青年鸡，成年鸡病情轻微。

（1）症状：病鸡表现精神倦怠，两翅下垂，不愿行走，鸡冠萎缩，少食，排水样白色、黄绿色带有血丝状的稀便。多呈慢性经过，最后导致明显消瘦、衰弱或贫血。眼窝下陷，鸡冠脸部和肉髯紫红色，鸡体消瘦，皮肤干燥，肌肉干巴红紫色。剖检可见盲肠壁肿胀、溃疡，内有灰黄色干酪样肠芯，肝面有轮状黄褐色病变坏死区，直径3～4毫米不等，但没形成碟形凹陷坏死，肾稍肿大、出血，小肠干细，黏膜出血。中央有似火山口样凹陷溃疡灶。

（2）防治：本病的传播主要依靠鸡异刺线虫，因此，定期驱出鸡异刺线虫是防治本病的基本措施。在流行地区可用0.015%～0.02%二甲硝咪唑拌料预防。治疗时可用二甲硝咪唑以0.06%～0.08%拌料或以0.05%饮水，连用6～7天。平时要注意鸡舍清洁卫生，大小鸡分开饲养。

282. 如何防治珍珠鸡球虫病？

本病是一种肠道感染球虫引起的急性流行性传染病。球虫主要寄生于盲肠和小肠内，是雏鸡常见的一种原虫病。主要通过粪便污染的饲料、饮水等传播，高温、阴冷、潮湿、拥挤、维生素A和维生素K缺乏等都能诱发本病。

（1）症状：主要表现精神萎靡，少食，消瘦，闭目，翅下垂，口渴，排带血或黏液的稀粪，后期常卧地不起、死亡，死亡率可高达50%以上。剖检可见某段小肠和盲肠黏膜暗红色、肿胀、充血、出血，肠内容物充满、烂稀，呈黄绿或红褐色。

（2）防治：加强饲养和环境卫生管理，减少环境不良因素的应激，妥善护理病鸡，免疫接种是预防本病的最好方法，用鸡豆疫苗翼膜刺种法进行接种。可用清豆散中成药治疗，0.4%拌料预防，连喂7天，或在饲料中加入0.003%～0.004%氯苯胍。也可选用球痢灵、克球粉等抗球虫药。

283. 如何防治珍珠鸡维生素D、钙和磷缺乏症？

本病主要由于三者缺乏或钙、磷比例不当所引起。

（1）症状：病鸡喙部、腿脚较软，翅无力，腿和胸骨弯曲，关节肿大，站立不稳，蹲伏地面，虚弱，发育不良，成年母鸡产软壳或易碎蛋。

（2）防治：主要应合理配合日粮，确保饲料中三种物质的含量及比例适当。补充光照，服钙片，注射维生素D等。

284. 如何防治珍珠鸡溃疡性肠炎？

本病是由鹌鹑梭菌引起的急性传染病。

（1）症状：病鸡精神不振，毛松背弓，闭目呆立；食欲下降或不食，排白色水样下痢便，如并发球虫病时，可见血性下痢，病程长者，表现为贫血消瘦，鸡冠和肉髯苍白。

（2）防治：要勤清理粪便和垫草。做好日常的卫生工作，场舍、用具要定期消毒。避免过挤、热等应激因素，有效控制球虫病的发生。病场要隔离带菌、排菌动物，并给病鸡进行治疗。治疗：链霉素10万～20万单位/千克体重，混入饮水中连用5～7天。或用10%杆菌肽锌按0.15%～0.25%剂量混饲，连用3～5天。

第十一章　贵妃鸡饲养管理与疾病防治技术

第一节　贵妃鸡饲养管理技术

285. 贵妃鸡的生物学与经济学特性有哪些?

(1) 生物学特性：①贵妃鸡尚存一定的野性，适应性广，抗逆性强，具有家鸡的一切特性。②好动、活泼，动作敏捷，善于低飞，一受惊便可起飞。因此，饲养贵妃鸡如果散养，要求设有围篱的运动场。③合群性好，不爱打斗，但若原群被破坏时，会引起争夺打斗。④食性广，生长较快，可喂给家鸡用的配合饲料，饲养90～100天即可上市。⑤具有趋人和趋光性，夜间舍内开灯后，贵妃鸡即能成群入舍；遇有人到网边参观，就举步前往，并发出悦耳欢叫声。⑥对家鸡的任何疾病均可感染，但康复快，对传染性法氏囊病较敏感。⑦贵妃鸡抱性已基本丧失，偶有短时间就巢现象。

(2) 经济学特性：

①肉质营养高，口味好：贵妃鸡肉营养丰富，为理想的优质肉用特禽，瘦肉率高，味道鲜美，口感爽脆，香味浓郁。过去被列为英国皇家宫廷的美味佳肴。其腿部肌肉间脂肪丰富而均匀，腹脂沉积较少。贵妃鸡肉富含17种氨基酸，10余种微量元素，特别是“抗癌之王”硒元素和抗衰老维生素E的含量是家鸡的许多倍。

②滋补作用：贵妃鸡肉性温，善补虚弱，尤以小母鸡肉具有补气、补血、祛风的功效。经常食用还有美容、抗衰老、抗癌等独特功效。由于贵妃鸡集美食、观赏、滋补、保健于一身，因而有“滋

补胜甲鱼、养伤赛白鸽、美容如珍珠”之美誉。

③经济效益：贵妃鸡肉用、观赏两相宜。尤以观赏价值为人称道，由于肉质属优质上乘野味，深受国际市场欢迎。

286. 贵妃鸡的品种特征有哪些？

（1）外貌形态特征：贵妃鸡由英国皇家科学院培育成功，成为英国皇家宫廷膳食上品。贵妃鸡外貌奇特，体形娇小玲珑，袅娜多姿。鸡冠奇异，形如圆球状的大朵黑白花片羽毛束，犹如西洋贵妃之帽，因此而得名。贵妃鸡头戴凤冠，身披蓝黑间白花羽毛，三丛冠，脚上有距，五爪（脚内侧两爪较小），贵妃鸡长有胡髯遮盖部分眼睑，使人们只见到大而灵活的眼睛、小而短的喙和外露的大鼻孔，全身羽毛基色为黑色，白色飞花不规则地分布全身，但以头部、胸部较密集，具有观赏价值。

（2）生产性能：180 日龄左右可开产，每只母鸡年产蛋量 150～180 枚，蛋壳白色，平均蛋重 40 克。成年母鸡体重 1.1～1.25 千克，公鸡 1.5～1.75 千克。在良好的饲养管理条件下，每年 3 月份至翌年 2 月份都能产蛋，3～8 月份种蛋受精率和孵化率约为 90%，9 月份至翌年 2 月份约为 80%。商品代肉鸡育雏成活率高达 95%，抗病力强，易饲养，生长快，1 日龄苗鸡重 25～30 克，30 日龄 300～350 克，40 日龄为 475 克，60 日龄约达 650 克，最佳上市日龄为 90 日龄体重为 900～1 100 克，正适合小家庭食用。喂商品肉鸡用颗粒料并加适量进口鱼粉，肉料比为 1∶3.5。每只商品肉鸡耗料 4～6 千克。公仔鸡平均体重 1 000～1 200 克，母仔鸡 700～800 克，平均耗料量为 3.2～3.4 千克。

287. 贵妃鸡育雏期的饲养管理有哪些？

贵妃鸡育雏期为 1～35 日龄。

（1）育雏的前期条件：

①育雏舍：育雏舍一般民房均可，要求保温，通风良好，防鼠害。育雏舍彻底清扫墙壁和屋檐上的灰尘，用自来水冲洗墙壁和地面，干燥后用 20%的石灰乳涂刷墙壁，再用 3%的烧碱水刷洗地面和距地面 1 米高的墙壁，最后关闭门窗，每立方米用福尔马林 42

毫升，高锰酸钾 21 克作 24 小时熏蒸消毒，所有用具用 0.1%新洁尔灭等其他消毒剂彻底消毒。垫料用前要晒干，并用 1/600～1/500的 84 消毒液溶液喷雾消毒。鸡舍的通风和光照也很重要，如空气对流和光照好，不仅能提高鸡苗活力，促进生产发育，防制疾病，而且还可以提高母鸡的产蛋率。

②饲养方式：可采用网架饲养，最好是笼养。地面平养要预防白痢病和球虫病，防地面潮湿和室内灰尘飞扬。

(2) 育雏的环境控制：

①温度和湿度：适宜的育雏温度是贵妃鸡成活率高低的关键之一。一般情况下，温度应掌握在：1～2 日龄适宜温度为 32 ℃，以后每天可降低 0.5 ℃，尽管贵妃鸡抗寒力较强，但在 21～30 日龄仍要保证 22 ℃左右的室温，所以育雏舍内应备有足够的加热设备，如带烟囱的铁炉、保温伞或电热板等，其中 2 周龄之内的温度控制是雏鸡成活的关键。相对湿度以前期 65%～70%、后期 55%～60%为宜。育雏舍内要严防贼风侵入，并在天气晴好或鸡群活动时开窗一段时间，以便换气。

②育雏密度：适宜的育雏密度能提高育雏室的利用率，降低成本，又能使雏鸡正常发育，提高雏鸡成活率。1 周内每平方米可养 100 只，2～3 周每周减 20 只，4～6 周每周减 10 只，7～8 周，每平方米养 10～20 只。

③饮水与开食：开始饮水要及时，1～7 日龄幼雏应饮凉开水，饮水中添加 2%～5%的葡萄糖、维生素和抗生素，以后饮用清洁自来水。如为经长途运输引进的雏鸡，应喂 5%或 8%葡萄糖水，为预防白痢病，应在饮水中加入有关药物，饮水后即应开食，采用雏鸡开食盘，干料与湿料均可。

④光照：0～3 日龄每天 23 小时，4～7 日龄 22 小时，8 日龄至 5 周龄为 14 小时，6～18 周龄为自然光照，以后每周增加 0.5 小时，增加到 28 周龄达 16 小时，最长不超过 17 小时，一直维持到 64 周龄为止，要求光照必须均匀分布。

(3) 饲喂和清洁饮水：可用自由采食方式，喂一般全价颗粒饲料。有条件的可拌入4%的进口鱼粉和6%的饲料酵母粉，以提高贵妃鸡雏鸡料蛋白质含量，加快鸡苗生长发育。1～7日龄幼雏应少喂多餐，每日8～10次，以后让雏鸡自由采食。但应注意少喂勤添。饮水最好用清洁的冷开水。

（4）加强管理：

①分群饲养：按强弱分群饲养，脱温后公母鸡再分群饲养，每群饲养量按育雏设备及房舍条件而定。

②观察鸡群：每日都要观察鸡苗的精神状态、饮食状况、粪便颜色和形态，以及呼吸状态，做到有针对性地防治疾病。

288. 贵妃鸡中鸡和成鸡阶段的饲养管理各有哪些要点?

36～56日龄期间称中鸡阶段，57～120日龄称成鸡阶段，其中作为商品鸡可在90～120日龄出售，作为种鸡则将120～180日龄鸡称为后备鸡。商品贵妇鸡2～4月龄期间宜全日供料敞开饲喂。后备种鸡4～5月龄期间应限制饲喂，每只每天100克左右。在平养条件下，每平方米舍内可养8～10只。养到6月龄时可作为成鸡饲养管理。种鸡临产前半个月进行第二次选种，公鸡体重1.5千克、母鸡1.25千克时，公母比按1∶3～4选留。种鸡饲喂产蛋鸡料，产蛋高峰期喂较高蛋白质日粮，粗蛋白质达到18%，产蛋鸡每只每天耗料100～125克，舍内每平方米可养4～5只，光照每天15～16小时，光照强度为每15米^{2}40瓦灯泡一盏，离地2米。种鸡舍和运动场上备好沙池，让鸡自由采食砂粒和沙泥。为了提高种蛋受精率，可在每千克饲料中加入维生素E 10毫克。

（1）中鸡阶段饲养管理：①饲料：可选用小鸡颗粒料、中鸡颗粒料。每天喂料2～3次，任鸡自由采食。②饮水：全日供水，注意清洁饮水器。③卫生：最好每天清扫一次室内外卫生。④密度：中鸡阶段按每平方米舍内饲养10～15只，舍外应有比舍内大1倍以上的运动场或林地果园。⑤光照：中鸡阶段自然光照即可，不需另外增加光照。

（2）成鸡阶段饲养管理：①饲料：可用肉鸡大鸡颗粒饲料，任鸡自由采食。也可在放养的果园、林地等处用稻谷蒸到八成熟时直

接饲喂，另外，补充多种维生素和微量元素。②饮水：注意供应清洁饮水。③密度：以舍内面积每平方米养 8～10 只为宜。每群为 100～150只。④光照：无需增加光照，自然光照即可。

289. 贵妃鸡产蛋期的饲养管理有哪几方面?

6 月龄后贵妃鸡开产，经过限饲的母鸡开产较整齐，蛋重也大。为争取高产高效，要注意科学饲养管理。

(1) 鸡舍：一般民房即可，但要有南北窗及朝南运动场（架网顶与围网），运动场面积为鸡舍面积的 1～2 倍。舍内设栖架，可在舍内饲喂，也可在北墙外辟一走道饲喂和饮水，其饲养设备用具同家鸡。

(2) 设置产蛋箱：要在开产前 15 天设置产蛋箱，并在箱中放置假蛋，以引诱进箱产蛋。产蛋箱规格长 30 厘米，宽 25 厘米，高 35 厘米，每 6 只母鸡配置 1 个箱位，蛋箱应几个连体放置在背光和通风良好处；也可在鸡舍一角，专门制作一个产蛋沙池，铺上厚 25 厘米的干净沙子，供其产蛋。

(3) 环境控制：①密度：舍内每平方米饲养 7 只。②光照：开产初期逐周增加光照，至高峰期达 16 小时（不超过 17 小时），保持到产蛋结束。光照强度增至 40 勒为止，直到产蛋结束。切记在产蛋期间光照时间不能缩短，光照强度不能减弱。

290. 贵妃种鸡饲养管理的技术要点有哪些?

(1) 开产前的准备工作：90 日龄左右进行第一次选种，选留外貌特征齐全、体重符合标准的公母鸡作为后备种鸡，其他鸡作为商品肉鸡上市。180 日龄进行第二次选种，要求公鸡发育好，体质强壮，体态丰满，头部宽阔，胸深脚高，立姿雄壮，性欲旺盛，配种力强。母鸡眼亮有神，行动灵活，体重适中，头小清秀，肛门外侧面丰满，胸骨与耻骨之间距离宽，产蛋性能好，抱性较弱。要进行禽舍的彻底清洗和全面消毒，并进行鸡新城疫、传染性支气管炎疫苗和减蛋综合征的免疫接种。要设置好产蛋箱，每 5 只母鸡备 1 个产蛋箱。公母比例为 1∶5～6。

(2) 饲料和饮水：后备种鸡可用青年蛋鸡料限制饲喂，每天喂料 2 次，每只 100 克左右。产蛋贵妃鸡可用产蛋蛋鸡料加入 2%的进口鱼粉和5%的饲料酵母粉喂给，每天喂料3次，每天每只125克。全日供给清洁饮水。

（3）加强管理：

①加强营养：产蛋种鸡每天喂4次，提高日粮中蛋白质和钙的含量。配比：玉米63.83%、豆粕24%、鱼粉2.5%、石粉7.5%、磷酸氢钙1.4%、食盐0.3%、复合多种维生素0.035%、复合微量元素0.265%、蛋氨酸0.1%、赖氨酸0.06%。

②光照：刚开产时，每日11小时，产蛋高峰时每日16小时，并一直持续到产蛋结束，整个产蛋期的光照强度应为每平方米20～30勒。

③环境条件：注意卫生，防病治病。每天清扫室内外粪便，注意观察鸡群，及时防病治病。舍内保持安静，空气新鲜，温度为13～25℃，饲养人员固定，日常工作按规程进行，定期对禽舍及用具进行消毒。

④日常管理：每天早上上料时，观察鸡群的精神状态、饮水情况和粪便状态等，做好生产记录。

⑤种蛋的收集：避开产蛋高峰时间10：00～14：00时，每天应收集6～7次种蛋。

⑥种蛋孵化：贵妃鸡无就巢性，新鲜种蛋最好在5天内孵化，孵化期为21天。

⑦密度：后备种鸡按每平方米舍内饲养8～10只，舍外应有比舍内大1倍以上的运动场。产蛋鸡按每平方米舍内饲养4～5只，每群以100～150只为宜。公母比为1∶7～8，利用年限一般为3年。运动场最好设有钙池，池中放些贝壳粉或石灰石。

291. 商品贵妃鸡的饲养管理要点是什么？

商品贵妃鸡是指饲养至100～120日龄、体重达到0.2～1.2千克、可出售上市的肉用或药用鸡，但最佳上市日龄为90日龄、体重为900～1 100克。喂商品肉鸡用颗粒料并加适量进口鱼粉，肉料比为1∶3.5。每只商品肉鸡耗料4～6千克。若超期饲养，会降低生长速度，增加饲养成本。

商品贵妃鸡无论是育雏期还是育肥期，蛋白质能量水平都高于种鸡，粗蛋白质含量为18%～20%。为了达到催肥目的，应添加些油脂类的能量饲料，降低粗纤维及糠麸类饲料的含量，同时添加适量的维生素及微量元素添加剂。

商品贵妃鸡可全天供给干粉料，自由采食，每天上下午各投料1次；也可定时、定量分餐饲喂4～5次。

每天清除粪便，定期消毒食槽、水槽，供给清洁充足的饮水，保持鸡舍安静，发现病、弱鸡及时隔离饲养并查明原因对症治疗。另外，每2周可带鸡消毒一次或在舍内撒些生石灰粉消毒。但屠宰前1周停喂鱼粉，上市前2～3周停止在饮料中添加克球粉、磺胺类药物和生长素等易残留药物，以免鸡肉中带有异味，影响贵妃鸡的肉质及肉味。

292. 贵妃鸡免疫注意事项和防疫程序是什么?

（1）接种疫苗的鸡群必须健康，免疫前后2天不可带鸡消毒。

（2）疫苗应现配现用，且必须在2小时内用完（不论肌注、滴鼻或饮水）。饮水免疫不能用自来水，因其中含有漂白粉，在饮水免疫前必须停水1～3小时（视气温而定），可在水中加入2%脱脂奶粉。

（3）蛋鸡的所有免疫都应该在开产前进行。

（4）新城疫Ⅰ系疫苗与鸡痘等其他疫苗不能混合使用。

（5）各种疫苗接种前后，均应在饮水中添加比平时多1倍的多维，以保持鸡群强健的体质。

（6）接种疫苗用的所有器具，在接种后必须进行消毒、烧毁或深埋处理，以防感染其他鸡群。表3是贵妃鸡的免疫程序表，仅供参考。

表3　贵妃鸡的免疫程序

日龄	疾病	疫苗	接种方式	说明
5	鸡新城疫、传染性支气管炎	鸡新城疫、传染性支气管炎二联活疫苗	点眼、滴鼻	7天产生免疫力，免疫期达2个月

（续）

日龄	疾病	疫苗	接种方式	说明
12	鸡新城疫	鸡新城疫Ⅳ系苗	2倍量饮水	7天产生免疫力，免疫期达3个月
20	肾型传染性支气管炎	肾型、呼吸型传染性支气管炎二价活疫苗	点眼、滴鼻	7天产生免疫力，免疫期达3个月
40	鸡痘	鸡痘活疫苗	翼膜刺种	14天产生免疫力，免疫期达5个月，免疫5天后检查刺种部位应有肿胀或结痂反应
50	鸡新城疫	鸡新城疫Ⅰ系苗	颈部皮下注射或点眼	3天产生免疫力，免疫期长达2年
60	肾型传染性支气管炎	肾型、传染性支气管炎二联苗。	3倍量饮水	同肾型传染性支气管炎
80	禽流感	禽流感H5N1亚型灭活疫苗	颈部皮下、胸肌注射	14天产生免疫力，免疫期达6个月；每年2次
100	禽霍乱	禽霍乱蜂胶灭活疫苗	胸肌注射	5天产生免疫力，免疫期达6个月；每年2次
120	鸡新城疫、传染性支气管炎、减蛋综合征	鸡新城疫、传染性支气管炎、减蛋综合征油乳剂灭活苗（大三联）	胸肌注射	7天产生免疫力，免疫期达100天
产蛋以后				定期投放阿莫西林、大祘水等抗菌消炎药物

第二节　贵妃鸡常见疾病防治技术

293. 如何防治贵妃鸡新城疫?

贵妃鸡新城疫是由Ⅰ型副黏病毒引起的禽类高度接触性传染病。强毒力型新城疫病毒造成禽群毁灭性结局。

（1）症状：潜伏期3～5天，患鸡突然发病，精神沉郁，冠髯发绀，食欲减少或不食，体温升高，眼半闭，嗜眠，张口呼吸并发出“咯咯”的喘鸣声。口角流出酸臭液，常拉黄白或绿色稀粪。病程3～5天。病程较长的可见脚翅麻痹，站立不稳，头后仰或扭向一侧等神经症状。口腔内有黏液，嗉囊空虚但有多量酸臭液体。食管与腺胃及腺胃与肌胃交界处有出血斑及坏死，腺胃乳头及肌胃角质膜下亦常见出血。小肠黏膜发炎并形成枣核，泄殖腔亦见出血与小坏死灶。产蛋鸡卵泡充血、出血或破裂。非典型新城疫病变不明显，有时可见肠道及盲肠扁桃体的不典型特征变化。

（2）防治：

①严格贯彻执行综合的防疫措施。

②发生新城疫后应立即用新城疫Ⅰ系苗紧急接种，配合禽群封锁、隔离，粪污及尸体烧毁，以及严格消毒措施，通常可在数日内控制发病，减少损失。预防鸡发生新城疫主要在于严格执行综合防疫措施的基础上做好免疫接种工作。

③特别要防治非典型鸡新城疫，重在预防，并改进免疫程序，提高免疫质量。可参考以下几种免疫程序：4～7日龄用Ⅳ系苗首免（滴鼻或饮水），17～21日龄用Ⅳ系苗作第2次免疫，35日龄用Ⅳ系苗作第3次免疫。12日龄用Ⅳ系苗首免（滴鼻或饮水），25日龄用Ⅳ系苗肌肉注射作第2次免疫。12日龄用Ⅵ系苗（滴鼻或饮水）的同时，皮下注射鸡新城疫油乳剂苗。蛋鸡或种鸡在以上任何一种免疫程序的基础上，于70日龄作1次新城疫油乳剂苗皮下注射，120日龄再作1次新城疫油乳剂苗或联苗皮下注射。

294. 如何防治贵妃鸡法氏囊病?

法氏囊病是法氏囊病病毒引起的雏鸡的一种急性高度接触性传染病，临床上以法氏囊肿大、肝脏损害为特征。

（1）症状：潜伏期很短，感染后2～3天出现症状，早期厌食，呆立，羽毛蓬乱，畏寒战栗等，继而部分鸡有自行啄肛现象，随后病鸡排白色或黄白色水样便，肛门周围羽毛被粪便污染。急性者出现症状后1～2天内死亡，死前拒食、羞明、震颤。病鸡耐过后出现贫血、消瘦、生长缓慢、饲料利用率低。当本病与曲霉菌等合并感染时，病鸡不仅病情加重，死亡率高，而且病程也长。

（2）防治：

①加强饲养管理，保持进雏时间间隔，实行全进全出饲养制。做好清洁卫生及消毒工作，减少和避免各种应激因素等。

②应采用中等毒力的弱毒疫苗进行有效的免疫接种，使鸡获得特异性抵抗力，这是防制传染性法氏囊炎的最重要措施。首免在18～20日龄为宜，二免在28～30日龄，种鸡于120～140日龄再用油剂灭活苗注射1次，可使后代获得较高水平的母源抗体。

③适当降低饲料蛋白质含量（降低到15%左右），提高维生素含量。适当提高鸡舍温度。饮水中加5%的糖或补液盐，减少各种应激。对鸡舍和养鸡环境进行严格的消毒。有机碘制剂、氯制剂或甲醛溶液对本病病毒有较强的杀灭作用。

④对发病初期的病鸡和同群尚未表现出症状的鸡，都要使用法氏囊高免血清或高免卵黄抗体进行紧急预防和治疗，有较好的防治作用，并在7～10天后使用灭活疫苗接种一次。当有细菌混合感染时，要投服对症的抗生素控制继发感染。

295. 如何防治贵妃鸡马立克氏病?

马立克氏病是一种由疱疹病毒引起的肿瘤性传染病，以外周神经、各组织脏器形成淋巴肿瘤为特征。

（1）症状：根据被侵害病变部位和临床表现，可分为神经型、眼型、皮肤型和内脏型等四种。

①神经型：又称麻痹型。主要是由于淋巴样细胞增生侵害和破

坏坐骨神经、翼神经、颈部迷走神经和视神经等外周神经，引起这些神经所支配的一些器官和组织，如腿、翼、颈、眼的一侧性不全麻痹。坐骨神经麻痹的鸡，往往表现出一只腿向前、一只腿向后姿势。

②眼型：又称灰眼病。一只眼或双眼球被淋巴样肿瘤细胞浸润，使瞳孔缩小，虹膜变为灰色并混浊。眼底肿瘤增大时，瞳孔变得不规则或偏离虹膜中心，视力减弱或失明。

③皮肤型：皮肤上的毛囊被增殖性或肿瘤性淋巴细胞浸润，患部毛囊周围皮肤凸起、粗糙，呈颗粒状如黄豆。当肌肉被浸润时，形成灰白色肿瘤结节状隆起，大多数在胸肌和腿肌出现。

④内脏型：主要侵害肝脏、脾脏、肾脏、肺脏、腺胃、卵巢、心脏等内脏器官，并形成淋巴样细胞增生性肿瘤。常常使发育健壮的育成鸡急性死亡。死亡率在短时间内可达30%。

（2）防治：

①雏鸡出壳后立即注射马立克氏病疫苗，使用的疫苗要保证有效。

②加强饲养管理，喂给全价饲料，搞好环境卫生，严禁闲人和畜禽出入鸡舍，严防鼠、猫等进入鸡舍，减少应激。引种时从无马立克氏病群中引进，种蛋入孵前必须对孵化室与孵化机进行消毒，育雏室与育雏设备也要进行消毒；不同日龄的鸡不能混群，15日龄内的雏鸡应隔离饲养。

③定期搞好育雏室和育雏舍的彻底消毒、除尘，有条件的应采取密闭条件下育雏，防止早期感染。

④免疫接种的时间是1日龄。目前多用血清型火鸡疱疹病毒疫苗（HVT）接种。应在低温中保存，其稀释液在使用前也要预冷。疫苗稀释后要求在2小时内用完。使用时要保证足够的剂量，建议每雏使用2个免疫头份。

⑤出现单价苗免疫失败时，如果因母源抗体的影响，可改用血清型不同的疫苗，如果是由于鸡场马立克氏病毒污染严重或怀疑有超强毒马立克氏病毒存在，可用双价苗、多价苗或CV1988疫苗。

296. 如何防治贵妃鸡球虫病？

鸡球虫病是由一种或多种球虫引起的急性流行性寄生虫病。它有盲肠球虫和小肠球虫之分，主要侵害10～60日龄的幼鸡，死亡率可高达60%；成年鸡一般不发病，为带虫者，是传播球虫病的重要病源。本病一年四季均有发生，特别是梅雨季节更易发生。

（1）症状：怕冷，相互打堆于墙角阴暗处，羽毛松散，翅膀下垂，嗉囊膨大软如球，饮水、吃食均减少，粪便果酱样或带血丝，有恶臭。

（2）防治：

①鸡舍要每天打扫，保持清洁干燥。水槽、食槽、鸡笼等用具都应定期彻底清扫冲洗，墙壁、地面也要使用30%生石灰水进行消毒，饲养管理人员出入鸡舍应更换鞋子，避免鸡舍之间互相感染，从而减少球虫卵囊的发育，这对控制球虫病的发生具有重要意义。

②通常球虫卵囊随粪便排出后，在一定条件下需1～3天才能发育成有感染性的孢子卵囊，因此，鸡场中的粪便要在当天或次日打扫清除，并运到远处进行堆积发酵处理，利用发酵产生的热和氨气杀死卵囊，防止饲料和饮水被污染。

③要坚持幼鸡与成鸡分开饲养。另外，对于不同批次的雏鸡也要严禁混养，最好实行全进全出制以切断传染源。在饲养期间，每天注意雏鸡吃食、饮水、精神、排便等情况，有病及时隔离治疗，或淘汰病重且不能治愈者。

④初期往往看不到血粪，等到大量的血粪出现时，病情已经严重。因此，在血粪出现之前，能判断球虫病即将发生就显得特别重要。球虫病出现的前一二天采食量明显增多。一部分鸡排的粪便水分偏多，少量鸡伴有巧克力色的粪便。脱落的羽毛比正常多，出现这些现象时就要开始用药。

⑤治疗：青霉素每天每只雏鸡按4 000单位计算，溶于水中饮服，连用3天（注意：饮水须在2小时内饮用完，以防青霉素水解，降低疗效），每天2次。氯苯胍（罗比尼丁）剂量33毫克/千

克体重，拌入饲料中，连用5～7天。一般第2天即可见效，再按20毫克/千克体重加入氟哌酸，1天2次，预防并发症。盐霉素（沙利诺麦新）剂量为70毫克/千克体重，拌料饲喂。马杜拉霉素（加福）预防量为5毫克/千克体重，长期应用。

⑥采用交替使用或联合使用数种抗球虫药，以防球虫对化学合成药产生抗药性。产蛋鸡投药时要特别注意，有些球虫药对种鸡产蛋有影响，要慎重使用。

297. 如何防治贵妃鸡传染性鼻炎？

本病是由副鸡嗜血杆菌引起的一种急性呼吸道疾病，多见于初产蛋鸡。传播迅速，发病率高，病死率低。

（1）症状：主要为眼、鼻腔与眶下窦发炎，流水样鼻炎，脸部肿胀，打喷嚏，流泪，厌食，腹泻。

（2）防治：

①鸡舍通风应良好，密度适中，防止寒冷和潮湿，定期消毒，病愈鸡为带菌鸡，不宜留种。

②免疫接种时间为40日龄和120日龄，分别肌肉注射传染性鼻炎油乳剂活苗，可有效防治本病。本病在流行初期也应作紧急预防接种。

③治疗可先用下列一种或几种药物：链霉素每只成鸡肌肉注射0.15～0.2克（一瓶1克装的可注射5～6只鸡），同时配合滴鼻，连用2～3天。磺胺二甲氧嘧啶（SDM）按0.1%～0.2%混入饲料中喂服，或按0.05%浓度饮水，连用3～4天。氟哌酸按0.1%剂量混入饲料喂服，连用5天。其他抗生素、磺胺类等抗菌药物也都有效。

298. 如何防治贵妃鸡雏鸡白痢病？

白痢病由沙门氏菌引起的一种以肠炎和黄白色或灰白色下痢为主要特征的急性、败血性传染病。主要侵害幼雏，常呈急性败血症经过，可引起大批死亡。1月龄前最易发生本病。

（1）症状：

①经蛋传递感染的在孵出后即可发病，表现虚弱，昏睡，精神

食欲很差，不久即死亡。孵化时或出壳后感染的，2～3日龄发病并出现死亡。

②一般患病雏在感染4～5天内出现死亡高峰。病雏呈最急性者，无症状迅速死亡，稍缓者表现精神萎靡，羽毛松乱，头翅下垂，嗜热怕冷，聚集扎堆，缩颈颤抖，闭眼昏睡，常常躲于暗处，不愿走动，不思饮食，渴欲增加，排出稀薄、黄白色或灰白色糊状恶臭稀痢粪，有的病雏出现盲眼或肢关节肿胀，有的病雏肛门周围羽毛沾有痢粪，干结后糊堵肛门，凝集成团，肛门发炎疼痛，致使排粪困难，时常发出“吱吱”痛苦尖叫，肛门露在外面一伸一缩。最后因呼吸困难和心力衰竭死亡。一般在2～3周龄为发病和死亡高峰，病程为4～7天。耐过后生长发育不良，成为慢性病或带菌鸡。解剖直肠，内壁有血丝及石灰样块，部分有腐烂现象。

（2）防治：

①最有效的方法是种蛋必须来自净化后的种禽场，而且对当天收集的种蛋及入孵和出雏前要进行消毒。

②注意环境卫生，保持清洁，垫料干爽，减少密度，注意保温，特别在气候突变时。

③预防：在育雏期间，饮水中添加0.1%的土霉素有一定效果。1～20日龄在饲料中按使用说明交替拌入氟哌酸粉预防（3～7日龄停药）。

④治疗：用氟苯尼考或恩诺沙星或阿莫西林饮水，按说明剂量添加，重症加倍，或饲料中按饮水剂量的1倍量添加。最好3种药物交替使用，每种使用3天。小诺霉素每次每千克3毫克，同时将适量的复合维生素B、维生素C均匀混合于饲料中（须在2小时内食完），一天2次，连喂5天，停3天，再喂3天。链霉素按0.05%饮水投服，连用25天。青霉素每只每次1万单位肌注，早晚各1次，金霉素按每只每天6毫克混料喂饲。

⑤在饲料中加入1%的碎大蒜，既能增加食欲，又可防病。也可选用养殖场过去少用或未用的药物进行防治。但有条件的应进行细菌分离纯化，作药敏试验，筛选高敏药物治疗，以保证疗效

确实。

299. 如何防治贵妃鸡啄食癖?

（1）症状：常见恶癖有啄肛、啄趾、啄毛、食蛋等。特别是如果雏禽如处理不好，每天损耗可达8%～10%。

（2）防治：

①减少密度，增加青饲料，特别是雏鸡在2日龄后，每2～3小时投放一次细嫩的青菜。成年鸡用稻草或青草作为垫料让其啄食，这也是补充维生素和矿物质的有效方法。

②如将青菜用5%的醋和0.9%的盐水浸湿后让其采食，不但增加适口性，还能有效治疗啄食癖，而且对白痢、球虫也有明显的预防作用。增加6%～8%蛋白质和2%羽毛粉，雏鸡可减少光照强度，饲料中加入2%芒硝，做好断喙工作。

③保持鸡舍清洁卫生，空气新鲜，加入由钙、磷、维生素、中药等组成的保健砂。一旦发现啄食癖，应及时捉出被啄鸡，被啄处涂上紫药水，隔离饲养，投喂几天的抗生素类药物，即可痊愈。

第十二章　黑凤鸡饲养管理与疾病防治技术

第一节　黑凤鸡饲养管理技术

300. 黑凤鸡外貌特征是什么?

黑凤鸡身披黑色绒丝状细毛，仅主翼羽和尾基部有少量扁毛外，全身由内及表，由下到上，均为黑色或乌黑色；此外，还具有缨头、绿耳、桑椹冠、胡须、毛腿、五趾等特征。而且其舌、内脏、血液和脂肪等均呈黑色或浅乌色。黑凤鸡全身俱黑，外貌美观，羽毛紧贴，乌黑发亮，外形结构紧凑，以全身乌黑而得名。该鸡觅食能力强，耐粗饲，抗病力强，饲料消耗少，适应性广，南北均可养殖。黑凤鸡性情温和，散养、笼养均可。

301. 黑凤鸡生物学特性是什么?

（1）生活习性：黑凤鸡适应性强，抗病性强，耐低温和高温，因此适合家养。其生活习性有六大特点：①性情温柔，舍养、围养、笼养及放牧均可。②喜群居，三五成群采食。③就巢性强，每下 20 枚蛋就抱窝，要适时醒抱，以提高产蛋率。④喜沙浴，好清洁羽毛。⑤食性广，嗜草，对青草、绿叶的采食量最高可达日粮的 50％。⑥生活力弱，抗寒、抗湿能力差。

（2）生产性能：黑凤鸡早期生长速度快，饲料报酬高，商品鸡 90 日可出售，成年公鸡体重 1.25～2.0 千克，成年母鸡体重 1.0～1.5 千克，成活率达 95％，种鸡 6 个月开产，每只母鸡年产蛋 180 枚左右，蛋壳多为棕褐色，少数为白色，平均蛋重 40 克。种蛋受精率和受精蛋孵化率均可达 90％，正常情况下育雏成活率可达

90%以上。

302. 黑凤鸡有哪些营养价值?

黑凤鸡又名黑羽药鸡，是我国独有的珍稀品种，由我国生物学家历经多年选育而成，使绝迹400年的正宗明代乌骨鸡重现风采。具有黑丝毛、黑皮、黑肉、黑骨、黑舌以及丛冠、缨头、绿耳、胡须、五爪共十大特点，符合“十全明代乌鸡”特征。更为奇特的是，其眼睛、血液、内脏、脂肪也近黑色，烧熟后像甲鱼一样胶着，味道十分鲜美，且营养丰富，含有17种人体所需的氨基酸、多种维生素及抗癌物质和黑色素，有美容、抗衰老、抗癌等独特功效，是高蛋白低脂肪高级补品。该鸡的营养价值、药用价值及增强机体免疫功能与李时珍《本草纲目》中记载的完全一致，故称药鸡。

303. 黑凤鸡有哪些药用价值?

(1) 黑凤鸡全身骨骼、内脏都富含黑色素，胆固醇含量低，游离氨基酸含量高，能增强人体血细胞中的血红素，调节生理机能，增强免疫力。

(2) 有治疗各种妇科病、滋阴添精、养血、补骨、调节人体功能、抗衰老之功效。

(3) 具有滋补肝肾、大补气血、调经止带等功效，因药效卓越神奇，自古流传，滋补胜甲鱼，养伤赛白鸽，美容如珍珠，是妇女、儿童、老人、病后体虚者的最佳滋补珍品。

304. 黑凤鸡的人工授精技术有哪几方面?

黑凤鸡采用人工授精技术繁殖可节约种公鸡90%，并可减少病害，产蛋率比散养自然繁殖提高30%，受精率提高15%以上，孵化率高达96%，出雏整齐、匀称、健壮，育雏成活率高达98%，每百只产蛋母鸡可月繁苗鸡1 750羽。操作如下：

(1) 采精：

①采精者端坐木凳上，将公鸡作卧伏势放在左腿上，将鸡头轻轻挟于左臂腋下，用左手按住尾羽，用右手大拇指和食指在鸡腹部作轻快的按摩，时间约30秒钟，致使交尾器官在泄殖腔内侧壁勃

起，采精者用左手大拇指和食指在泄殖腔两侧微微加以按压，即可使公鸡射精，助手小心地将精液收集到容器中。精液通常为乳白色，有时在射精后会受到血或粪的污染，但这对受精率影响不大。有些公鸡不需按摩就能射精。对青年公鸡要做3～5天的按摩训练。

②通常每天采精一次，如要多次采精，则必须间隔5小时以上。做好每只鸡的采精记录，定期检测精液品质。

（2）输精：

①助手用左手将要受精的母鸡保定，用右手掌轻轻按压耻骨与龙骨剑状突起之间的腹部，然后用右手大拇指和食指从两侧压向泄殖腔中间，而左上方就是阴道口。

②输精者用右手将盛有精液的输液器，插入输卵管孔道内2～3厘米深。在按压输精器活塞时，助手应放松母鸡腹部，缓慢地让泄殖腔复原，不要让精液反弹出来。输精器通常采用1毫升的玻璃注射器或普通医疗移液管。

③每周输精1次，给母鸡输以0.1毫升的精液，即可获得95%以上的受精率。如果精液量不够，可用生理盐水稀释1～2倍，一般最好采用原精输精。输精时间可在母鸡产蛋前4小时或产蛋后1小时进行。实际工作中都在傍晚输精，以减少鸡群惊吓。输精后2天所收集的种蛋，即可用于孵化。应及时统计每只母鸡的受精蛋数，以便改进人工采精和输精技术。

305. 黑凤鸡人工孵化技术有哪些?

黑凤鸡虽然就巢性强，自孵性好，但为了提高产蛋量，宜用人工孵化的方法。其要点如下：

（1）种蛋选择：种蛋应选择开产3周后所产的新鲜蛋，蛋壳表面要光滑、清洁、无裂缝，蛋重约40克，横径约3.6厘米，纵径约5厘米。蛋壳为棕褐色，少量为白色。

（2）贮存：种蛋保存一般不宜超过7天，夏天不超过5天，冬天不超过10天，尽早入孵可提高孵化率。种蛋保存温度为12.0～15.0℃，相以湿度为70%～80%。

（3）消毒：种蛋采集后及入孵前进行消毒，一般采用熏蒸方

法。如果在孵化机内消毒，要关闭通风孔，消毒后打开机门，开动风扇排除异味，但注意机内不能有入孵12～96小时的胚蛋。

（4）孵化要点：

①温度：孵化第1～18天，蛋面温度冬天38.0℃，夏天37.5℃，第19天转入出雏机；冬天机内温度37.5℃，夏天37.2℃。

②湿度：相对湿度1～18天为60%，19～21天为70%～75%。

③通风：特别是出雏机要求通风良好。

④翻蛋：每2小时一次，角度90°。

⑤照卵孵化5～6天时第一次照蛋，蛋内可见到蜘蛛网状血管的是受精蛋；只看到血环或血条的是死胚蛋；蛋内较亮、无血丝的是无精蛋，都要及时取出。第二次照蛋在第11天。第三次照蛋在第19天，结合落盘进行。

⑥落盘及出雏：孵化第19天将活胚移至出雏机。第20天大量出雏，每隔4小时拣雏一次，还要将空卵壳捡出。第21天对出壳有困难的可进行人工助产，如果内膜已枯黄，可剥掉部分蛋壳，轻轻拉出鸡胚头部，让其自行挣扎出壳。

306. 黑凤鸡育雏期的饲养管理技术有哪些?

根据黑凤鸡的生物学特性和生长发育特点，可将0～6周龄的雏鸡作为一个饲养管理阶段。

（1）育雏前的准备工作：

①育雏舍的准备：育雏舍要彻底清扫，然后用2%～3%的火碱溶液彻底消毒后，再用石灰水粉刷育雏舍的四壁；饮水器、饲槽量要充足，先用1%火碱溶液消毒，然后用清水洗净、晒干备用；育雏舍地面垫料要求清洁、干净，接雏前2天育雏舍进行预温，进鸡后舍温保持在32℃左右。

②饲料、药品的准备：育雏前准备好鸡新城疫、法氏囊、传染性支气管炎、减蛋综合征、马立克氏病等疫苗，以及防治鸡白痢、球虫病和大肠杆菌病等药品，此外，育雏期间做好防鼠、狗、猫害工作，育雏舍要求门窗严密，保温良好，干燥、卫生，光亮适度，有利于通风。

（2）雏鸡的挑选和运送：壮雏应活泼好动，眼大有神，叫声洪亮，绒毛覆盖良好、有光泽，腹部大小适中，反应敏锐，站立结实，脐带无血痕和炎症，泄殖腔干净，没有黄白粪便黏着，用手握起饱满，挣扎有力。黑凤鸡 21 天出雏，待羽毛干燥后便可装箱运输，但接运纸箱不宜太大，一般长 50～60 厘米，宽 30～40 厘米，装 80～100 只雏鸡，箱壁扎若干小孔，以利通风换气，运输时要注意保温，途中要勤检查，以防过热、受闷、受冻、受挤、受压。

（3）育雏方式：黑凤鸡育雏方式有厚垫料地面散养、网上平养和笼养三种。厚垫料平养是当前国内外养肉鸡业最普遍采用的方法，常用小刨花、稻草、麦秸、玉米秸等，多种混合使用，长度 5 厘米以内，铺厚 10 厘米，要求垫平，经常抖动垫料，将鸡粪抖落到垫料下面。水槽、料桶周围的潮湿垫料应经常更换舍内每天清扫 1 次，每周用百毒杀等消毒液喷洒 1 次。

（4）环境控制：

①育雏温度：黑凤鸡个头比普通鸡小，羽毛稀，又是丝状羽，散热快，因此育雏所需温度比蛋鸡高。供暖保温、看鸡施温是育雏成败的关键。可采用煤气保温器、电热保温伞或红外线灯保温。每个 12ZRFS 煤气保温器可供 1 500 只黑凤苗鸡保温，这法保温效果最好。给温的大致要求是：第 1 周为 35～33 ℃，第 2 周为 32～31 ℃，以后每周降低 2 ℃，直至 6 周龄后维持在 24～23 ℃，但到底供给何种温度适宜，要观察雏鸡的动态，进行温度调节。温度适宜时，雏鸡活泼好动，食欲旺盛，睡觉安静，睡姿伸展舒适，鸡群疏散，均匀俯卧。

②湿度：1 周龄室内相对湿度 65%～70%；从第 2 周龄以后室内相对湿度要保持在 55%～60%为宜。春季室内湿度大，易诱发白痢、球虫病或关节病等，应勤换垫草和加强通风。

③饲养密度：育雏期的适宜密度（只/米^2）：1～2 周龄为 80 只/米^2。2 周龄适当减小密度，1 月龄每平方米 50 只左右。地面平养每平方米可容纳 30～40 只，随日龄增加适当减小密度。

④通风：注意保持室内空气新鲜，每天换气 3～4 次，有条件

时可安装通风设备。一般要求舍内氨气的浓度低于20毫克/升，硫化氢低于10毫克/升，二氧化碳含量在0.5%以下，在北方应注意解决通风换气和温度的矛盾，特别要注意不能让空气直接进入，通风标准以人在舍内不感觉气闷及刺鼻辣眼为宜。1～2周龄以保温为主，3周龄以后应以通风为主。当通风不良、舍内氨气浓度长时间超过20毫克/升时，雏鸡生长不良，眼结膜受刺激发炎甚至失明，还会引起呼吸系统疾病。中大型场宜建能纵向负压通风的育雏舍。

⑤光照：采用弱光，弱光使鸡群安静，有利增重。雏鸡出壳至3日龄给予强些光照，一般采用24小时光照，3日龄后采用18小时光照，以后每周减半小时，逐步接近自然光照。

（5）合理饲养：

①饮水：雏鸡进舍后，休息1～2小时就应先饮水，再喂料，全日供应清洁饮水。雏鸡1～2周内不要直接饮冷水，可把凉水放在鸡舍内预温后再饮，饮水一定要及时，切不可断水，发现水被粪便污染后要及时换水。

②开食：当雏鸡饮水后，发现有1/3的鸡有寻食行为便可开食，开食后最初3～5小时，可将全价干粉料用水拌潮，达到手握成团、落地即散。撒在料盘或无毒的塑料布上，待采食熟练后就可过渡到喂干粉料，2～4周龄后改为饲槽喂料，喂料采取少喂勤添、喂八成饱为原则，第1周每天喂6～7次，1周后5～6次，随光照时间缩短，逐渐减少喂料次数。15日龄后适当喂点青料。

③活动：平养育雏在15日龄后，天气暖和时放到舍外活动，晒太阳，每天1～2次，每次20～30分钟，日龄增大后可延长活动时间。

④做好观察鸡群工作：观察鸡群是一天工作中的一项重要任务，通过观察可随时了解鸡群动态，以便采取相应的措施，确保鸡群的正常生长发育。

⑤全进全出、彻底消毒制度是保证鸡群健康、根除病源的根本措施。出场后彻底清除垫草粪便，用水冲洗后再消毒，密闭1周再

养下一批。消毒宜用福尔马林42毫升/米^3（空间），加高锰酸钾21克，熏蒸24小时。

⑥做好清洁卫生，笼养育雏注意更换垫布。每天清洁卫生一次，每周用百毒杀消毒喷雾一次。每批苗鸡9～10日龄时用断喙器断喙，上喙切除从喙端至鼻孔的1/2，下喙切除前1/3。

（6）制订科学的防病免疫程序：雏鸡2周龄内注意在饮水或饲料中加入防治鸡白痢的药物；2周龄后随时注意鸡球虫病的发生，并做好预防工作。此外，还必须做好防疫工作，其免疫程序如下：出雏24小时进行马立克氏病疫苗注射，皮下注射0.2毫升；3～5日龄，第1次法氏囊疫苗点眼或2倍量饮水，饮水时最好向水中加入0.1%脱脂奶粉；7～8日龄进行第1次传染性支气管炎疫苗滴鼻点眼免疫或2倍量饮水；10～15日龄，第1次新城疫滴鼻、点眼免疫或3倍量饮水；18～20日龄，进行法氏囊第2次免疫；20～25日龄，进行第2次传染性支气管炎免疫；35～40日龄，进行传染性喉炎免疫；50～55日龄新城疫Ⅳ系第3次免疫；70～75日龄进行新城疫Ⅰ系疫苗免疫；80～90日龄传染性喉炎免疫；120～140日龄减蛋综合征免疫；150日龄以后每隔3～4个月进行一次Ⅰ系新城疫疫苗免疫。

307. 黑凤鸡育成期的饲养管理技术有哪些？

中国黑凤鸡从育雏脱温后至成鸡为育成阶段（7～25周龄）。

（1）脱温：黑凤鸡6周龄左右，绒毛全部更换为丝毛，丝毛保温性能差，一般9周龄左右黑凤鸡调温能力才完善，此时脱温要逐渐进行，开始时白天脱温，晚间仍需加温。

（2）进入育成舍前的准备工作：入育成舍前，应对育成舍、饲槽、饮水器进行消毒，准备好饲料、垫料、药品等，组织人力做好选鸡分群工作，分群应按鸡的大小、强弱、公母等分开饲养。

（3）运动和密度：育成期是长骨骼、肌肉的重要时期，为此要提供足够的活动场地，以加强鸡的运动，获得健壮的体质。在平养条件下，9～13、14～17、18～25周龄/米^{2}的饲养密度则分别为15、10、7只。

（4）严格控制光照：育成期光照时间一般在 8～10 小时为宜。

（5）限制饲养，定期称重：黑凤鸡的体重对日后的产蛋量有直接影响，此期应降低日粮中的能量和蛋白质水平，适当增加糠麸类和青绿饲料量，减少精料量。在限饲过程中，要求饲槽数量充足，撒料速度快，保证每只鸡吃好，同时定期进行称重，要求 90 日龄达 750 克，120 日龄达 900 克，150 日龄达 1 100 克，180 日龄达 1 250克，每 2 周抽查 10%，如果平均体重低于标准值，应加大喂量或饲喂次数，反之则减少饲喂次数。

（6）要搞好舍内外环境卫生和保持环境安静。

308. 成年鸡的饲养管理技术有哪些？

成年鸡必须进行科学饲养，严格防疫，确保鸡群健康，充分发挥遗传潜力，如果是种用黑凤鸡，饲料中应增加 2%的进口鱼粉，以便提高产蛋率。具体应注意以下几点：

（1）环境卫生：产蛋黑凤鸡进舍前，应对鸡舍进行彻底清扫、消毒。

（2）转群：转群时间一般以 22～24 周龄为宜，转群前一次性完成疫苗接种工作。转群时要逐只挑选体重适宜、健康鸡的，而且要轻抓轻放，避免机械性损伤及不必要的死亡；转群时要在饲料中增加维生素的比例，并加入一定量的抗生素，以提高抗应激的能力。

（3）温度：舍内温度最好控制在 16～21 ℃，温度过高过低都会使产蛋性能下降，成本增大，温度过高还易引发抱窝。

（4）光照适宜：光照对产蛋量有密切关系。一般 15～20 米^{2}的面积装 40 瓦灯泡的光照强度就足够了。黑凤鸡产蛋峰期要求光照时间每日 16 小时。自然光照不足的时间则以人工光照来补充。

（5）做好黑凤鸡的醒抱工作：成年鸡具有就巢性强的特点，为提高产蛋量，在饲养过程中要细心观察，刚抱窝的鸡要放在通风良好、光照强的环境中，使其尽快醒抱，或对刚抱窝的鸡立即注射丙酸睾丸酮，注射量为 12.5 毫克/千克体重。

（6）记录：要做好饲养管理的各项记录工作，以便总结经验，

把鸡养得更好。

309. 种鸡的饲养管理技术有哪些?

从150日龄开始由育成鸡转为种鸡。种鸡生产性能的高低，决定于遗传基因和环境条件如光照、温度、湿度、空气等，以及充足而全面的饲养管理和营养等。

(1) 种鸡的选择：

①为保持、纯化和提高黑凤鸡的种用性能，必须进行本品种内品系繁育，重视家系选择和后裔选择。种鸡利用期为1～2年，但最好每年在后代中选择优良个体组成后备鸡群，做好系谱记录，对留种后备鸡要按不同家系（或品系）进行分栏饲养，防止近亲交配，提高生产性能。

②种鸡6月龄开产，在开产前2周按黑凤鸡特征严格进行选种，种鸡体重公鸡约1 250克，母鸡约1 000克，年产蛋量为140～160个，公母比宜为1∶10～15，种蛋受精率、受精蛋孵化率均要求在90%以上。

③作为种鸡，还要求公鸡胸宽背圆，冠大竖立；母鸡背宽腹深，性情温顺。

(2) 饲养管理：

①种鸡舍：要干燥、通风、向阳、冬暖夏凉。舍内采用栅养，舍外运动场设栖架，地面铺中沙。产蛋设施可在舍内一角用砖围成一长方形沙地，池内细沙定期投入硫磺驱灭鸡虱。2月龄以后作种用的称为育成鸡或后备鸡，这是种鸡培育的关键时期。为了育成强健而高产的鸡群，对其生长发育速度应合理控制，同是又要使鸡体保持体况。

②饲养方式：舍内离地棚养，舍外设运动场，运动场上设栖架和沙池，或利用山坡地、果园进行放牧饲养，使鸡得到充分运动，增强体质。

③饲喂：开产前半个月（即165日龄）开始喂种鸡饲料，每只鸡日喂料60～70克，全天供足清洁饮水，每天供给4～6次青料。每月在饮水中定期加入水溶性多维素、维生素E或“速补18”、高

力米仙，可提高产蛋水平。如采用家鸡全价种鸡颗粒料，可每天加喂黑米、黑麦、黑豆、黑芝麻等黑色饲料，有条件的可用何首乌等中药或草药熬水定期饮喂。

④密度：每群以 100 只为宜，每幢鸡舍可隔为 3～4 群。密度以 5～6 只/米^{2}为宜。

⑤光照：从 165 日龄开始逐步增加光照，要求每天光照时间 16 小时。每 15 米^{2}可安装一盏 40 瓦灯泡，灯泡离地 2 米。红色灯光对产蛋更好。

⑥温度和湿度：产蛋期最适温度为 18～25 ℃，相对湿度 50%～55%，要注意保持舍内空气新鲜。做好炎夏防暑降湿、冬季防寒保暖和防湿工作。运动场最好种植灌木和矮树。

⑦通风：注意舍内通风透气。舍内通风要良好，否则生产性能下降，若自然通风不良，应采取机械排风和纵向通风。

⑧清洁：每天要求把舍内外清扫干净，食槽和饮水器每天清洗 1 次。

⑨醒抱：黑凤乌鸡就巢性较强，可将抱窝母鸡关进铁丝网或木条做底的笼里，悬空吊在光线充足的地方，以散发全身热量；并喂给阿司匹林片、醋酸水或注射丙酸睾丸素、己烯雌酚等。母鸡醒抱后才放回舍内，一般母鸡醒抱后 10～15 天即重新产蛋。

310. 商品黑凤鸡的饲养管理技术有哪些?

商品黑凤鸡是指雏鸡饲养至 90～100 日龄、体重约 700～750 克时上市的鸡。在饲养水平较低条件下，则推迟到 120 日龄上市。其育雏期的饲养管理除适当增加密度外，其他方法与种用雏鸡一致。

商品黑凤鸡最好采用颗粒料饲养，其优点是采食时间短，鸡不易挑食，营养均衡，避免营养损失及饲料浪费，有利于鸡只休息和催肥。还应适当补充沙砾，每周每只鸡加 5 克沙砾，可均匀撒在食槽中，沙砾大小以鸡能采食为宜。

黑凤鸡喜食青绿饲料，可将新鲜青绿饲料洗净、切碎后拌于饲料中或单设饲槽。饲喂量可占日粮的 10%，根据黑凤鸡的体重和采食量可适当调整。为满足黑凤鸡的采食量，每天可饲喂 3～4 次，以刺激鸡的食欲，加快生长速度。后期适当添加油脂，有利于催肥，并增加多维素等添加剂，可提高抗逆能力。

商品黑凤鸡饲喂黑饲料可提高其药用价值，并可提高鸡的生长速度，其滋阴壮阳、养气、补血等功能明显提高。

坚持实行全进全出制，实行公母分开饲养。商品黑凤鸡从育雏至上市，采用红色灯补充光照，并采用舍内网上平养或笼养。注意保持环境安静，减少应激。育成期可采用 16～18 小时长光照。采取长时间光照，可延长鸡的采食时间，还能刺激其性成熟，使鸡的毛光亮，绿耳鲜艳，有利于上市。

第二节　黑凤鸡常见疾病防治技术

311. 如何防治黑凤鸡传染性法氏囊病？

传染性法氏囊病是幼鸡的一种急性病毒性传染病。本病主要侵害鸡的体液免疫中枢器官——法氏囊。本病又叫甘保罗病，主要感染幼鸡。患病鸡出现间歇性水泻，法氏囊肿大、损伤，肌肉出血，免疫力受到严重影响。

（1）症状：本病潜伏期很短，病鸡 2～3 天出现症状，在鸡群中先发现数只死亡，其后更多地出现减食、打盹等现象。本病的特征性表现为：患病鸡排出白色水样或米汤样稀粪。发病初期有少数鸡调头啄自己的肛门，可能是法氏囊痛痒的缘故。本病主要发生于 4～6 周龄的雏鸡。

（2）病变：法氏囊肿胀，囊内黏膜水肿、充血、出血、坏死，并有奶油样或棕色的渗出物；严重者法氏囊外观呈紫黑色；病程稍长则法氏囊萎缩，无光泽。胸肌、腿肌有条片状出血斑。后期患鸡肾肿大，肾小管、输尿管充满白色的尿酸盐沉着。

（3）防治：

①免疫接种。首免在 18～20 日龄，30～35 日龄进行第二次免疫。两次免疫均使用中等毒力的弱毒疫苗。种鸡在 120～140 日龄

再用油剂灭活苗肌肉注射1次。

②中药“囊炎康”等也有相当的效果。

312. 如何防治黑凤鸡传染性支气管炎?

传染性支气管炎是由病毒引起的鸡的一种急性、高度接触性呼吸道疾病。本病在雏鸡上的主要表现为呼吸困难，咳嗽、流鼻汁，有较高的发病率和病死率。成年蛋鸡感染后表现为产蛋量减少和产畸形蛋、软壳蛋的比例增加。

(1) 症状：病鸡精神委顿，脱水，尿、粪液多，咳嗽，气喘有啰音，眼湿润，鼻有分泌物，个别鸡可见鼻窦肿胀。6周龄后或成年病鸡的症状较轻。

(2) 病变：肾肿大、小叶清楚、灰白色，表面呈槟榔状花纹。呼吸道型：在鼻道、眶下窦、气管和支气管中发生浆液性卡他性炎症，或见有干酪性渗出物栓塞；产蛋鸡腹腔中有液状卵黄，输卵管的长度和重量明显减小。

(3) 防治：本病无有效治疗方法。一旦发病，可接种疫苗以防再次发生。预防本病，应在未发生前结合本地情况制订合理的免疫程序。

313. 如何防治黑凤鸡鸡痘?

鸡痘是一种由病毒引起的接触性传染病。皮肤型鸡痘的症状以皮肤（尤以头部皮肤为明显）的痘疹、结痂、脱落为特征。黏膜型鸡痘的症状，可引起口腔和咽喉黏膜的纤维性坏死性炎症，常形成假膜，又称鸡白喉。有时这两种症状同时发生，称成混合型。另外，还有败血型鸡痘，不过非常少见。

(1) 症状：

①皮肤型：首先在头部皮肤上，或腿、脚、泄殖腔孔和两翼内侧，见有灰色麸皮状覆盖物，并迅速变成小结节。小结节由灰色变为灰黄色，大的如豌豆，表面凸凹不平，并和邻近的结节互相融合，形成棕褐色的大结痂。

②黏膜型：主要在口腔、咽喉黏膜发生纤维状坏死性炎症。先是生成一种黄白色小结节，以后小结节迅速扩大并融合在一起，形

成白色豆腐渣样的假膜。患病鸡表现为采食困难，张口呼吸，体重减轻，生长不良。

（2）防治：本病最有效的办法是接种疫苗。接种疫苗时，用钢笔尖蘸取疫苗，刺种在翅膀内侧皮下。刺种后1周左右，可见刺种局部皮肤上产生绿豆大的小疱，以后结痂脱落，即刺种成功。如果不发生反应，应重新刺种。

314. 如何防治黑凤鸡鸡白痢？

鸡白痢是由鸡白痢沙门氏菌引起的在各种年龄均可发生的一种传染病。有的表现为急性败血性经过，有的则以慢性或隐性感染为主。该菌在外界环境中有一定的抵抗力，常用消毒药可将其杀死。本病一年四季均可发生。

（1）症状：不同日龄鸡白痢病的发生与临床症状有较大差异。

①雏鸡白痢：本病是鸡场常见病之一，雏鸡在5～6日龄时开始发病，第2至第3周龄是雏鸡白痢发病和死亡高峰，严重污染的种鸡场其后代白痢是严重的，可造成雏鸡20%～30%的死亡，甚至更高。病鸡精神沉郁，低头缩颈，羽毛蓬松，食欲下降，不吃食。由于体温升高，怕冷寒战，病雏常扎堆挤在一起，闭眼嗜睡。突出的表现是下痢，排出灰白色稀便，泄殖腔周围羽毛常被粪便污染，由于排便次数多，泄殖腔口被干燥粪便糊住。病雏排便困难，可见呻吟。有的病雏喘气，呼吸困难；有的可见关节肿大，行走不便、跛行。如防治不当，病雏死亡率呈直线上升。

②中鸡（育成鸡）白痢：本病多发生于40～80日龄的鸡，地面平养的鸡群发病较网上和育雏笼育雏要多。发病突然，全群鸡只食欲、精神尚可，可见鸡群中不断出现精神、食欲差和下痢的鸡只，常突然死亡。死亡不见高峰而是每天都有鸡只死亡，数量不一。病程较长，可拖延20～30天，死亡率可达10%～20%。

③成年鸡白痢：成年鸡白痢多呈慢性经过或隐性感染。一般不见明显的临床症状，当鸡群感染比例较大时，可明显影响产蛋量，产蛋高峰不高，维持时间亦短，死淘率增高。有的鸡表现鸡冠萎缩，有的鸡开产时鸡冠发育尚好，以后则表现出鸡冠逐渐变小、发绀。

病鸡时有下痢。仔细观察鸡群，可发现有的鸡少产或根本不产蛋。

（2）防治：

①饲养者通常在雏鸡开食之日起，在饲料或饮水中添加抗生药物，一般情况下能取得较为满意的效果。在饲料、饮水中添加药物的种类很多，如庆大霉素 2 000～3 000 国际单位/只饮水，氟哌酸 0.01%～0.02%拌料。此外，还有兽用新霉素，对防止雏鸡下痢也有很好的效果。而青霉素、链霉素、土霉素对鸡白痢沙门氏菌可以说几乎无效。在此过程中还应添加电解多维，以增强鸡的体质。

②应防止长时间使用一种药物，更不要一味加大药物剂量达到防治目的。应该考虑到有效药物可以在一定时间内交替、轮换使用，药物剂量要合理，防治要有一定的疗程。一般药物只需投药 4～5天即可达到预防目的。

③本病所造成的损失与种鸡场对本病净化程序、鸡群饲养管理水平以及防治措施是否得当有着密切关系。

315. 如何防治黑凤鸡鸡新城疫？

（1）临床症状：病鸡嗜睡，羽毛松乱，采食量下降，严重的不食，喜饮水。部分鸡咳嗽，呼吸困难，张口伸颈呼吸，头颈歪曲，口角流出多量黏液，嗉囊内充满气体和液体。病程稍长的病鸡出现翅腿麻痹、共济失调和转圈等神经症状。

（2）剖检变化：喉头气管黏膜充血、出血，腺胃乳头水肿并有出血点，病死鸡大腿肌肉、胸肌有片状出血，大小脑也有细小充血、出血点，小肠黏膜充血、出血，心冠脂肪有针尖状出血点，肝、脾均肿大且肝质脆、呈暗褐色，肾肿大，盲肠、扁桃体肿大、出血。

（3）防治措施：①对发病鸡场，应对全群鸡用新城疫Ⅰ系疫苗进行紧急接种，同时使用禽用干扰素饮水，2 天后整个鸡群死亡明显减少，群体活跃，采食量上升，第 4 天后死亡停止。②用新城疫佐剂灭活疫苗注射或新城疫Ⅵ系加 1 倍水饮水，接种疫苗后在饮水中添加电解多维和乳酸环丙沙星，每天 2 次，连用 3 天。③定期检测新城疫抗体。④搞好舍内环境卫生。每天用 2%氢氧化钠溶液对禽舍及周围环境消毒 2 次，定时清除粪便。

主要参考文献

凌育桑，郭予强主编．2000．特禽疾病防治技术．北京：金盾出版社
郭武备主编．1998．特种养殖新技术 50 种．中国三峡出版社
谌澄光，孙汉，彭吉生主编．1996．食用珍禽养殖大全．南昌：江西科学技术出版社
解颖主编．2002．肉鸽信鸽观赏鸽．吉林：延边人民出版社
陈益填，胡国琛编著．肉鸽信鸽观赏鸽．1988．北京：金盾出版社
白庆余，白秀娟主编．特种经济鸟类养殖技术．1999．广州：广东经济出版社
曹新民主编．2001．七彩山鸡乌骨鸡珍珠鸡的高效养殖．长沙：湖南科学技术出版社
中国农业科学院兰州兽医研究所编著．2002．经济动物疾病诊疗大全．兰州：甘肃民族出版社
丁伯良主编．1999．特禽科学养殖技术．北京：中国农业出版社
谷长勤编著．2006．实用珍禽疾病诊疗新技术．北京：中国农业出版社
刘楠楠主编．2004．禽常见病诊治要领．合肥：安徽科学技术出版社
王豪举，李周权编著．2001．特种鸡养殖．北京：中国农业大学出版社
陈梦林，韦永梅，杨秋莲等编著．2002．特禽常见共患病防治．上海：上海科学普及出版社